生活大讲堂
家庭典藏系列

聪明宝宝科学养育全书

北京儿童医院 儿科专家 张峰 主编

重庆出版集团 重庆出版社

图书在版编目(CIP)数据

聪明宝宝科学养育全书/张峰 主编. —重庆：重庆出版社，2008.10

(生活大讲堂·家庭典藏系列)

ISBN 978-7-229-00192-6

Ⅰ.聪… Ⅱ.张… Ⅲ.婴幼儿-哺育-基本知识 Ⅳ.TS976.31

中国版本图书馆CIP数据核字（2008）第148034号

出 版 人：罗小卫
责任编辑：陈建军
特约编辑：宗明明　黄卫平
封面设计：韩少杰
版式设计：李自茹
制　　作：日知图书（www.rzbook.com）

重庆出版集团 重庆出版社 出版

（重庆长江二路205号）
北京京都六环印刷厂 印刷
重庆出版集团图书发行公司 发行
邮购电话：010-85869375/76/77转810
E-MAIL：sales@alphabooks.com
全国新华书店经销

开本：787mm×1092mm　1/16　印张：16　字数：360千字
版印次：2009年1月第1版　2009年1月第1次印刷
定价：29.80元

如有印装质量问题，请致电023-68706683

前言

Foreword

宝宝健康　全家幸福

宝宝是父母的心血，更是家庭的希望。从一个新生命的孕育、诞生到成长，每一个家庭、每一对父母都为之付出了无限的爱心，而在养育宝宝这一甜蜜而艰辛的旅程中，新手爸妈常常会遇到很多束手无策的问题。

面对刚出世的宝宝，应该怎样喂奶？宝宝吐奶怎么办？如何添加辅食？怎样正确抱宝宝？怎样护理宝宝？为什么宝宝总是大哭不止……

伴随宝宝一天天的成长，宝宝虽会自食了，但又出现其他的问题了，如挑食、说谎、爱生病、个子长得慢……一个个的问题接踵而来。这些都是困扰新手爸妈很现实的问题，虽然老一辈人有过养育儿女的经验，但有些经验并非科学，需从头学起。

现在市面上的育儿书籍可谓琳琅满目，容易让爸爸妈妈们挑花了眼睛。真正找到一本适合自己又适合宝宝的书，并不是一件容易的事。受出版社委托编写了这本《聪明宝宝科学养育全书》，全书以年龄段为主线，利用清晰的条目，多方位地来为您解答在宝宝不同时期新手爸妈在营养、保健、疾病预防、智能开发、家庭安全等方面最容易遇到的各种问题或困惑，可使新手爸妈有针对性地、快速地找到想要的答案。书后另附宝宝按摩的相关知识，可供新手爸妈参考，具体操作的方法需在专业医师的指导下进行。

总之，希望这本育儿书籍能成为新手爸妈的好帮手。

北京儿童医院儿童保健中心主任医师 张峰

怎样阅读本书 How to use

1 科学的结构体系

按照不同阶段宝宝的生理特点、喂养需求及保健要点，向您推荐最科学的喂养方式与保健方法，在宝宝每个特定的成长时期，给予最贴心的护理。

Part.02 4~6个月宝宝营养与护理

科学喂养与营养方案

喂养要点

4~6个月起，无论是母乳喂养，还是混合喂养及人工喂养，妈妈都应该开始给宝宝添加辅食，以补充宝宝生长发育所需的多种营养素。

4个月婴儿的喂养有什么特点

4个月的婴儿开始添加辅食，这标志着宝宝的成长已经进入了一个新的阶段。在这一时期仍应尽可能以母乳喂养为主，但喂乳的时间可以减少至每天5次，上、下午各2次，晚上睡觉前1次，夜间可以喂乳1次。但在这一时期除了给宝宝喂奶以外，还应加喂泥糊状的辅助食物，如米粉、蛋黄、水果泥和菜泥等，以补充宝宝生长发育所需要的营养成分。另外，还应继续加喂鱼肝油，每次2滴，每天2次。

为什么要为4个月的婴儿添加辅食

无论是母乳喂养还是人工喂养，随着宝宝的成长，胃内分泌的消化酶开始增加，消化能力也逐步提高，到宝宝4~6个月时已经能够消化一些淀粉类的泥糊状食物，此时就可以为宝宝添加辅食了。而且此时母乳中的营养成分如维生素和微量元素等已经不能够满足宝宝生长发育的需要，特别是微量元素铁的缺乏尤其突出。由纯母乳喂养的足月儿从母体中所获得的铁元素仅仅可以满足宝宝出生后

40

2 要点突出

用开篇小贴示的形式，用最简练的语言帮您尽快掌握此阶段宝宝的喂养及保健关键点，一目了然。

3 益智游戏

特别设置游戏板块，针对不同年龄段的宝宝，提供最适合的亲子游戏，全方位发展宝宝的智能的同时，也为家长与宝宝提供一个交流的良好平台。

Part.05 2~3岁宝宝喂养与护理

游戏时间

我是小帮闲

妈妈为宝宝准备各式颜色、大小不同的篮子和球，将篮子一字排开，而将球散放在各个角落里。妈妈对宝宝说：“将红色的球放进蓝色的大篮子中。”宝宝就会到处寻找红色的球，找到之后将球丢进蓝色的大篮子中。

可以锻炼宝宝对颜色的辨识能力。

宝宝缺乏维生素A怎么办

宝宝缺维生素A常表现为体格发育迟缓，皮肤干燥，角化脱屑，夜盲，眼结膜干燥，抵抗力下降，易患呼吸道和消化道感染性疾病。这时可以选择一些富含维生素A或胡萝卜素的食品，也可在医生的指导下，选择营养强化食品和营养补充剂，如鱼肝油等。

鱼肝油

宝宝缺乏维生素B₂怎么办

宝宝缺乏维生素B₂主要表现为眼、口腔和皮肤的炎症反应。眼部症状为结膜充血，角膜周围血管增生，睑缘炎、畏光、视物模糊、流泪。口腔症状为口角湿白、裂敞、疼痛、溃疡、唇肿胀，以及舌疼痛、肿胀、红斑及舌乳头萎缩。典型症状为全舌呈紫红色，中间出现红斑，如地图样变化，所以又称为“地图舌”。皮肤症状主要表现为一些皮脂分泌旺盛部位如鼻唇沟、下颌、眉间以及腹股沟等处皮脂分泌过多，出现黄色鳞片。维生素B₂缺乏还可干扰铁在体内的吸收、贮存及动员，加重铁缺乏，严重者可出现缺铁性贫血。预防的方法是：选择一些富含维生素B₂的食物或营养补充品和营养强化食品。

宝宝缺乏维生素C怎么办

维生素C又称抗坏血酸。如果从饮食中得到的维生素C不能满足需要，宝宝会缺乏维生素C，这可导致维生素C缺乏症，又称坏血病。坏血病的早期症状是倦怠、疲乏、急躁、呼吸急促、牙龈疼痛出血、伤口愈合不良、关节肌肉疼痛、易骨折等。典型症状为牙龈肿胀出血、牙床溃烂、牙齿松动、毛细血管脆性增加。严重时可导致皮下、肌肉关节处血肿形成，出现贫血等症状。宝宝长期食用缺乏维生素C的食品可以引起坏血病，尤其需要特别重视。此时可选择一些富含维生素C的营养补充品和营养强化食品。

宝宝缺乏维生素B₁的危害

维生素B₁缺乏的初期症状主要有淡漠、疲乏、食欲差、恶心、急躁、腿麻木等症状。症状程度和性质与缺乏程度、急慢性有关。宝宝有维生素B₁缺乏症状时，可选择一些富含维生素B₁的营养补充品和营养强化食品。

宝宝缺乏维生素B₆的危害

维生素B₆缺乏对婴幼儿的影响比成人大。缺乏时宝宝出现烦躁、肌肉抽搐和惊厥、呕吐、腹痛及体重下降等。在这种情况下，可选择一些富含维生素B₆的营养补充品和营养强化食品。

育儿专家在线

吃菠菜能补血吗？

宝宝缺铁性贫血的发生率高，所以有些家长，很容易想到让孩子多吃些菠菜，以补充铁，防治贫血。其实，这种看法不完全正确，菠菜并非是婴幼儿的补铁佳品。铁是构成血红蛋白的主要物质，食用含铁量高的蔬菜，对防治缺铁性贫血是有好处的。科研数据表明，每100克绿色蔬菜中含铁量依次为：荠菜8.5毫克，香菜5.6毫克，菠菜1.8毫克、韭菜1.7毫克，油菜1.4毫克，可见菠菜含铁量并不很高。况且，菠菜中还含有大量的草酸，容易与铁结合成难以溶解的草酸铁，使菠菜中的铁的吸收率仅为1.3%。所以，吃菠菜能补血的说法并不科学。

维生素D中毒有哪些危害

有些父母害怕自己的宝宝患佝偻病，未去医院就诊，又弄不清维生素D正确的使用方法，就自己给宝宝乱用浓缩鱼肝油或其他维生素D制剂，并且认为是营养药，多用无害，以致造成宝宝服用维生素D过量。有些父母则把出牙晚、走路迟误认为佝偻病而给予维生素D治疗，结果导致维生素D中毒。轻度中毒宝宝会出现食欲减退、厌食、烦躁、哭闹、精神不振，并有恶心、呕吐、腹泻或便秘、烦渴、尿频、夜尿增多等症状。年龄大的宝宝会出现头痛，重度中毒可出现精神抑郁、运动失调、肾脏衰竭甚至死亡。长期慢性中毒会影响身体和智能的发育。

116　117

4 育儿专家在线

针对家长在育儿过程中最常见和最易遇到的困惑，育儿专家给予最详尽的解答，让您的育儿生活更加轻松。

5 营养食谱

每个阶段的宝宝吃的食物是不一样的，营养需求也是有所差别的，我们将最科学的营养辅食、断奶餐、均衡营养餐、补充营养素食谱、营养膳食配餐提供给您，让宝宝吃得健康，吃得快乐！

6 营养提示

食谱后附有营养提示，将每道菜的营养悉数告诉您，让您的宝宝吃得更放心。

7 特效功能食谱

特别提供宝宝成长发育功能食谱，让宝宝通过食物也能益智健脑、补充营养素、增强免疫力和记忆力，并可开胃消食，爱上吃饭。

8 常见病调养食谱

宝宝生病是妈妈最担心的，怎样护理生病的宝宝，生病的宝宝吃什么，不能吃什么，本章节一一为您解答。

聪明宝宝科学养育全书

目录 Contents

Part 01 0~3个月宝宝营养与护理 母乳喂养是关键

Part 02

4～6个月宝宝营养与护理 辅食添加的最佳时间

78 宝宝营养断奶餐

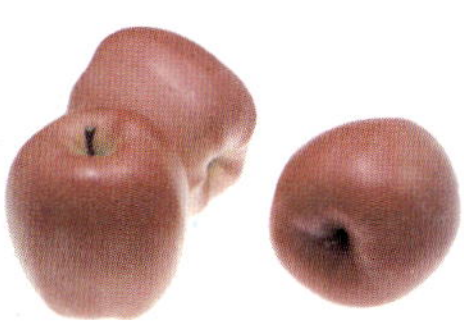

86 日常护理及保健必知

Part 04 1～2岁宝宝营养与护理

均衡营养，搭配好习惯

92 科学喂养与营养方案

100 宝宝均衡营养食谱

106 日常护理及保健必知

Part 05 2～3岁宝宝营养与护理

健康成长，营养素不能少

112 科学喂养与营养方案

Part 08

0～6岁宝宝常见病症护理与食疗

食物是宝宝最好的保健师

Part 09 0～6岁宝宝智能开发同步方案
智能多元，个性化发展

Part 11 0~6岁宝宝安全与家庭急救 临危不乱，防患于未然

Part 01

0~3个月

宝宝营养与护理

母乳喂养是关键

新生婴儿的喂养与营养◆日常护理及保健必知

新生婴儿的喂养与营养

喂养要点

*刚出生的小婴儿最好的营养来源就是母乳了，当然，个别由于某些原因不能采用母乳喂养或母乳不足的宝宝，可能就需要用奶粉了，注意最好是用配方奶粉。

新生婴儿应何时开始喂奶

通常把新生婴儿第1次吃母乳叫做“开奶”。有人认为，新生婴儿在出生后2～3天才可以喂奶，这种观点是错误的，从生理角度而言，尽可能早地开始喂母乳对婴儿有益。在分娩后半个小时，如果产妇和新生婴儿的状态都好，就可以让新生婴儿吮吸母亲的乳头。早吮吸是母乳喂养成功的关键环节之一。在哺乳初期，婴儿吮吸乳头的过程可以刺激母体产生催乳激素，促使乳汁分泌。

新生婴儿的消化系统有何特点

新生婴儿胃肌层发育差，胃的上端：贲门指纹肌发育不够完善，关闭不严；而胃的下端：幽门指纹肌过紧，再加上胃呈水平状，因此新生婴儿很容易发生吐奶或溢奶。新生婴儿的消化道面积相对较大，肠的总长度相当于身长的8倍左右，对于营养物质的吸收非常有利。而且新生婴儿的肠壁较薄，通透性较高，有利于母乳中免疫球蛋白的吸收，提高自身免疫力。但是也容易使肠道内的病原微生物或致敏源通过肠壁进入血液循环，从而引发感染或过敏。

育儿专家在线

新生婴儿为什么不吸奶?

新生婴儿有吮吸乳汁的本能， 但少数新生婴儿吸奶时哭闹不止或不肯吸奶，其原因有多方面：①新生婴儿因鼻塞改用嘴巴呼吸，如果此时吸奶会影响呼吸，所以拒奶不吸；②早产或未成熟婴儿吮吸能力较差，往往口含奶头，但很少吸奶；③存在生理缺陷婴儿，如兔唇、腭裂的或患病婴儿往往因含不住奶头和奶嘴，或漏气而吸不进去奶液而不肯吸奶；④人工哺乳或混合喂养时，奶水温度过高，奶瓶上的奶头质地过硬，或吸孔太小，吮吸费力；⑤宝宝的口腔有感染等问题，会因疼痛而拒绝吸奶。

初乳对宝宝的益处

产后7天内分泌的乳汁称为初乳；8～14天为过渡乳；以后逐渐转为成熟乳。初乳中含有β-胡萝卜素、蛋白质及其他有形成分较多，故呈黄色黏稠状。和以后的成熟乳比较，初乳中的脂肪、糖的含量较低，有利于新生婴儿的消化吸收，而蛋白质含量则高于成熟乳数倍以上，其中以乳白蛋白为主，易于消化，更适于新生婴儿快速生长的需要。初乳中含大量的免疫球蛋白(Ig)，尤其是分泌型SIgA，不易被胃酸与消化酶破坏，可附着在肠黏膜上，用以结合、中和病毒和细菌毒素，是保护肠黏膜的特殊抗体。以往很多家长不了解初乳的特点和好处，反而误以为黄稠的初乳不洁净而丢弃，实为可惜。

1个月婴儿的喂养有什么特点

1个月的宝宝已经脱离了新生婴儿期，对奶的需要量明显增加。一般情况下，宝宝全天的奶量在500～750毫升，每天需要喂奶6～7次，每次喂奶在80～125毫升。对于1个月的婴儿，每次哺乳需要15～20分钟，如果宝宝每次吃奶后总是吸吮着乳头不放，同时其体重增长较慢，就表示母亲的奶量已经不能满足宝宝的需要，应进行混合喂养。

新生婴儿母乳喂养方案表

时间	喂养方式	餐次
6～12小时	母乳，每次喂15～20分钟	按需哺乳
1～3天	母乳，每次喂15～20分钟	按需哺乳
4～15天	母乳，每次喂15～20分钟	按需哺乳
16～30天	母乳，每次喂15～20分钟 白天在两次喂奶中间，可喂25～30克温开水	按需哺乳

Part.01 0～3个月宝宝营养与护理

何时为宝宝补充鱼肝油

◎鱼肝油中所含的维生素D可以预防宝宝患佝偻病。冬、春季节妊娠的孕妈妈也应及时补充鱼肝油，减少宝宝出生后患佝偻病的可能。

鱼肝油是一种维生素类药物，主要含有维生素A和维生素D。由于母乳和牛乳中维生素D的含量较低，所以无论是母乳哺养还是人工喂养，一般情况下，正常新生婴儿从出生后15天起，早产儿从生后就应该开始补充鱼肝油，以预防宝宝患佝偻病。鱼肝油有不同的剂型，所含维生素A、维生素D的量也不相同。以浓缩鱼肝油为例，每毫升鱼肝油中含维生素D 5000国际单位，每毫升大约是20滴，这样每滴中大约含维生素D250国际单位，按宝宝每天服用的维生素D应该达到400国际单位计算，宝宝每天服用2滴浓缩鱼肝油即可满足需要。一般情况下，给宝宝补充鱼肝油应坚持到2岁。另外需要指出的是，由于过量服用鱼肝油会带来严重的危害，所以要在医生的指导下科学服用。

职业妈妈如何储存母乳

母乳储存可以按以下方法进行：①洗净双手，将乳汁挤出，存放在事先准备好的消毒奶瓶或母乳专用的储存袋里。挤奶的时间可以根据自身条件自由确定，可以在前1天预先将奶挤出，也可以在上班前将奶挤出，还可以选择在上班间隙将奶挤出。但通常两次挤奶的时间间隔不要超过3个小时，以免造成回奶；②将挤出的乳汁存放在冰箱里。如果是3～5天内要喂的乳汁可以直接存放在保鲜室，需要长期保存时要放入冷冻室。冷冻室的温度在零下18℃以下，乳汁可以存放4个月；但要注意乳汁一定要先冷却至常温后，再放入冰箱冷冻。妈妈不必担心上班时挤出的乳汁会变质，因为刚挤出来的乳汁可以在室温条件下保存6～10小时，但要注意乳汁不要挤得太满，并且要及时拧紧瓶塞；③需要时取出乳汁，

游戏时间

逗宝宝

玩法 妈妈要经常抱着宝宝在镜前亲吻、抚摸、说话、唱歌，通过各种方式，逗引宝宝发笑，并伴以四肢活动。

游戏目的 这是妈妈与宝宝开始进行的身体接触，能与宝宝逐步培养出亲子感情。

经加温后喂给宝宝。冷冻过的乳汁要先在冷水里解冻，再逐渐在冷水中加入热水将乳汁温热，并轻轻地将乳汁摇匀后喂给宝宝。给乳汁加热时，千万不要直接放在火上或在微波炉内加热，以免破坏母乳的营养成分。已经解冻过的母乳，如果宝宝没有一次喝完就应倒掉，不可反复冰冻。

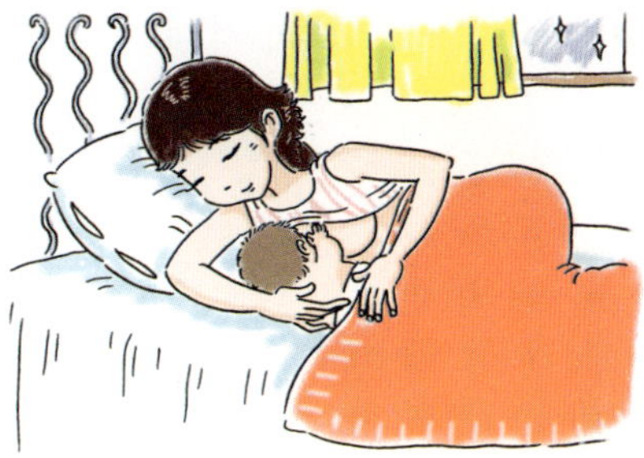

2个月婴儿的喂养有什么特点

对于2个月的婴儿仍应继续坚持母乳喂养，可以适当延长喂奶间隔，一般每3个小时左右喂1次，每天需要喂奶5～6次，每次哺乳的时间应控制在15～20分钟，不要因为宝宝的活动能力增加而使其养成吃吃停停的坏习惯。如果母乳不足而采取混合喂养时，最好每天早上、中午、晚上睡觉前以及夜里都要让宝宝吃到母乳。对于选用配方奶粉进行人工喂养的婴儿，此时所需的奶量可能会比新生婴儿期有大幅度的增加，但每次的喂奶量应控制在120毫升以内；对于选用牛奶进行人工喂养的婴儿，此时每天的总奶量不应超过800毫升。2个月的婴儿还应继续加喂鱼肝油，每天可给喂浓缩鱼肝油2滴，分早晚进行，每次1滴。

◎研究表明，母乳喂养能够提高婴幼儿的免疫力和抗病力，促进大脑发育。

3个月婴儿的喂养有什么特点

纯母乳喂养的宝宝如果体重增长顺利，而母亲的乳房仍然有胀满感，说明母乳充足，应继续母乳喂养，不必添加其他食品。人工喂养的宝宝随着体重增长速度的减慢，吃奶量可能会出现稍微的下降，有时甚至出现短暂的厌奶现象，此时不应强行喂养，仍要本着“按需喂养”的原则，大约4个小时喂1次奶，中间可以加喂白开水，但一定不要让宝宝吃吃停停，这对宝宝的身体和习惯培养都不利。如果此时宝宝已经习惯饮用果汁和菜汁，可以把量加大一些，每次40～50毫升，每天2～3次，同时还应继续给宝宝加喂鱼肝油。

一天该喂几次奶

现在一般提倡新生婴儿期饿了就喂，按需哺乳。随着月龄的增长，每2～3个小时喂1次减至3～4个小时喂1次，一昼夜喂8次。等到3～4个月以后，婴儿的胃容量增大，每昼夜可改喂5～6次母乳，夜间仍可喂2次母乳。只要睡得安静，母亲不必唤醒他，清晨醒后可提前喂。为保证晚上喂饱，可适当推迟睡前一次喂奶的时间，如晚上10点左右喂奶，早晨提前在清晨4～5点喂奶，这样母乳也会更充足。4～6个月的婴儿，一昼夜喂5次奶就已足够，这样母乳哺喂能维持较长的时间。在此期间，就应开始需要为添加辅食做准备了。

怎样知道宝宝想吃奶了

细心的妈妈如果注意观察宝宝，就会发现宝宝会发出各种信息告诉妈妈肚子饿了。最常见的表现就是宝宝天生的本领——觅食，即在他清醒时，觉得饿了，便常常张着小嘴左右寻觅，或吸吮临近口边的被角、衣角、衣袖或手指等；而正在熟睡中的婴儿，则将从深睡眠状态转入浅睡眠状态，短暂地睁大闭合的双眼，眼睑不时地颤动；还可表现为睡眠中有吸吮和咀嚼动作。另外，哭是一种饥饿信号，但也不要以为婴儿一哭就是饿了，哭也是表示不适（如尿布湿了）的一种特殊“语言”，一旦新生婴儿哭起来，就应查找原因，做适当处理。

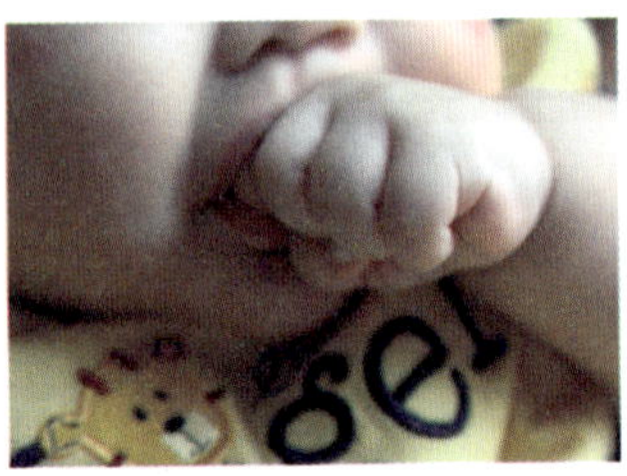

如何判断哺喂是否恰当

根据以下指标可以判断对宝宝的喂养是适当的：①喂奶时能听到宝宝的吞咽声，母亲有下乳的感觉，宝宝吸吮动作缓慢而有力；②喂奶前母亲的乳房丰满、充盈，皮肤表面静脉清晰可见，喂奶后乳房柔软；③不添加水及其他食物的情况下，宝宝每天（24小时）小便6次以上；④两次喂奶之间，宝宝满足、安静；⑤满月时宝宝体重增加600克以上（平均每周增重150～200克）。满足以上特点，说明母亲乳汁充足，可以充分满足宝宝的需要。

育儿专家在线

需要叫醒宝宝喂奶吗？

当然需要。年龄越小的宝宝，觉醒能力越差，而早产、低体重和体质稍弱的宝宝觉醒能力就更差了，即使宝宝在睡眠中，身体的能量和营养消耗也是非常大的，如果让宝宝一直睡下去，就有可能发生低血糖。所以，如果睡眠超过6小时，就要将宝宝叫醒喂奶。当然，如果是后半夜，就不要叫醒宝宝。

◎宝宝吃饱后，就会露出满足的神情。妈妈可抚摸宝宝，进行亲子交流。

夜间喂奶应注意什么

夜晚母亲在半梦半醒之间给宝宝喂奶很容易发生意外，所以要注意以下几点：❶不要让孩子含着奶头睡觉——这样会影响孩子的睡眠，也不利于培养孩子良好的吃奶习惯，更不利于牙齿的生长发育而且还有可能在母亲睡熟后，乳房压住孩子的鼻孔，造成窒息死亡；❷保持坐姿喂奶——为了培养孩子良好的吃奶习惯，避免发生意外，在夜间给孩子喂奶时，也应像白天那样坐起来抱着孩子喂奶；❸延长喂奶间隔时间——如果孩子在夜间熟睡不醒，就应尽量少惊动他，把喂奶的间隔时间延长一点。一般说来，满月至4个月以内的宝宝，一夜喂2次奶就可以了。

吐奶是怎么回事

哺乳后孩子吐奶是因为在吮吸乳汁的过程中同时也吸入了一些空气，胃中的空气沿食道上涌造成吐奶。母亲应将宝宝竖起，轻拍背部，直至小儿打出气嗝，方可避免吐奶。

哪些母亲不宜哺乳

母乳是婴儿最理想的食物，但有下列情况的母亲不宜用母乳哺喂婴儿：患有心脏病、肾脏病、糖尿病、精神病、活动性肺结核、恶性肿瘤等病症者，或体质过于虚弱者不宜哺乳，以免增加母亲身体的负担。同时，由于母亲患有疾病，乳汁也会受到一定的影响，而且有病的母亲需要服药，有些药物可通过体内代谢影响乳汁，宝宝吸食后可引起药物反应，有碍健康。有精神病的母亲，可能会因精神失常而伤害婴儿。在哺乳期间，母亲如患乳腺炎，应暂时停奶，因为乳汁中很可能混入大量细菌，婴儿食后会引起细菌感染，重者会造成败血症，如治疗不及时，还会危及生命。母亲患重感冒时，细菌或病毒会借喂奶之机由消化道传染给婴儿。另外，母亲发烧时乳汁浓缩，可能引起婴儿消化不良。应注意的是，在哺乳期间，适时将乳汁吸出避免回奶，更不可服用避孕药。

母乳不足，怎样进行混合喂养

当母乳不足时，应辅以代乳品进行混合喂养，但仍应以母乳为主。代乳品以配方奶粉为最佳，所增加的量应根据宝宝的月龄、母乳缺少的程度而定。增加代乳品的方式一般分为两种：一种是完全代替一顿母乳喂宝宝，但这种方式使得喂母乳的间隔时间延长，减少了吸吮对乳房的刺激，更加不利于乳汁的产生；另一种是在每次喂母乳后，再喂代乳品，所喂的量以达到宝宝不愿吃为止。以上两种方式，后一种较为合理，妈妈可根据实际情况选择，最好母乳喂养的次数每日不少于3次。

日常护理及保健必知

护理要点

*新生婴儿期的健康是宝宝一生健康的基础。对年轻的爸爸妈妈来说，孩子出生后1个月，可称为“新父母期”。父母要尽快熟悉新生婴儿的一些生理特点，学会有关护理新生婴儿的科学知识，帮助娇嫩的小生命度过“险关”。

新生婴儿的脐带何时脱落

肚脐是母亲供给胎儿营养和胎儿排泄废物的必经通道。正常情况下，脐带在出生后24～48小时自然干瘪，3～4天开始脱落，10～15天自行愈合。新生婴儿脐带被结扎后，脐窝创面血管还没有完全闭合，再加上脐凹处容易积水而不易干燥，因此，很容易滋生病菌引发感染，严重时甚至会发生败血症。所以，妈妈要每天检查新生婴儿脐部，保持脐部清洁干燥，不受尿便污染；脐带脱落前应保持干燥，不可进行全身洗浴；每天可用75%酒精棉棍擦拭脐根部。脐带脱落后，脐凹可能还会有分泌物，此时仍需用酒精消毒。遇有结痂时，应去除痂皮，彻底清洁底部。脐部不可随便涂拭痱子粉等，以免感染。一旦发现有感染症状，须及时就诊。

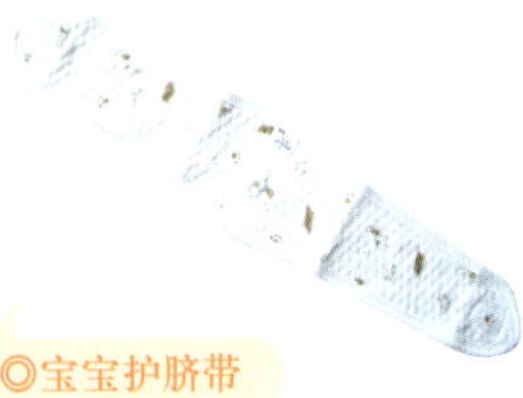

◎宝宝护脐带

为什么要给满月宝宝进行健康检查

满月意味着宝宝结束了28天的新生婴儿期，开始升级

育儿专家在线

为什么新生婴儿的大便一开始为黑色？

足月新生婴儿在出生后24小时内排出胎便，早产儿由于胎便形成较少以及肠蠕动能力弱而常常使排泄胎便的时间延迟。正常情况下，胎便呈墨绿色，比较黏稠，没有臭味，主要由胆汁、肠道分泌物、肠道黏膜脱落上皮细胞和胎儿在胎内吞入的羊水及消化液组成。胎便一般在3～4天内排完，每天约3～5次。

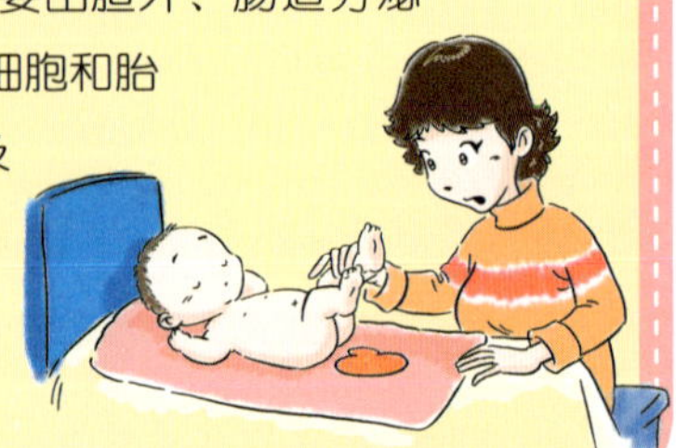

进入婴儿期了，因此，满月对宝宝来说是一个重要的转折点，此时最应该做的是对宝宝进行一次健康检查。原因在于：首先，通过健康检查可以确定宝宝的体格发育是否正常。一般情况下，满月时宝宝的体重比出生时增加600克以上，身长增加3厘米左右。如果发现宝宝体格发育不良，首先要找出原因，而喂养不当是引起宝宝体格发育不良的主要原因；其次，通过健康检查可以发现宝宝智能发育是否正常，如运动、视觉、触觉、听觉等发育是否正常；最后，通过健康检查能够较早发现某些先天性畸形问题，如斜颈、先天性心脏病、脱肛等。

◎爸爸妈妈和宝宝的眼神交流，可以增进彼此间的感情。

如何合理包裹新生婴儿

包裹新生婴儿时不要过紧，应该使宝宝的四肢处于自然的生理状态。合理包裹新生婴儿的方式是：❶先将薄毛毯对折成三角形，顶端朝上平铺在床中间；❷将宝宝放在毯中间，脖子要对着毯顶端，并包好尿布，注意不要盖住脐部；❸然后将一侧对折包住宝宝身体，将多余的部分平塞在宝宝身体下面；❹再将另一侧以相反的方向对折并塞好；❺最后，再盖一层蓬松的小棉被，将被角塞到毯子下面，或者将宝宝放入睡袋。

如何正确抱放新生婴儿

具体方法为慢慢地弯下腰，从侧面或正面贴近宝宝，一手伸入他的颈后，托住新生婴儿的脑袋，另一只手放在他的背臀部之间，支撑住宝宝的下半身；然后，起身并轻柔平稳地将宝宝抱起。将宝宝整个体重转移至手上，并确保头部被稳稳地托在手中，然后边起身边把他抱到自己的胸前。最后，把宝宝平抱或竖抱在自己的胸前。在放下宝宝的过程中，同样要保证支撑好宝宝的头部，否则，宝宝就会出现头部后仰、四肢抖动，呈惊吓状。放下宝宝时，要用手臂支撑住新生婴儿的脑袋，然后平稳地将其放在床上，同时也可以用温柔的目光注视宝宝。

◎在抱放宝宝的时候，一定要护好宝宝的颈部和腰部。

如何为新生婴儿清洗生殖器

男婴包皮往往较长，很可能会包住龟头，内侧由于经常排尿而湿度较大，容易隐藏脏物，同时还会形成一种白色的物质称为包皮垢，具有致癌作用。因此，在为宝宝清洗生殖器时，需要特别注意对此处的清洗。清洗时动作要轻柔，将包皮往上轻推，露出尿道外口，用棉签蘸清水绕着龟头作环形擦洗。擦洗干净后再将包皮恢复原状。阴囊与肛门之间的部位叫会阴，这里也会积聚一些残留的尿液或是肛门排泄物，也须用棉签蘸清水擦洗干净。在为女婴清洗生殖器时要将其阴唇分开，用棉签蘸清水由上至下轻轻擦洗。在清洗新生婴儿生殖器时忌用含药物成分的液体和皂类，以免引起外伤、刺激和过敏反应。

如何护理新生婴儿眼睛

给新生宝宝清洗眼部时，可以将清洁的小面巾用清水蘸湿，再将水分挤干（一定要挤干水分，以防进入新生婴儿的眼睛），擦时要待新生婴儿闭上眼睛，从眼角内侧向眼角外侧擦洗。擦洗完一只眼睛后，要将小面巾清洗干净再擦洗另一只眼睛。如不慎将浴液或肥皂水流入新生婴儿的眼睛，一定要及时用清水（可以用纯净水）冲洗干净。冲洗时可以把清水注入一个洁净的细嘴壶内，将新生婴儿的头侧向一边，把要冲洗的眼睛朝下，将眼睑分开，将壶嘴持于离新生婴儿头部约1～2厘米的距离，使水缓缓冲向新生婴儿的眼睛。注意冲洗时勿使水流入耳道，冲洗时水压不可过大，以免损伤宝宝的眼部组织。冲洗完毕，用清洁的棉球或棉签擦净眼周围的水渍。

如何护理新生婴儿鼻腔

新生婴儿鼻腔内黏膜组织柔软并富有血管，遇到轻微刺激时容易充血、水肿，使原本就较狭窄的鼻腔变得更加狭窄，从而使呼吸不畅。另外，新生婴儿鼻腔的分泌物也容易硬化，形成鼻痂，造成新生婴儿鼻腔堵塞。清理新生婴儿鼻腔时，可以将棉签用清水蘸湿，然后将鼻腔捻洗干净。如果鼻腔内有鼻痂时，切忌用手指硬抠，或用镊子强行夹出。要先将鼻痂软化，用棉签蘸清水往鼻腔内各滴1～2滴，1～2分钟后待鼻痂软化后再用干棉棒将其拨出，或用软物（如面巾纸）刺激新生婴儿鼻黏膜引起喷嚏，将鼻腔内的分泌物排除。

◎棉签是有宝宝的家庭频繁用到的物品之一，家中一定要常备哦！

如何护理新生婴儿耳朵

新生婴儿的耳道非常狭窄而且敏感，一旦污水流入耳道深处，很容易引发炎症，严重时甚至会产生耳道疖肿。一旦外耳道发生炎症，疼痛非常剧烈，新生婴儿就会哭闹不安，难以安睡。所以，当新生婴儿常常哭闹不安时，妈妈可以观察一下是否是由于外耳道炎症所致。在给新生婴儿洗头、洗澡时，一定注意不要让污水流入新生婴儿的耳道。清洗外部耳廓时，可以将小面巾用清水蘸湿后并挤干水分（注意一定要挤干水，以免污水进入耳道），然后由内而外，由前向后擦洗耳廓。一旦发生耳道炎症时，应及时去医院就诊，按时服药、滴药。另外，由于新生婴儿的骨骼未发育完全，耳廓非常柔软，经常侧睡容易造成耳廓扁平，影响美观，所以要常常给新生婴儿变换睡眠姿势。

另外，一般情况下，不要为新生婴儿掏耳朵。如果宝宝外耳道积垢过多时，可以到医院由专业人士对其进行处理。

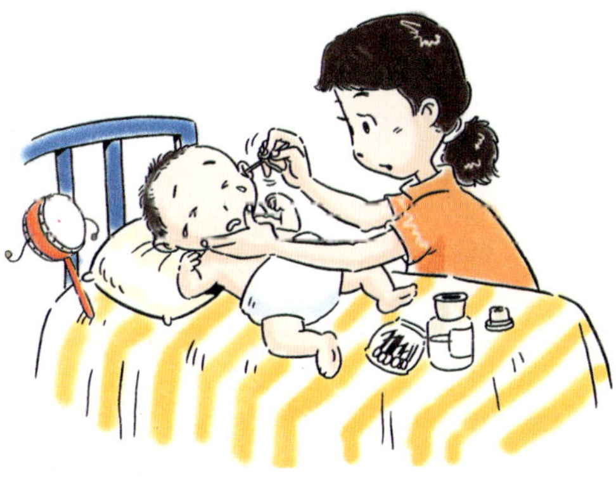

◎掏耳朵时，稍不注意就会伤害到鼓膜或听小骨，从而影响宝宝听力。

如何护理新生婴儿口腔

胎儿出生后，在开始呼吸之前，应迅速清理口、咽、鼻等处的黏液或污物，防止其被吸入呼吸道引起感染。因为新生婴儿皮肤娇嫩，稍有不慎就会遭受伤害而引发炎症或感染，因此宝宝刚出生时的清洁护理工作应由专业人士进行。在新生婴儿期，由于哺乳，特别是人工哺乳或溢奶的原因，新生婴儿口内或舌上经常残留有奶渍，此时切忌不可用手擦洗，可以给新生婴儿加喂少许温开水，奶渍即可被冲下，同时还有助于清洁其他残留物，从而起到清洁口腔的作用，有效地预防口腔疾病的发生。

游戏时间

哪里在出声

玩法1 妈妈用八音盒或其他带有响声的玩具，在孩子的正面作响，宝宝能立刻听到和注意响声。

玩法2 妈妈用八音盒或其他带有响声的玩具，在孩子的侧面将玩具弄响，宝宝听到响声后，会转头去寻找声源。

游戏目的 此游戏可练习宝宝开始注意声源，并学会寻找声源的能力。

如何为新生婴儿清洗头垢

新生婴儿头皮上常会产生一层油脂，这是由于新生婴儿皮脂腺分泌过盛所致，如果不及时对其进行擦洗，时间久后会混合尘土和脱落的表皮组织而凝结成鳞状污垢或黑色痂皮，即头垢。头垢留着极不卫生，而且还会影响头皮的正常生理作用，因此要及时清除。有些父母直接用手硬剥除头垢，这种做法很不科学，非常容易损伤头皮，引起细菌感染。清除头垢时如果头垢较厚，同头皮粘贴很紧，可用洁净纱布或毛巾蘸消毒植物油进行擦拭、软化，然后用肥皂和温开水洗净；如果头垢特别厚，可以用油纱布包裹数小时后轻轻揩去，再用肥皂和温开水洗净。清洗头垢之后可以天天擦洗头皮，以保持头皮清洁卫生。

◎芝麻、核桃等坚果营养丰富，对宝宝的头发发育十分有好处，妈妈怀孕时可多吃一些。

可以给新生婴儿剃头吗

中国有些地方流行满月时给新生婴儿剃头、刮眉毛的风俗，认为这样做可以使新生婴儿的头发、眉毛长得漆黑浓密。其实，这种做法是非常不科学的。新生婴儿的毛发主要受先天遗传因素及后天营养因素的影响，与剃不剃满月头毫无关系。新生婴儿头部的皮肤非常娇嫩，而且抵抗力较差，剃头时很容易伤害到宝宝的头皮和毛孔，病菌很容易乘虚而入，轻则造成头皮感染，重则可能引起败血症、脑膜炎等严重疾病，从而危及新生婴儿的生命。如果觉得新生婴儿头发过长或不整齐，可以用剪刀修剪整齐，或用专门的电动理发机。

育儿专家在线

为什么不能躺着喂奶？

刚出生的宝宝不会坐，也不会走，妈妈就只好让宝宝整天躺在床上，甚至吃奶也不抱起来，这样是不对的。宝宝的胃和成人不同，成人的胃是鱼钩状的，胃上部有个泡状胃底，随食物进入胃里的空气积存在胃底不会引起呕吐。而宝宝的胃呈水平位，入口也较成人的松，如果躺着喂奶，空气就进入胃里，容易引起宝宝吐奶、腹胀，严重时，吐的奶容易反吸到气管里引起窒息。有时，宝宝也会因妈妈睡着被挤压在双乳间而引起窒息。所以给宝宝喂奶一定要使宝宝的头部略高，并且吃完后拍拍背，让胃里的空气排出。

如何给新生婴儿剪指甲

新生婴儿的指甲长得非常快，通常生长速度为每天0.1毫米左右，为了防止新生婴儿抓破自己或家长，应及时为其修剪。有的家长为了省事，给新生婴儿戴上手套，其实这种做法非常危险，因为新生婴儿的小手很容易弄脏，容易引发感染。另外，手套内的线头若绕在婴儿的手指上可致指端坏死。剪指甲可以等宝宝熟睡后进行，这样可以避免刺伤他的手指。另外，洗澡后指甲会变得较软，此时也比较容易修剪。修剪时可以用宝宝专用剪指甲刀压着新生婴儿手指肉，并沿着指甲的自然线条进行修剪，不要剪得过狠，以免刺伤手指。一旦刺伤皮肤，可以先用干净棉签拭去血渍，再涂上消毒药膏。另外，为防止新生婴儿用手指抓破皮肤，剪指甲时要剪成圆形，不留尖角，保证指甲边缘光滑。

◎婴儿洗发沐浴露，特别温和的洗发沐浴二合一配方，百分百不含皂质。无泪配方，专为宝宝设计。

◎宝宝抗菌耳塞，抗菌耳塞可以避免水流入宝宝耳朵。将耳塞塞入宝宝耳朵前，可随意揉成细线状，塞入耳中，耳塞会自动膨开，贴合宝宝娇嫩的耳朵。

◎天然脱脂棉花，适合清洁口腔、肚脐、眼睛及其他敏感部位和婴儿的细嫩皮肤。

◎潜水艇形洗澡水温计

◎婴儿专用浴盆

给新生婴儿洗澡前应做哪些准备工作

由于新生婴儿免疫力低，对环境变化的适应能力较差，因此，给新生婴儿洗澡的时间不宜过长，一般应控制在5～7分钟以内，满月后洗澡时间可逐渐增加，夏季可增加到15分钟左右。为保证洗澡的顺利进行，必须在洗澡前做好准备工作。首先，准备好以下婴儿洗浴专门物品，如浴盆、水温计、热水、婴儿皂、大毛巾、小面巾、浴巾、衣服、棉签等物品，需要时可以配备磅秤；其次，关闭门窗，调节好灯光及室温，室温一般控制在25～28℃，湿度应保持在50%左右；最后，调节好水温，浴盆内先放冷水，后放热水，水温控制在38～40℃为宜。有的家长喜欢用自己的手去试探水温是否适宜，这样做并不可取，因为新生婴儿对热的敏感度比成年人要高，水温是否适宜最好由水温计来判断。

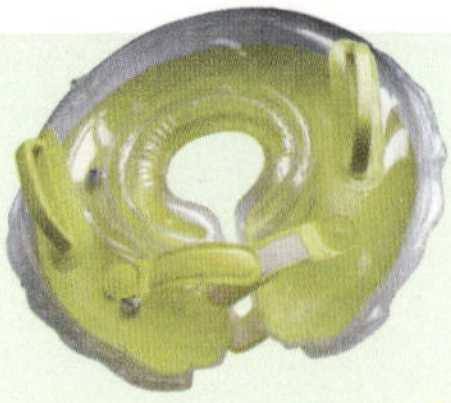

◎婴儿专用把手扶颈圈

如何为新生婴儿洗澡

新生婴儿的洗澡时间宜选在喂奶前或喂奶后1～1.5小时进行。如果新生婴儿的脐带还没有脱落，应上、下身分开洗。可以使新生婴儿仰卧，母亲用左手掌托住新生婴儿头颈部，左手拇指和中指从后面把耳廓折向前方，并轻轻按住，堵住外耳道口，左臂及腋部夹住新生婴儿的臀部及下肢，使其背部靠在母亲的左前臂上，将头移向浴盆。右手用小毛巾蘸水清洗脸及头部、颈部、腋下、前胸后背、双臂和双手，洗完后用干浴巾包裹上身。再将新生婴儿倒过来使其头部靠在左肘窝里，左手托住两大腿根部后开始洗下身。新生婴儿脐带长好后，可以进行全身洗浴。洗澡时应用消毒纱布盖住脐带，防止感染。

什么情况下不宜给新生婴儿洗澡

由于新生婴儿抵抗力较低，因此，当新生婴儿患某些疾病时就不宜再洗澡。例如：❶患发热、感冒、腹泻等疾病时，最好不要给新生婴儿洗澡。如果病情较轻、精神状况良好，也可以适当洗澡，但应尽量做好保温工作，缩短洗澡时间，防止因受凉而使病情加重；❷出现皮肤感染、水泡、溃烂及湿疹等皮肤病时不应洗澡。但如果病变仅局限于较小的范围内，可以对其他部位进行擦洗；❸患肺炎、缺氧、呼吸衰竭、心力衰竭等严重疾病时，应尽量避免洗澡，以防因洗澡而危及新生婴儿的生命。

不宜洗澡的新生婴儿如何进行擦洗

对于早产儿、脐带未脱落的新生婴儿、身体状况较弱或患病的新生婴儿，不宜或家长可能不敢为其洗澡，但新生婴儿需要保持洁净卫生，这时可以用洁净细软的棉巾或清洁的海绵为新生婴儿进行擦洗。首先，应把室温调节到30℃左右，并准备好热水，水温应在40℃上下。其次，将新生婴儿衣服脱去，用大浴巾将新生婴儿全身包住，仰放

育儿专家在线

胎记需要治疗吗？

新生婴儿腰部、背部和臀部皮肤上的灰色、蓝色或青色的色素斑，俗称为“胎记”。这些色素斑多为圆形或不规则形，边缘界限清楚，手压时不褪色。胎记的形成，是因为人类皮肤的真皮层中一般没有黑色，但是当局部真皮层里堆积了较多的色素细胞时，皮肤就会呈现灰蓝色，形成胎记。它会随着孩子的生长逐渐消失，一般在儿童期即可消退，无须治疗。

在安全宽敞的大床上。接着，将棉巾用清水蘸湿，挤干水分，对折后擦洗新生婴儿的头部和脸部，在擦洗眼睛和耳朵时要小心仔细，同时还要观察有无异常。接下来，可以将浴巾打开露出新生婴儿的上半身，用清洁后的棉巾擦洗新生婴儿的手臂、前胸及腹部。之后，将新生婴儿翻转洗其背部。随后再将新生婴儿上身包住，打开下身，擦洗生殖器、臀部、腿及足。最后，用清洁的干棉巾擦干新生婴儿全身，为其穿好换洗衣服。需要特别注意的是，在擦洗的过程中要保持水的清洁，可以多换几次水，同时每次一定要将棉巾挤干水分。

新生婴儿洗澡后可以使用爽身粉吗

有些母亲在给新生婴儿洗完澡后，习惯性地在婴儿的皮肤上涂抹爽身粉，其实这样做很不科学。新生婴儿的皮肤娇嫩，皮肤角质层较薄，防御能力弱，非常容易受到感染。同时，新生婴儿新陈代谢快，皮肤上的汗腺分泌旺盛，爽身粉在汗液的作用下易结为粉质块，积存在皮肤的褶皱里，阻塞皮肤汗腺的分泌，从而产生湿疹。因此，新生婴儿洗澡后最好不要使用爽身粉。

如何为新生婴儿选择尿布

传统的棉质尿布最大的优点是柔软舒适、透气性好，非常适合新生婴儿娇嫩的皮肤。棉质尿布尿湿后新生婴儿就会因感到不舒服而哭闹，可以提醒母亲及时更换尿布，从而有利于保持新生婴儿臀部的干爽，预防尿布疹。棉质尿布价格较低，并且可以重复使用，非常经济实惠。棉质

◎勤换尿布，常给宝宝洗屁股，避免湿布长期接触皮肤，可以预防宝宝患尿布疹。

尿布的缺点是更换比较频繁，需要准备很多，而且洗涤、晾晒也比较麻烦。纸尿裤的优点是干净卫生、吸收性强、渗透性快，多次吸收尿液后表面仍然可以保持干爽。纸尿裤还能促进宝宝的睡眠，减少因尿湿或者换尿布而影响新生婴儿的睡眠。纸尿裤不足之处是其柔软舒适度、透气性能与棉质尿布相比较差，而且是一次性产品，价格较贵。而根据有关专家的建议，也不宜长期使用纸尿裤。

如何为新生婴儿清洗尿布

棉质尿布在准备使用前，无论新旧，都需要经过清洗。使用过的尿布在清洗之前要尽可能除去上面的粪便，清洗时可以用中性洗涤剂，但最好使用洗涤婴儿用品的专用皂液。可以在使用5～6次后对尿布进行一次消毒处理。但如果新生婴儿患有腹泻等消化道疾病或疱疹等皮肤病时，则对每次换下的尿布都应进行消毒。在对尿布进行消毒处理时，需准备一个消毒专用的塑料桶，将尿布放入桶内，倒入适量清水和专用的消毒液，至少要在消毒液中浸泡6小时以上。每次清洗尿布时一定要漂洗干净，不要残留洗涤剂或消毒剂，否则不仅会降低尿布的吸水性，还会伤害新生婴儿娇嫩的皮肤。冲洗干净后的尿布需要在通风处晾干晒透，最好经过太阳曝晒。

◎妈妈在挑选纸尿裤时，不能只注重厚度和吸水性强，而要针对宝宝皮肤和季节气候的特点选择。

如何为新生婴儿垫尿布

为新生婴儿垫尿布时，大多数情况下宝宝都在哭闹，此时母亲一定要沉着冷静，不要毛手毛脚，动作要轻柔、快捷。首先母亲要洗手，把尿布的右下角对左上角折叠成三角形，三角形底边在上，左手将宝宝的双脚轻轻提起，右手将尿布平塞入宝宝臀下，三角尿布的底边放在其腰间；再把尿布下角经双腿间折叠到宝宝腹部，然后轻按着这一角，再将一侧的尿布角折起，盖在腹部中间的尿布角上，再把另一侧的尿布角也以同样方式折起。最后将尿布固定，很自然形成一个“三角形”内裤，然后将衣服拉平、包好。注意，固定尿布时不可使用别针，可事先在尿布角上缀上布条以供固定使用。同时，新生婴儿期尿布不应盖住脐部，以避免脐部感染。

为新生婴儿使用“纸尿裤”时应注意什么

现在，许多年轻父母为了方便、省时、省心，长期给新生婴儿使用纸尿裤，但需要注意的是，长期使用纸尿裤是存在一定隐患的，对宝宝的生长发育不利。其实，不少纸尿裤并不完全是纸质的，其内部含有具有吸附作用的海绵和纤维层，长期使用会对婴儿的肌肤造成伤害。甚至有报道称，长期使用纸尿裤可能会引起不育症。因此，在为新生婴儿选用纸尿裤时，一定要选用优质的纸尿裤，而且使用时一定不要包得太紧，也不要长时间使用。

何时为新生婴儿换尿布

科学的做法是新生儿每次大、小便后均需为其更换尿布，并且每晚临睡前、清晨醒来后以及每次洗澡后都要为其换尿布，不论尿布是否尿湿或粘污。这样做的原因在于新生儿的皮肤非常娇嫩，若经常受潮不仅容易出现“臀红”，而且可能继发皮肤感染，甚至导致败血症、肾炎等严重疾病。另外，为新生儿更换尿布还可增加母亲接触宝宝的机会，这种接触对宝宝来说是一个良好的刺激，能使宝宝产生一种安全感。通过经常性地接触，可使新生儿与母亲的交流明显增加，不仅是皮肤的接触，还包括声音、目光的交流，这将对新生儿感知觉的发育起到明显的促进作用。

如何预防新生婴儿臀红

臀红在医学上称为尿布疹，是新生婴儿常见的皮肤病。由于新生婴儿的皮肤柔软娇嫩，角质层没有发育完全，所以抵抗外界刺激的能力非常弱，如果不及时为新生婴儿更换尿布、擦洗臀部或者尿布不清洁等都会刺激新生婴儿臀部的皮肤，造成皮肤发红、出现皮疹，甚至会引起皮肤脱落或糜烂。预防新生婴儿臀红的最好方法是要勤换尿布以保持新生婴儿臀部皮肤的清洁干燥。新生婴儿的尿布应选用柔软、细腻和吸水性强的棉布或棉织品，尿布每次用后一定要清洗干净，特别要注意不要残留洗涤剂或消毒液，并且要在通风处经阳光曝晒晾干。新生婴儿每次大、小便后，都要用温开水为其清洗臀部，用无菌小方巾擦干，并可用棉棒蘸些消毒植物油涂在新生婴儿的臀部，以免皮肤受到尿液和污物的污染。

夏季如何预防新生婴儿生痱子

夏天出生的新生婴儿由于天气炎热，宝宝哭闹，非常容易出汗，同时新生婴儿皮肤非常娇嫩，因此，很容易生痱子。痱子可形成小脓疱，如果护理不当甚至会引发败血症而危及宝宝生命。所以，妈妈要十分注意预防痱子的发生。预防宝宝生痱子需做好以下护理工作：❶应尽量避免新生婴儿大哭，以防出汗，并采取必要的降温措施；❷勤用温水给宝宝洗澡，每天最好为宝宝洗澡和擦洗身体2次以上。同时，一定要待皮肤擦干或晾干以后再穿衣物，要始终保持皮肤干燥；❸如宝宝头部生痱子，可将头发剪短，以减少出汗；❹如痱子已经形成小脓疱，则需及时请医生诊治，切不可用手随意挤压，以免扩散而引起全身感染或引发败血症；❺如果同时伴有高热、拒奶、精神委靡、不哭等异常情况，则可能已经发生败血症，这时必须立即到医院予以相应的检查及治疗，以防发生不良后果。

◎夏季，有些妈妈怕宝宝生痱子，所以只给宝宝穿肚兜一类的简单衣服。宝宝每日穿肚兜的时间不宜过长，也不宜待在较冷的房间里过长，以免着凉引起腹泻。

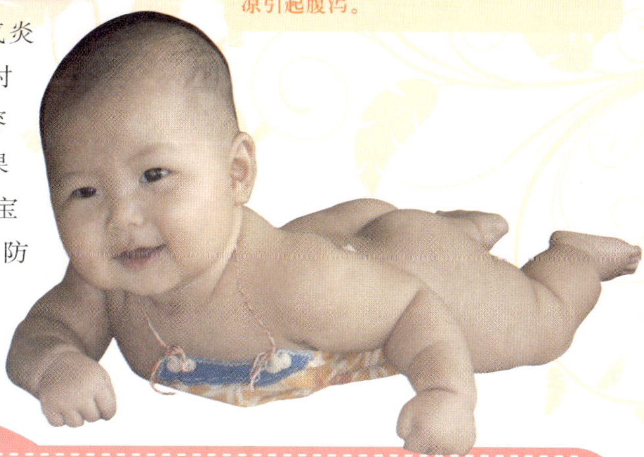

育儿专家在线

新生婴儿“月经”是病吗？

部分女婴在出生后5～7天，阴道会流出少量血性分泌物或黏液，这是由于母亲体内的雌激素在孕期通过胎盘进入了胎儿体内，导致胎儿子宫内膜增生。宝宝出生后雌激素水平突然中断，使宝宝子宫及阴道上皮组织脱落，并通过阴道排出体外。医学上把这种现象称为“假月经”，属于正常的生理现象，一般持续1～3天会自行中止，不需要进行任何处理。但如果新生婴儿阴道出血量多或同时伴有其他部位出血时，则可能为新生婴儿出血症，应及时到医院就诊。

新生婴儿吹空调时需要注意什么

在炎热的夏季，为了给宝宝创造一个适宜的生活环境，有条件的父母都会使用空调为宝宝的房间降温。但是，如果空调使用不当会对新生婴儿的健康造成危害。首先，温度不要调得过低，白天一般保持在24～28℃；其次，不要长时间开空调，如果房间温度比较适宜，可以暂时将空调关闭。夜间最好不要开空调，只要开窗通风即可，同时也要注意，不要将窗户开得过大，不要让风直接吹到新生婴儿；再次，如果使用空调吹风，切忌不可直接对着宝宝吹；最后，需要定期对空调进行清洗消毒。另外还需要指出一点，极少数新生婴儿可能会对空调过敏，这时就不宜再用空调降温了。

◎为了防止宝宝睡偏头，可以在宝宝喜欢偏的那一边放上一些软的障碍物，这样，宝宝就会慢慢地转过来了。

如何防止宝宝睡偏头

1～2个月大时，有的宝宝在睡觉时已经不像新生婴儿那样可以“任人摆布”了，而喜欢侧着身专朝一个方向睡，这样就容易睡偏头。宝宝的这种睡觉习惯可能与他在胎中的姿势有关。由于他已经习惯了在胎中朝着一个方向睡的姿势，因此出生后也就习惯于朝着一个方向睡。为了防止宝宝睡偏头，妈妈要尽可能地哄着他，使他也能够适应朝着相反的方向睡，也可以使相反一侧的光线亮一些，或者放一些小玩具，这样时间长了宝宝就会习惯于朝着任何一个方向睡觉了，也就不用担心他睡偏了头。

什么是预防接种

预防接种是指把疫苗通过注射、口服等方式接种到人体内，使机体产生特异性的免疫力，达到预防相应传染病的目的。人体在初次接触到这些疫苗时，自身的免疫系统由于受到这些疫苗的刺激而被

游戏时间

玩小手

玩法 2个月的婴儿非常喜欢看自己的小手，要给他创造看自己手、玩自己手和吸吮自己手的机会，而且父母还可以在孩子的手上拴块红布或戴个发响的手镯，激发他看手和玩手的兴致。

游戏目的 让宝宝通过看、玩小手，促进手的精细动作发展。

育儿专家在线

为新生儿拍照可以用闪光灯吗?

宝宝出生后，父母或家人都想拍些照片作为纪念。由于室内光线较弱，有人便借助于电子闪光灯为宝宝拍照，其实，这种做法是不可取的，对新生儿的危害极大。因为新生儿对光的刺激非常敏感，而且新生儿的视觉系统还没有发育完全，对于较强光线的刺激还不能进行保护性的调节，所以，当新生儿遇到强光直射时，如电子闪光灯的灯光等，可能会发生眼底视网膜和角膜灼伤，甚至有导致失明的危险。因此，为新生儿拍照时不应使用闪光灯。

激活，分泌出具有免疫功能的免疫活性物质，当人体再次遭受这些致病菌的侵袭时，这些免疫活性物质就会发生作用，阻止病菌对人体的伤害，从而达到预防相应传染病的目的。

为什么要进行预防接种

在胎儿期，胎儿可以通过胎盘从母体中获得一些具有抵抗传染病能力的免疫物质。因此，婴儿出生后的一段时间里（大约为6个月），这些免疫物质可以在一定程度上保护婴儿不患某些传染病。但是随着婴儿的长大，这些免疫物质就会逐渐减弱和消失，而婴儿自身的免疫能力尚未健全，容易患某些传染病。因此就需要通过有计划地预防接种，达到预防某些传染病发生的目的，从而保护婴儿的身体健康。

什么是疫苗

通常所说的疫苗是指广义上的疫苗，指的是预防接种所用的生物制品，这是用微生物或微生物的毒素、人或动物的血清等制备的供预防、诊断和治疗用的制剂。这些生物制品包括疫苗、菌苗和类毒素。

疫苗（狭义上的疫苗）是用病毒或立克次体制成，又可细分为死疫苗和减毒活疫苗两种。如斑疹伤寒疫苗、狂犬病毒疫苗等是死疫苗；脊髓灰质炎疫苗、麻风疫苗、麻疹疫苗是减毒活疫苗。菌苗是用细菌制成的，可分为死菌苗和活菌苗两种。死菌苗一般是选取免疫性好的细菌，将其杀死制成，如霍乱、百日咳、钩端螺旋体菌苗等。活菌苗一般选用“无毒”或毒力很低，但免疫性很高的活菌体制成，如卡介苗、鼠疫活菌苗等。类毒素是用细菌所产生的外毒素经过脱毒而制成。类毒素对人体无毒，注射后可刺激身体产生抵抗毒素的免疫力，如白喉、破伤风类毒素等。

什么是基础免疫

基础免疫是指机体首次完成某种疫苗的接种。由于疫苗的种类不同，接种后产生的免疫效果也不一样。通常活疫苗的免疫效果较好，基础免疫只需要接种1次就可以完成。死疫苗的免疫效果较差，基础免疫必须经过几次才能完成。大部分疫苗的基础免疫需要接种多次后才能达到满意的免疫效果。婴儿在1岁以内必须完成1次卡介苗、3次预防脊髓灰质炎的小儿糖丸、3针百白破三联疫苗、1次麻疹活疫苗接种，这样就完成了计划免疫中的基础免疫。

什么是加强免疫

各种疫苗接种成功后所产生的免疫预防作用并不是终生有效的，都是有一定期限的。在完成基础免疫后，经过一定的时间，体内的保护性抗体会逐渐减弱或消失。为使机体继续维持必要的免疫力，需要根据不同疫苗的免疫特性在一定时间内进行疫苗的再次接种（复种），这就是加强免疫。妈妈应按保健医生的要求，按时到指定地点接种疫苗。

接种后的反应有哪些

接种疫苗前一定要了解宝宝的身体情况是否适合接种，特别是年轻父母，要了解宝宝对即将接种的疫苗是否有禁忌症，否则很可能不仅没有起到预防疾病的作用，反而会引发其他问题。任何疫苗针对一部分人，在接种后都有可能产生不适反应。如果宝宝在接种后出现局部红肿、疼痛、发热等症状，但很快就消退，这属于正常接种反应。而这些症状如果加重，且不见好转，最好尽快到医院治疗。

◎为了避免局部的肿痛，含有免疫佐剂的疫苗会采用深部肌肉注射的方式。

游戏时间

宝宝抬头

玩法1 宝宝1～2个月时，取俯卧位平趴在床上，妈妈摇动铃铛，并鼓励宝宝跟着铃声抬头，慢慢地，宝宝能抬头观察带响的铃铛，而且下颌也能短时间离开床面，双肩也随着抬起来。每天可以练习2～3次。

玩法2 1～2个月时，妈妈可以竖直抱起宝宝，爸爸拿着色彩鲜艳或带响声的玩具，一边放在接近孩子的面部前方，一边跟宝宝逗说，这时宝宝前倾的头有时能抬起来观察玩具。

游戏目的 可以锻炼宝宝的颈部和背部肌力，扩大视觉范围。

进行预防接种时应注意什么

进行预防接种时，应注意并不是所有的儿童都能进行预防注射，凡宝宝具有下列情况时不宜或暂时不能进行预防接种：❶如果患有严重心脏病、肝病、肾病、结核病，不宜进行预防接种；❷如果患有神经系统疾病如癫痫、大脑发育不全等，不宜进行预防接种；❸如果患有重度营养不良、严重佝偻病、先天性免疫缺陷，不宜进行预防接种；❹过敏体质、哮喘病、荨麻疹患儿以及接种疫苗后有过敏史的儿童，不宜进行预防接种；❺儿童腹泻时或大便每天超过4次，不宜进行预防接种；❻如果体温超过37.5℃，应首先查明发烧原因，治愈后再进行预防接种；❼接种部位有严重皮炎、牛皮癣、湿疹及化脓性皮肤病时，应在治愈后再进行预防接种。

如何识别预防接种的正常、异常反应

正常反应是由于疫苗制品本身的特性所引起的，其性质和强度随疫苗的不同而有所差异。例如接种活疫苗，实际上是一次轻型的人工感染；有些死疫苗还保留着一定程度的毒性。正常反应分为局部反应和全身反应两种。局部反应是指在接种后24小时左右，接种部位会发生红肿、热、痛现象；全身反应主要表现是发热症状，体温在38.6℃以上，有时伴有头痛、恶心、呕吐、腹痛、腹泻等症状。加重反应是指机体在某些特殊的生理状态下接种了疫苗会发生的反应，其性质与正常接种反应一致，只需对症处理即可，不会留有后遗症。

预防接种的异常反应是指同时接种同一批疫苗有很多人，但只是在极个别人身上发生的一类反应。它们的共同特征有：❶这类反应与接种的疫苗种类有一定联系，但只发生在个别人身上，大都是和受种者的体质有关；❷反应的性质、临床表现与一般反应不同；❸反应程度比较严重，必须及时就医诊治。预防接种的异常反应主要有晕厥、过敏性合并症、变态反应等。

预防接种正常反应的处理方法

接种疫苗前一定要了解宝宝的身体情况是否适合接种，特别是年轻父母，要了解宝宝对即将接种的疫苗是否有禁忌症，否则很可能不仅没有达到预防疾病的作用，反而会引发其他问题。任何疫苗针对不同的人，在接种后都有可能产生不适反应。如果宝宝在接种后出现局部红肿、疼痛、淋巴结肿大、发热等症状，但很快就消退，这属于正常的不适反应。而这些症状如果加重，且不见好转，最好尽快到医院治疗。

一般情况下，正常反应和加重反应都不需进行特殊的处理。只要注意适当的休息，多饮用开水，注意保暖，加强营养，通常1～2天后反应会自然消失。局部反应较重时，可以进行热敷、或卧床休息。但是接种卡介苗的红肿处不能做热敷，也不能用消毒剂（酒精或碘氟、碘酒）涂抹。如果反应特别重，如出现化脓、高热持续不退，甚至有抽搐、昏迷等症状时，应及时到医院检查接受医生的治疗。

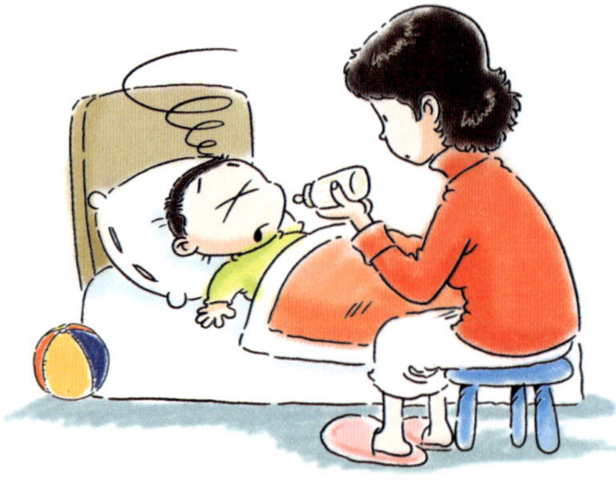

◎接种完毕后要喂宝宝一些温开水，注意卧床休息。

怎样减少预防接种后的反应

婴儿父母需要放心，大多数疫苗接种后都不会引起严重的反应，发生过敏反应的也很少。但由于每个婴儿的体质不同，在进行预防接种后可能会出现一些不同程度的正常反应。为了保证宝宝的安全，减少预防接种后的反应，各种预防接种都必须在宝宝身体健康的时候进行。如果有病，就暂时不要进行预防接种了。例如发热时不要打白喉、百日咳、破伤风三联疫苗；腹泻时不能口服小儿麻痹症糖丸；空腹时不宜注射疫苗等。同时，打针前要做好准备工作，要对宝宝进行安慰和鼓励，须消除其紧张害怕的心理。

◎接种后2～3天要注意护理，注意注射位置的清洁卫生，暂时不要洗澡，以防局部感染。

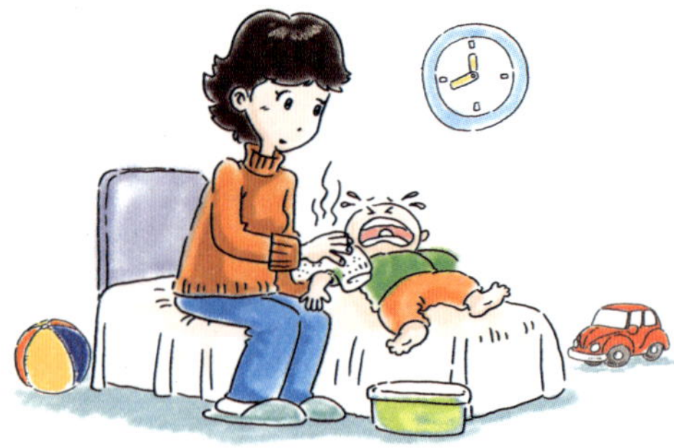

“五苗七病”是指什么

中国儿童预防接种的主要内容是“五苗七病”，就是说按照免疫程序，对七周岁以下儿童有计划地进行卡介苗、脊髓灰质炎减毒活疫苗（小儿糖丸）、百白破三联混合制剂、麻疹疫苗和乙肝疫苗5种疫苗的基础免疫及加强免疫，从而达到防治结核、脊髓灰质炎、百日咳、白喉、破伤风、麻疹及乙型肝炎7种疾病的目的。

小儿麻痹糖丸的服用和注意事项

口服小儿麻痹糖丸可以预防小儿麻痹症。小儿麻痹在医学上称为“脊髓灰质炎”，是一种传染病，可引起肢体瘫痪，造成终生残疾。小儿麻痹糖丸需要分3次服用，每次间隔时间不得少于28天（1个月）。婴儿月龄满2个月时，第1次服用；满3个月时，第2次服用；满4个月时，第3次服用。经过3次服用以后，会在婴儿体内产生相应的抗病能力，可以有效地预防小儿麻痹症。另外，在宝宝4周岁时，需要加强服用1次。

小儿麻痹糖丸是一种减毒活疫苗，切忌用热开水溶化。服用时，可以用清洁的小匙将糖丸研碎，溶于凉开水中服用。服用前后半小时内不要喝热水或喂热的食物，也不要喂母乳，以免影响免疫效果。如果婴儿患有腹泻，要暂缓服用。如果婴儿对牛奶过敏或体质虚弱时，要事先告知医生。

宝宝预防接种时间参照表

时间	基础疫苗	加强免疫
出生（开始）	卡介苗①、乙肝疫苗①	
第2个月	小儿麻痹糖丸①、乙肝疫苗②	
第3个月	百白破①、小儿麻痹糖丸②	
第4个月	百白破②、小儿麻痹糖丸③	
第5个月	百白破③	
第6个月	乙肝疫苗③、流脑疫苗①	
第8个月	麻疹疫苗①	
第9个月	流脑疫苗②	
1岁	乙脑疫苗①	
1.5岁至2岁		百白破④、麻疹疫苗②
2岁		乙脑疫苗②
3岁		流脑疫苗A+C
4岁		小儿麻痹糖丸④
5岁		乙脑疫苗③
6岁		百白破⑤、麻疹疫苗③、乙脑疫苗④

新生婴儿卡介苗的注射

卡介苗是一种用来预防儿童结核病的预防接种疫苗。接种后可使儿童产生对结核病的特殊抵抗力。卡介苗接种的主要对象是新生婴儿。卡介苗接种被称为“出生第一针”，在产院、产科新生婴儿，出生就应该接种。如果出生时没能及时接种，在1岁以内一定要到相关部门进行补种。

接种卡介疫苗后，2～3周内局部会逐渐出现红肿、脓疮、以致溃疡。此时应注意保持溃疡周围皮肤清洁卫生，让小儿穿干净、松软衣服，防止抓挠，必要时可用纱布包扎。3～4周后即可结痂，最后形成小疤痕，若反应严重形成脓肿，切忌开口排脓，否则会使伤口难以愈合。

新生婴儿乙脑疫苗的注射

注射乙脑疫苗是为了预防流行性乙型脑炎（乙脑）。乙脑是由蚊类作为媒介传播的急性病毒性传染病，夏秋季是发病的高峰季节，患病多是10岁以下儿童。病情有轻有重，重时可以出现高热、惊厥、昏迷、痉挛，甚至死亡，治愈后往往会留有后遗症。大部分成人对乙脑都具有免疫力，6个月以内的婴儿可以从母体获得抗体，保护婴儿不患乙脑。中国规定乙脑疫苗接种对象主要是流行区6个月至10岁的儿童，以及非流行区进入流行区的人群。在流行区出生后满8个月至1周岁（大多数地区选择在1周岁）婴儿接种第 1 针乙脑疫苗，7～10天后接种第2针，属基础免疫，免疫期为1年，以后按程度进行加强免疫。

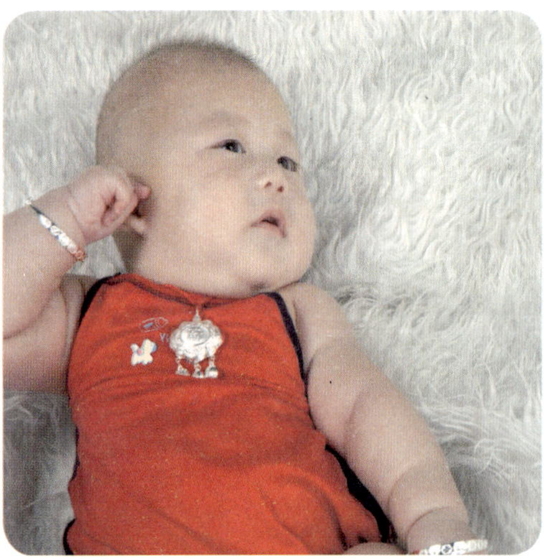

◎由于婴儿没有自我保护的能力，于是成为各种病毒侵犯的主要对象，他们时刻处于危险之中。

百白破三联疫苗的注射和注意事项

百白破三联疫苗又叫百白破三联针（百白破三联混合制剂），主要预防百日咳、白喉和破伤风。百白破三联疫苗是由百日咳菌苗、白喉类毒素、破伤风类毒素组成的三联疫苗。它可以提高小儿对百日咳、白喉、破伤风抵抗的能力。百白破三联疫苗的基础免疫要连续注射3次后才能有效，即在小儿出生后满3个月、4个月、5个月时连续注射3次。 此外，这些抗体只能维持一定的时间，所以在一定时期后还要进行加强注射，需要在1.5～2周岁和6岁时加强注射2次。

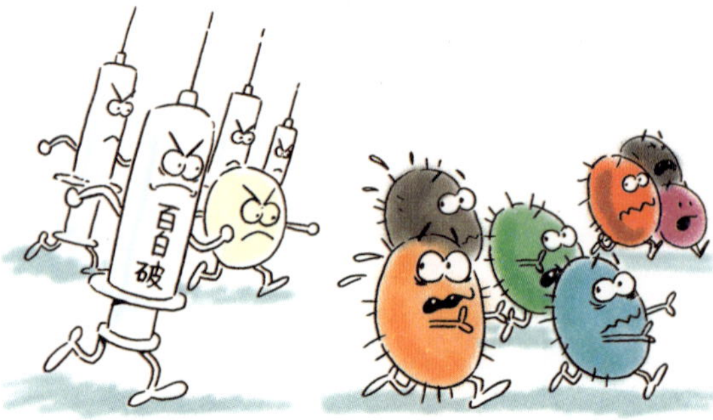

◎在进行了百白破3次基础免疫后，第4次为加强免疫，第5次使用百白破疫苗加强免疫1次。

注射百白破三联疫苗时需要注意以下几点：❶有癫痫等神经系统疾患及有抽风史者禁止注射该疫苗，急性传染病（包括恢复期）及发热者暂缓注射；❷注射时必须充分摇匀，制品不能冻结，一旦出现凝块，则不能使用；注射第1针后出现高热、惊厥等异常情况时，不再注射第2针。可以注射第2针时，应更换注射部位。同时该疫苗为吸附剂，不易被吸收，因此需要进行深部肌肉注射；❸部分婴儿会出现红肿、疼痛、发痒或低热、疲倦、头痛等反应，一般不需特殊处理即可自行消退。若全身反应较重，应及时到医院进行诊治。

Part 02

4~6个月

宝宝营养与护理

辅食添加的最佳时间

科学喂养与营养方案◆宝宝营养辅食食谱◆日常护理及保健必知

科学喂养与营养方案

喂养要点

＊4～6个月起，无论是母乳喂养，还是混合喂养及人工喂养，妈妈都应该开始给宝宝添加辅食，以补充宝宝生长发育所需的多种营养素。

4个月婴儿的喂养有什么特点

4个月的婴儿开始添加辅食，这标志着宝宝的成长已经进入了一个新的阶段。在这一时期仍应尽可能以母乳喂养为主，但喂乳的时间可以减少至每天5次，上、下午各2次，晚上睡觉前1次，夜间可以喂乳1次。但在这一时期除了给宝宝喂奶以外，还应加喂泥糊状的辅助食物，如米粉、蛋黄、水果泥和菜泥等，以补充宝宝生长发育所需要的营养成分。另外，还应继续加喂鱼肝油，每次2滴，每天2次。

◎胡萝卜汁能补充宝宝发育所需的胡萝卜素，妈妈可多给宝宝食用。

为什么要为4个月的婴儿添加辅食

无论是母乳喂养还是人工喂养，随着宝宝的成长，胃内分泌的消化酶开始增加，消化能力也逐步提高，到宝宝4～6个月时已经能够消化一些淀粉类的泥糊状食物，此时就可以为宝宝添加辅食了。而且此时母乳中的营养成分如维生素和微量元素等已经不能够满足宝宝生长发育的需要，特别是微量元素铁的缺乏尤其突出。由纯母乳喂养的足月儿从母体中所获得的铁元素仅仅可以满足宝宝出生后

◎压汁器。可以很容易地将柠檬、橙子、橘子等水果压成泥糊状。

◎过滤网。可以过滤掉泥糊状食物或菜汁中的粗纤维。

◎磨泥器。可以将各种熟软食物磨成泥糊状。

◎木质擀面杖。可以将煮好的面条捣碎。

为婴儿添加辅食的原则有哪些

❶在品种上，要从一样到多样。开始时宝宝对食物的适应能力还比较差，不可以将多种食物一起添加，应一样一样测试，等宝宝适应了一种后再添加另外一种，如果宝宝拒食或者出现消化不良，千万不要再勉强；❷在数量上，要由少到多。一旦出现腹泻，要减少辅食的数量或停止喂食，等宝宝恢复正常后再从少量试喂；❸在质量上，要由稀到稠，由软到硬。可以按照汁、泥、汤、末的顺序逐步变稠、变硬；❹在喂食方式上，应以汤匙为主。这样可以使宝宝逐步地适应日常餐具的使用，从而为断奶打好基础；❺在口味上，要以清淡为主，辅食中不要添加盐，以免增加宝宝肝、肾的负担。

4个月生长发育的需要，此时如果不及时加以补充，宝宝就会很容易出现贫血。因此，4个月的宝宝就需要添加辅食了，以满足其健康成长的需要。同时需要指出的是，给宝宝添加辅食的时间也不应过早，否则也会产生许多不良后果。

育儿专家在线

钙和牛奶能同时服用吗?

婴儿时期是人体生长发育最快的阶段，尤其骨骼增长得很快。因此，适量补充钙制剂和维生素D对预防小儿佝偻病显得尤为重要。根据世界卫生组织的规定：人工喂养的婴儿应在出生2周后开始补充鱼肝油和钙剂；母乳喂养的婴儿可在出生4个月以后补充钙剂。

钙剂不能加入牛奶中服用，因为钙在牛奶中易形成不能被身体吸收的钙盐沉淀，所以，补充钙剂时，可用小勺将用水化好的钙剂直接喂入婴儿口中。

◎土豆泥的制作方法为：先将土豆煮熟，然后剥去外面的皮，再用干净的厚瓶底捣碎。

如何为4个月的婴儿制作辅食

一般情况下，应为4个月的宝宝制作如下的辅食：❶蛋黄泥。开始时每天喂1/4个蛋黄，之后根据宝宝的消化吸收情况，可以逐渐增加到每天喂半个蛋黄。蛋黄中含有丰富的蛋白质、钙、磷、铁等营养成分，有助于宝宝大脑、骨骼、肌肉和神经细胞的发育。❷菜泥。菜泥中含有较多的维生素、矿物质，同时还可预防大便干燥，对宝宝的健康非常有益。蔬菜的种类较多，可以更换种类后喂给宝宝。

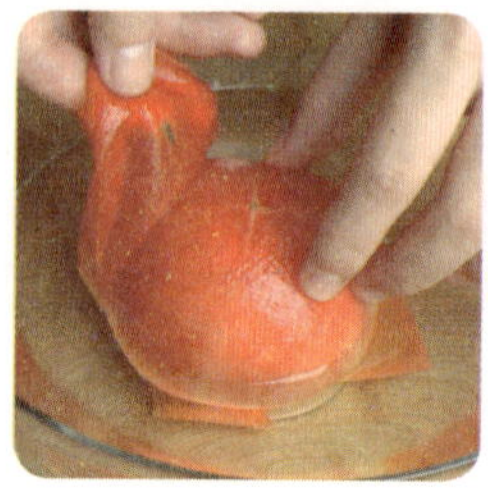

◎西红柿糊的制作方法为：先将西红柿放入热水中烫一下，这样就很好剥皮了，然后再用勺子捣成糊状。

4个月宝宝1日营养方案1

时间	主食及用量
早上6：00	母乳哺喂10～15分钟（或给配方奶150毫升）
上午9：00	奶糊：婴儿配方奶粉15克，豆奶60毫升，鸡蛋黄10克，白糖适量
上午11：00	新鲜蔬菜汁或水果汁90毫升。小儿鱼肝油滴剂（参照说明或遵医嘱）
下午1：00	母乳哺喂10～15分钟（或给配方奶150毫升）
下午4：30	母乳哺喂10～15分钟（或给配方奶150毫升）
下午5：30	新鲜水果泥或蔬菜汁20克
晚上8：00	母乳哺喂10～15分钟（或给配方奶150毫升）
晚上12：00	母乳哺喂10～15分钟（或给配方奶150毫升）

4个月宝宝1日营养方案2

时间	主食及用量
早上6：00	母乳哺喂10～15分钟（或给配方奶150毫升）
上午8：00	果汁：鲜橙汁或番茄汁80毫升
上午10：00	营养米粉：鸡蛋米粉10克，鸡蛋黄5克，白糖适量。小儿鱼肝油滴剂（参照说明或遵医嘱）
中午12：00	新鲜水果汁或蔬菜汁80毫升
下午2：00	母乳哺喂10～15分钟（或给配方奶150毫升）
下午5：30	新鲜水果泥或蔬菜汁20克
晚上10：00	母乳哺喂10～15分钟（或给配方奶150毫升）
晚上12：00	母乳哺喂10～15分钟（或给配方奶150毫升）

5个月宝宝1日营养方案1

时间	主食及用量
早上6：00	母乳哺喂10～20分钟（或给配方奶180毫升）
上午9：00	奶糊：婴儿配方奶粉20克，青菜10克，去刺带鱼10克，植物油1克
上午11：00	新鲜蔬菜、水果泥20克。小儿鱼肝油滴剂（参照说明或遵医嘱）
下午1：00	母乳哺喂10～20分钟（或给配方奶180毫升）
下午4：30	蒸鸡蛋羹：鸡蛋黄8克；芝麻油1克，盐适量（或给配方奶150毫升）
下午5：30	新鲜蔬菜汁60～80毫升
晚上8：00	母乳哺喂10～20分钟（或给配方奶200毫升）
晚上12：00	母乳哺喂10～20分钟（或给配方奶200毫升）

5个月宝宝1日营养方案2

时间	主食及用量
早上6：00	母乳哺喂10～20分钟（或给配方奶180毫升）
上午8：00	果汁：鲜橙汁或番茄汁80毫升
上午10：00	营养米粉：鸡蛋米粉15克，鸡蛋黄8克，白糖适量。小儿鱼肝油滴剂（参照说明或遵医嘱）
中午12：00	新鲜蔬菜汁80毫升
下午2：00	母乳哺喂10～20分钟（或给配方奶180毫升）
下午6：00	母乳哺喂10～20分钟（或给配方奶180毫升）
晚上10：00	母乳哺喂10～20分钟（或给配方奶180毫升）
凌晨2：00	母乳哺喂10～15分钟（或给配方奶180毫升）

5个月婴儿的喂养有什么特点

5个月婴儿的食物仍应以母乳或其他代乳品为主，喂养方式和时间可以按上月方法进行。在辅食添加方面，如果宝宝的消化吸收情况良好、大便正常，可以增加果泥、菜泥的喂食量。同时，由于宝宝体重和活动的增加，除了以上食品外，还需要补充淀粉类食物（如米粉糊、米粥、软面条等）和植物油，因为此时婴儿消化道内淀粉酶的分泌明显增加。及时添加淀粉类食物不仅能够补充乳品能量的不足，还可以培养宝宝用汤匙和咀嚼的习惯。另外，还可以添加一些平鱼、黄鱼等鱼类制作的鱼泥。同时，仍需继续加喂鱼肝油，每次2滴，每天2次。

◎给宝宝准备色彩和图案鲜艳的餐具，这样可以很好地引起他们的注意，增强食欲哦！

如何为5个月的婴儿制作辅食

除了以上为宝宝制作的辅食以外，还可以制作以下的辅食：❶青菜米粥。取青菜心（如菠菜、小白菜等）少量，洗净切成末，加入煮好的粥中，再煮10分钟左右，之后加入少许熟植物油即可。❷鱼泥。将鱼去鳞，除去内脏并清洗干净，加入清水后用温火煮熟，剔除鱼骨将鱼肉捣碎即可，也可以加入米粥中一起喂给宝宝，可以间隔3～5天喂1次。鱼肉蛋白所含的氨基酸与母乳中的乳清蛋白所含的氨基酸成分非常相似，营养价值很高，而且更利于吸收，非常有利于宝宝的健康成长。

◎宝宝6个月以后对营养的需求更多了。

6个月婴儿的喂养有什么特点

6个月的婴儿身体已经比较结实，活动能力也比以前大大增加，因而对能量和营养成分的要求也更高。对于人工喂养的宝宝，应采用配方奶喂养。如果此时宝宝还只是吃母乳，现在必须要考虑添加辅食了。如果宝宝不乐意食用辅食，可以每次在宝宝饥饿时，先喂辅食再喂奶。同时，随着宝宝的长大，要逐渐延长喂奶间隔，减少每次喂奶的时间，逐渐增加辅食的数量，为断奶打基础。一般情况下，此时宝宝应该每天吃2次粥，每次要有半小碗，鸡蛋黄要保证每天1个。6个月正是宝宝出牙的时候，所以应在粥类食物中加入蛋黄、鱼末、动物血等多种辅食。

如何为6个月的婴儿制作辅食

可以为6个月的宝宝制作如下辅食：❶蛋黄粥。取大米（或小米）2小勺洗净，加水约120毫升泡1～2个小时，然后用微火煮40～50分钟，把煮熟的蛋黄碾碎后加入粥内，再煮10分钟左右即可。❷奶油蛋。取生蛋黄半个，淀粉半勺，放入锅内加水混合均匀后用火煮，边煮边搅拌，煮至黏稠状时停火，放凉后再加少许白糖即

育儿专家在线

如何根据宝宝的大便调整食物？

观察大便是了解孩子营养情况的重要方法。大便干燥、有凝块、颜色淡黄、呈碱性反应时，说明宝宝的饮食中蛋白质成分过高，应适当减少；大便呈条形，有酸臭、腥臭，说明饮食中的脂肪含量过高；大便呈糊状，甚至出现腹泻，多半是饮食中的糖分过多所致。

6个月宝宝1日营养方案1

时间	主食及用量
早上6：00	母乳哺喂10～20分钟（或给配方奶220毫升）
上午9：00	鱼泥：带鱼20克，植物油1克，盐适量；稀饭：大米20克；菜糊：胡萝卜20克，植物油2克，盐适量
上午11：00	新鲜蔬菜、水果泥：香蕉20克。小儿鱼肝油滴剂（参照说明或遵医嘱）
下午1：00	母乳哺喂10～20分钟（或给配方奶220毫升）
下午3：30	新鲜果汁或温开水100毫升（或给配方奶150毫升）
下午5：00	鸡蛋青菜面：挂面25克，鸡蛋45克，新鲜青菜10克，植物油2克
晚上8：00	母乳哺喂10～20分钟（或给配方奶220毫升）
晚上12：00	母乳哺喂10～15分钟（或给配方奶130毫升）

可。❸鸡汤南瓜泥。将鸡脯肉放入淡盐水中浸泡半小时，取出剁成泥，放入锅中，加一大碗水煮熟，待鸡汤熬成一碗的量时，用干净纱布过滤出汤汁；将南瓜去皮，放另外的锅内蒸熟，用勺子碾成泥，倒入鸡汤即可。

婴儿何时需要补充水分

对于纯母乳喂养的婴儿，根据按需喂养的原则，在宝宝出生后4个月以内，一般不需要另外加喂水分，必要时也可以在两次哺乳之间少量喂一些温开水；4个月以后随着辅食如果汁、菜汁等的添加，相应地补充了水分，因此没有必要再过多地补充水分。但对于人工喂养的婴儿，则必须经常喂水。这

6个月宝宝1日营养方案2

时间	主食及用量
早上6：00	母乳哺喂20～25分钟（或给配方奶200毫升）
上午8：00	果汁：鲜橙汁或番茄汁80毫升
上午10：00	营养米粉：鸡蛋米粉20克，鸡蛋黄10克，白糖适量。小儿鱼肝油滴剂（参照说明或遵医嘱）
中午12：00	新鲜蔬菜汁80毫升
下午2：00	母乳哺喂20～25分钟（或给配方奶200毫升）
下午6：00	母乳哺喂20～25分钟（或给配方奶200毫升）
晚上10：00	母乳哺喂20～25分钟（或给配方奶200毫升）
凌晨2：00	母乳哺喂20～25分钟（或给配方奶200毫升）

是由于牛奶中的蛋白质和矿物质含量较高，多余的矿物质和营养成分不能被宝宝吸收，需要通过肾脏排出体外。但是婴儿的肾脏功能还没有发育完全，如果没有给以足够的水分，则体内多余的物质就无法顺利地排出体外。因此，对于人工喂养的宝宝，需要除奶液外加喂充足的水分。如果环境温度较高、婴儿体温上升或患其他疾病时，也需要及时补充足量的水分。

不同月龄应添加不同的辅助食品

吃母乳的宝宝，在出生后2～3个月就可吃蔬菜汁和果汁、鱼肝油。4～5个月可吃少量蛋黄泥、米汤、米糊、菜泥、豆浆。6～7个月可吃些烂粥等。8～9个月可吃青菜末、肉汤、豆腐、鸡蛋羹、鱼泥、肝泥、肉末、豆腐、水果粒等。10～12个月可吃软饭、粥、碎菜、馒头、饼干、包子、饺子等。每次最好加吃1种食物，吃习惯了再加第2种，每次喂量由少渐多，但不要过量。且切记不可一次给宝宝添加多种食物，以防宝宝发生过敏而找不到原因。喂辅助食物，最好在喂奶以前，这时宝宝胃里是空的，容易接受食物，也易于消化。妈妈一定要注意宝宝的消化情况，如消化不良，辅助食物应减量或暂时停止添加。

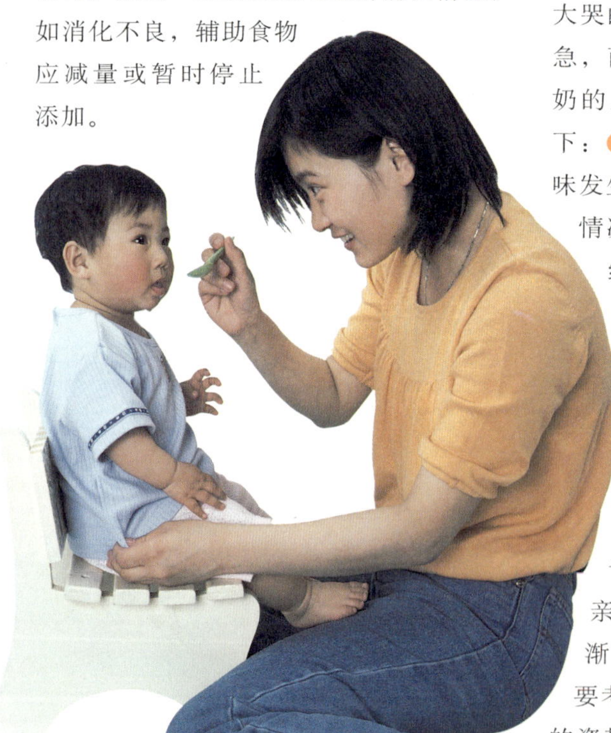

◎如果宝宝对妈妈制作的食物表现出不感兴趣的样子，妈妈可以用愉快的表情，张大嘴“啊”，来逗引宝宝的食欲。

◎宝宝的味觉开始发育，对一成不变的奶水会感到单调。给宝宝的辅食尽可能多样化，这样可以缓解厌奶的症状。

婴儿厌奶的原因有哪些

在婴儿期，奶水是宝宝最主要的营养来源，一旦出现不肯吃奶或吃几口后就大哭的厌奶现象，父母或家长都会非常着急，而此时最需要做的就是要找出宝宝厌奶的原因。引起宝宝厌奶的常见原因如下：❶母亲食用了不当食物，引起母乳口味发生改变，从而使宝宝厌食乳汁。一般情况下，哺乳母亲所吃食物的味道大约经过2小时就会进入乳汁，婴儿对乳汁的味道特别敏感，如果他不喜欢或引起不舒服如腹痛、腹胀等，就会出现厌奶。常见的不当食物有辛辣食物如辣椒、蒜、韭菜等；含咖啡因的食物如咖啡、浓茶、饮料等。一般因食物不当引起的厌奶会持续存在于母亲进食后24个小时之内，如果母亲停止食用这些食物，厌奶症状就会逐渐减轻或消失；❷对于人工喂养的宝宝要考虑是否是因为奶温不合适，或喂奶的姿势及态度不佳；❸是否因为添加了辅食，宝宝已经吃饱；❹宝宝是否生病，如呼吸道感染、耳炎、口炎等。如果原因不明或宝宝生病就需请医生检查治疗。

造成婴儿食欲不佳的原因有哪些

造成婴儿食欲不佳的原因主要有：①生病。口腔溃疡、鹅口疮、发热、肝炎、贫血等都会影响婴儿的食欲；②吃甜食过多。婴儿吃甜食过多会使血糖升高，会造成饱食中枢兴奋，进而抑制大脑内丘脑的摄食中枢，使婴儿对任何食物都缺乏兴趣；③添加辅食过早或过晚。婴儿添加辅食晚于6个月或早于4个月都会影响婴儿味觉的发育，甚至会影响孩子终生的食欲；④缺锌。缺锌是造成婴儿食欲不振的常见因素之一；⑤不良的饮食习惯。如吃饭不定时、不专心以及强迫进食等。另外，心理因素也会影响宝宝的食欲。

何时喂食泥糊状食物

专家建议妈妈最好在宝宝6个月的时候全面喂食泥糊状食物。如果宝宝一直吃母乳，那么妈妈可以在他4个月时喂食泥糊状食物。如果宝宝在6个月后还不及时食用泥糊状食物，将无法获得足够的营养，以满足成长的需要。

◎对于肉类来说，烹调前将肉捣成糊状，可以更好地被宝宝吸收。

◎给宝宝做鱼时，一定要将鱼肚子里的那层富含杂质和细菌的黑膜去掉。

◎做虾泥之前，可以用干净纸巾将清洗好的虾身上的水分吸干。一定要将虾线去掉。

◎做蛋羹前，用过滤网过滤下蛋液，可以让蒸出来的蛋羹更细腻。

游戏时间

抓玩具

玩法 妈妈将带响声的玩具拿到宝宝面前摇晃，使宝宝的眼睛被其吸引，当宝宝注视着玩具的时候，将玩具放在宝宝胸前，以他能看到、伸手可抓到的地方为宜，并激发他去碰和抓。如果宝宝抓了几次，仍抓不到玩具，就将玩具直接放在他的手中，使他握住，然后再放开玩具，教他学抓。若宝宝只看玩具不伸手抓，妈妈可用玩具触他的小手，逗引他伸手抓，或将玩具放在他手中摇晃他的手，使玩具发出响声并逗引他听。

游戏目的 这个游戏适合4个月左右的宝宝，可以发展宝宝的触觉，锻炼小手的抓握能力。

为什么鸡蛋是婴儿的好食品

鸡蛋营养非常丰富，是婴儿最好的营养品。每100克鸡蛋（约为2个鸡蛋）含蛋白质14克、脂肪11.6克、糖1.6克，还含有一定量的铁、钙、磷等矿物质及维生素A、维生素D、维生素E和B族维生素。鸡蛋中的蛋白质含有婴幼儿生长所必需的8种氨基酸，是一种优质蛋白质。2个鸡蛋所含的蛋白质大致相当于三两鱼肉所含的蛋白质，而且鸡蛋中的蛋白质比牛奶、猪肉、牛肉和大米中的蛋白质更容易消化。

但是小婴儿（6个月以内婴儿）的消化系统不完善，肠壁的通透性较高，而蛋清中蛋白的分子较小，有时这些小分子蛋白可以通过肠壁直接进入血液中，使婴儿机体对异体蛋白产生过敏反应，引起湿疹、荨麻疹或其他皮肤病，因此小婴儿吃鸡蛋时应避免食用蛋清。4个月的婴儿可以开始食用蛋黄，一般从1/4个蛋黄开始，逐渐增加到1～1.5个蛋黄，等宝宝长到6个月的时候就可以吃整个鸡蛋了。

小儿辅食中能放味精吗

味精的主要成分是谷氨酸钠，医学专家研究发现，大量食入谷氨酸钠，能使血液中的锌转变为谷氨酸锌，从尿中过多地排泄到体外。锌是人体内重要的微量元素，具有维持人体正常生长发育的作用，对于婴幼儿来说更是不可缺少的。一旦造成锌缺乏，就会影响智能及身体发育，并使抵抗力下降。所以，分娩3个月以内的妈妈及2岁以下的宝宝所食的菜肴最好不放味精。要想提高宝宝的食欲，可以从辅食多样化入手，从菜的色、香、味、形上来吸引宝宝。

游戏时间

跳一跳

玩法 爸爸坐在椅子上，扶着宝宝的腋下，让他站在爸爸的大腿上，爸爸说："跳一跳"，同时将宝宝提起、放下数次，练习宝宝小腿的支撑力。

游戏目的 这个游戏可以锻炼宝宝下肢，为宝宝的站立打下良好的基础。

育儿专家在线

如何选择适合宝宝吃的水果？

有些新妈妈认为，只要是水果就可以喂给宝宝吃，其实水果的特性各不相同，也要有选择地喂给宝宝。苹果：含有较多果胶，宝宝不腹泻时，可以吃苹果来补充维生素、矿物质和水分，1天可以喂食1个。但苹果中含钾比较高，如果小儿肾脏功能不好，最好改选其他水果。梨：含有大量的水分、矿物质和糖类，维生素的含量也比较高，宝宝患呼吸道感染或咳嗽时可以选用它。但是梨汁性寒，不可吃得太多，多吃会使宝宝呕吐清水，大便稀薄。橘子：含有较多的维生素C，宝宝可以直接吃。香蕉：是公认的润肺肠佳品，有通便的作用，含一定量的蛋白质、糖类、钙、磷、铁等。但是香蕉性寒，多吃容易腹泻，经常腹泻和患有肾炎的宝宝不可多吃。

如何为婴儿挑选奶粉

专家们认为，应尽量选用专为婴儿设计配制的婴儿配方奶粉，其营养成分接近母乳，没有细菌污染，容易消化吸收，没有色素等有害物质。但奶粉仍然比不上母乳，尤其缺乏母乳中含有的免疫活性物质和酶类。选择奶粉要注意：❶看奶粉包装上的产品说明。包装上都会有其配方、性能、适用对象、食用方法等必要的文字说明；❷查奶粉的制造日期和保质期限；❸查看奶粉的包装是否漏气；❹检查奶粉中是否有块状物。袋装奶粉的鉴别方法只有用手去触捏，如触摸到不规则大小块状物则有可能是变质产品。

选择奶粉的几个误区

选择奶粉的几个错误认识：❶只看价格不看质量。有人在挑选奶粉时，专拣贵的买，认为只要价格贵就说明质量好；❷进口产品一定比国内的好。无论国外还是国内的奶粉产品，营养成分相差无几，从产品外观包装上看各种奶粉都是符合国家标准的；❸盲目追求过高的营养含量。有的父母专看包装标识上各种营养成分的含量，认为营养成分种类多、含量多就好，对孩子有益处，甚至买孕妇产品喂养孩子，这样不但没有很好地喂养孩子，反而给孩子造成了不利的影响。

所以，年轻的父母应结合婴幼儿发育阶段的实际情况和自身经济实力，给孩子挑选合适的喂养奶粉，让孩子健康成长。

◎虽然奶粉的品牌、价格、包装不同，但大多数的营养物质与母乳大体相当，所以，选择营养包罗万象的奶粉并没有太大的必要。

宝宝营养 辅食食谱

蛋黄泥

适用宝宝：4个月起

材料

新鲜鸡蛋1个

做法

将鸡蛋整个放入沸水中煮熟，取出1/4蛋黄用汤勺压碎成泥即可。

营养提示

蛋黄中含有铁、卵磷脂、脂肪和蛋白质，营养很好，也很容易咀嚼、消化。

鲜红薯泥

适用宝宝：4个月起

材料

红薯50克

做法

将红薯洗净，去皮，切碎，加适量温水，放锅内煮15分钟至烂熟，取出捣烂。

营养提示

红薯含有膳食纤维、胡萝卜素、维生素A、B、维生素C、维生素E以及钾、铁、铜、硒、钙等10余种微量元素，可预防坏血病，保护皮肤黏膜。

蛋黄土豆泥

适用宝宝：4个月起

材料

熟蛋黄1个、土豆1/2个、牛奶适量

做法

将熟蛋黄捣碎；把土豆煮软捣碎后，放入蛋黄和牛奶进行混合，然后放火上稍微加热即可。

营养提示

土豆含有钙和维生素A、维生素B_2、维生素C、维生素K及氨基酸、铁等矿物质，可预防宝宝口腔发炎。

柳橙汁

✓ 适用宝宝：5～6个月

材料

新鲜柳橙1个(约150克)

做法

1. 将新鲜柳橙对半切开，然后用榨汁机或用手将汁压出，倒入杯中。
2. 添加等量凉开水，将果汁稀释后饮用。

营养提示

柳橙汁可以补充母乳、牛奶内维生素C的不足，增强宝宝的抵抗力，促进宝宝的生长发育，预防坏血病的发生。

豌豆糊

✓ 适用宝宝：5～6个月

材料

豌豆10个、肉汤2大汤勺

做法

1. 将豌豆洗净，入锅炖烂，取出捣碎。
2. 将捣碎的豌豆过滤一遍，与肉汤和在一起搅匀即可。

红枣泥

✓ 适用宝宝：4个月起

材料

红枣100克

做法

将红枣洗净，放入锅内，加入清水煮15～20分钟，至烂熟；去掉红枣皮、核，捣成泥即可。

营养提示

红枣富含蛋白质、脂肪、钙、磷、铁、胡萝卜素、核黄素以及丰富的维生素，是宝宝补充维生素和矿物质的佳品。

玉米汁

✓ 适用宝宝：4个月起

材料

新鲜玉米1个

做法

1. 将玉米煮熟，晾凉后把玉米粒掰到碗里。
2. 将玉米粒和温开水以1：1的比例放到榨汁机里榨汁，然后直接饮用。

营养提示

玉米内有大量的营养保健物质，不仅含有糖类、蛋白质、脂肪、胡萝卜素、谷固醇，而且还有维生素B_2等，对宝宝的发育极有好处。

菜水

适用宝宝：2个月起

材料

菠菜（油菜、白菜均可）500克

做法

1. 菠菜、油菜、白菜任选一种，择洗干净，切碎。
2. 锅置火上，加入适量清水、碎菜，盖好锅盖烧沸，稍煮；将锅离火，捞出菜叶，用汤勺压菜取汁即可。

营养提示

蔬菜中含有丰富的维生素和钙、铁、铜等矿物质，其中钙是宝宝骨骼和牙齿发育的主要物质，还可防治佝偻病；铁和铜能促进血色素的合成，刺激红细胞发育，防止宝宝食欲不振、贫血。细心的妈妈一定要让宝宝多喝些蔬菜汤。

育儿专家提醒

此菜要选用新鲜的蔬菜做原料。菜要切碎、煮烂，只取菜汁，不要带菜渣。

胡萝卜泥

适用宝宝：4个月起

材料

胡萝卜1/2个、香油(或核桃油)适量

做法

把胡萝卜皮削掉，去掉中间的硬芯，切成小块，放入小碗用奶锅蒸，约15分钟后拿出，捣成泥状，加入香油或核桃油，再入锅焖4分钟即可。

营养提示

胡萝卜含蛋白质、脂肪、糖类、胡萝卜素、B族维生素及矿物质、挥发油等，用于小儿营养不良、麻疹、夜盲症、便秘、肠胃不适、饱闷气胀等。

番茄鱼

适用宝宝：5个半月起

材料

草鱼100克、番茄70克、高汤适量

做法

1. 将收拾好的草鱼放入沸水中煮后，除去骨、刺和皮；番茄用沸水烫一下，剥去皮，切成碎末。
2. 高汤倒入锅内，加入鱼肉稍煮后，加入切碎的番茄，再用小火煮至糊状即可。

牛奶花生糊

适用宝宝：5个月起

材料

黑芝麻20克、大米50克、花生20粒、牛奶200克、白糖少许

做法

1. 将黑芝麻、花生一起放入磨豆机中磨成粉末。
2. 大米洗净，在水中浸泡1小时，放入锅中加水煮成粥。
3. 加入牛奶及花生芝麻粉搅匀，煮15分钟，加白糖调味即可。

营养提示

花生是一种营养丰富的高蛋白油料作物，它的蛋白质含量高达30%，其营养价值可与动物性食品、鸡蛋及牛奶媲美，且更易于被人体吸收；牛奶是唯一的全营养食物；黑芝麻富含维生素、钙、铁、锌等，也是宝宝发育的主要能源。

鸡肉南瓜泥

适用宝宝：5个半月起

材料

去皮南瓜(研碎)1大勺、鸡肉末1勺、海米汤（虾皮汤）1大勺

做法

1. 在鸡肉末里加入少许海米汤或虾皮汤，上火煮沸，将海米或虾皮捞出切碎。
2. 南瓜末内放少许开水，上火煮软，加鸡肉末煮一会儿；再将海米或虾皮末倒入锅内，煮至黏稠状即可出锅食用。

营养提示

鸡肉南瓜泥含有丰富的蛋白质、脂肪、糖类及维生素A，还含有钙、磷、铁、锌和维生素B_1、维生素B_2及尼克酸等多种营养素。

蔬果蓉

适用宝宝：5～6个月

材料

土豆1个，胡萝卜数片，香蕉1/2个，木瓜块、苹果块、梨块各适量

调料

溶黄油或植物油少许

做法

1. 土豆去皮洗干净，切成薄片，与胡萝卜分别加两碗水煮至软熟。
2. 土豆沥水后压蓉，加溶黄油拌匀；胡萝卜、香蕉、木瓜分别压成泥状；苹果、梨切碎，然后将各种蔬果蓉混合同吃即可。

营养提示

蔬果蓉含有丰富的蛋白质、糖类、钙等多种营养素。

藕粥

适用宝宝：5个月起

材料

新鲜莲藕80克、大米40克

做法

1. 将莲藕洗净切成小丁状。
2. 大米淘洗干净，待用。
3. 将莲藕和大米同时放入锅内，加适量水熬成粥。
4. 食用前加入适量白糖即可。

营养提示

本品具有清热生津、开胃健脾，并有益血等功效，对于改善宝宝的秋燥症状很有帮助。

南瓜粥

适用宝宝：5个月起

材料

南瓜60克、大米20克

做法

1. 南瓜去皮、子，切片。
2. 将大米洗净放入锅中，与南瓜加水同煮至烂熟即可。

营养提示

南瓜富含糖类、蛋白质、膳食纤维、维生素、胡萝卜素、果胶及钾、铁、镁等微量元素，此外还有瓜氨酸、精氨酸、天冬氨酸等对人体十分有益的营养成分，可以增强宝宝的抵抗力，促进生长发育。

黏香金银粥

适用宝宝：5个半月起

材料

大米100克，小米80克，肉松、蛋黄泥各适量

做法

1. 大米、小米分别淘洗干净。
2. 先将大米放入锅内，加水，大火烧沸后加入小米，略煮后，转小火熬至黏稠，在粥内放入肉松、蛋黄泥即可。

豆腐泥

适用宝宝：5～6个月

材料

嫩豆腐1块、粥小半碗

做法

将嫩豆腐洗净、蒸熟、搅碎，加入粥中即可。

营养提示

营养丰富，软嫩爽口，宝宝一定很喜欢。

鱼肉香糊

适用宝宝：5～6个月

材料

海鱼肉50克、鱼汤适量

调料

盐、水淀粉各适量

做法

1. 先将海鱼肉切条、煮熟，除去骨、刺和鱼皮，捣碎。
2. 将鱼汤煮沸，下入鱼肉泥，然后用水淀粉勾芡，用盐调味即可。

水果藕粉

适用宝宝：5个月起

材料

藕粉50克、桃1个

做法

1. 藕粉用水调匀；桃洗净，切成极细的末备用。
2. 将调好的藕粉倒入锅内，用小火慢慢熬煮，边熬边搅拌，直熬至透明为止，最后加入切碎的桃末，稍煮即可。

营养提示

水果中含有葡萄糖、果糖及蔗糖，易被人体吸收；水果中的有机酸可促进消化，增进食欲；水果中含有的果胶（一种可溶性膳食纤维）能预防宝宝便秘；水果还能帮助宝宝补充丰富的维生素C。本品中的桃还可换成应季的新鲜水果。

育儿专家提醒

水果一定要新鲜、洗净、切碎，最好用小勺刮成水果泥。

牛奶香蕉糊

适用宝宝：5~6个月

材料

熟透的香蕉40克、牛奶50克、玉米面10克、白糖适量

做法

1. 将香蕉去皮后用勺子研碎。
2. 将牛奶倒入锅内，加入玉米面和白糖，边煮边搅均匀，煮好后倒入研碎的香蕉中调匀即可食用。

营养提示

此糊香甜适口，奶香味浓，含有丰富的蛋白质、糖类、钙、磷、铁、锌及维生素C等多种营养素。

蔬菜米粉糊

适用宝宝：5~6个月

材料

胡萝卜、小白菜、小油菜各20克，婴儿米粉1小碗（约80克）

做法

1. 将所有蔬菜洗净，切碎。
2. 将蔬菜放入沸水中，煮约3分钟熄火。
3. 待水稍凉后，将蔬菜汤滤出，加入婴儿米粉中搅匀即可。

营养提示

本品含有丰富的蛋白质、糖类及维生素C等多种营养素。

苹果红薯团

适用宝宝：5~6个月

材料

红薯、苹果各60克

做法

1. 将红薯洗净，去皮，切碎煮软。
2. 将苹果去皮、去子后切碎，煮软，与红薯均匀混合即可。

营养提示

此果团软烂、香甜，含有丰富的糖类、蛋白质、钙、磷及多种维生素，尤以胡萝卜素含量最为丰富。

水果麦片粥

✓ 适用宝宝：5～6个月

材料

干麦片80克、牛奶40克、水果50克、白糖少许

做法

1. 将干麦片用清水泡软。
2. 水果洗净切碎。
3. 将泡好的麦片连水倒入锅内，置火上烧沸，煮3分钟后，加入牛奶，再煮6分钟，等麦片酥烂、稀稠适度时，加入切碎的水果、白糖略煮一下，盛入碗内即可。

营养提示

此粥软烂适口，果香味浓，含蛋白质、脂肪、糖类、钙、磷、铁、锌和维生素A、维生素B_1、维生素B_2、维生素C及尼克酸等多种营养素。

胡萝卜粥

✓ 适用宝宝：5～6个月

材料

大米2小勺、过滤胡萝卜汁1勺

做法

把大米洗干净，用水泡1小时，然后放锅内用小火煮30分钟，停火前加入过滤的胡萝卜汁，再煮10分钟左右即可。

营养提示

本品含有丰富的脂肪、糖类及维生素A、维生素C等营养素。

红薯米粥

✓ 适用宝宝：5～6个月

材料

大米20克、红薯1小个(去皮切0.5厘米小薄丁)、水3碗

做法

1. 大米洗净，浸于水中1小时以上，和红薯丁一起放入锅内加水煮。
2. 煮沸后转小火，再煮30分钟左右，粥烂即可。

营养提示

本品含有丰富的蛋白质、脂肪、糖类、磷、锌及维生素C等多种营养素。

日常护理及保健必知

护理要点

*4个月的孩子已经可以进行排便训练了，家长可以在把尿时发出“嘘嘘”的声音，帮助孩子形成条件反射。另外，孩子看见奶瓶会伸手去要，可以让孩子自己拿奶瓶喝水。孩子还会玩自己的小手，听到声音能较快转头，能注意镜子中的自己。

宝宝认生怎么办

婴儿从5个月起开始认生，5～7个月时认生现象尤为明显。认生是婴儿生长发育过程中一种常见的现象。婴儿在母亲和家人的精心照顾下，从7个月开始就会产生一种依恋情绪，只有在母亲或家人身旁才会觉得安全，遇到陌生人时，就会出现焦虑，甚至恐惧心理。婴儿认生的严重程度同先天素质有关。性格内向、胆子较小的婴儿，认生表现得较严重；而性格外向、乐于交往的婴儿，认生现象表现得相对较轻。对婴儿的认生表现，家长不应进行斥责，那样只能加重其紧张和恐惧的心理。家长应鼓励宝宝多与生人接触，多参与户外社交活动，如与小朋友玩耍、做游戏等，以慢慢地消除宝宝的焦虑或恐惧。随着宝宝年龄的增长，其社会交往的能力会不断提高，认生现象就会逐渐减弱了。

为什么婴儿爱吮吸手指或脚趾

爱吸吮手指或脚趾是大多数婴儿生长发育过程中常见的生理现象。原因在于婴儿天生具有一种自发的好奇心理，喜欢了解外部世界、感受新鲜的东西。在婴儿期，宝宝的触觉系统发育比较成熟，特别是嘴唇、舌头、手指和

脚趾等部位的触觉最为灵敏，而且婴儿手、脚运动机能发育较早，协调控制能力相对较强，再加上此时他能够感受到的东西又非常少，所以婴儿就只能通过吮吸手指或脚趾来满足自己的感受需要了。随着婴儿的成长，逐渐接触到更加广阔的外部世界，他的注意力就会转移到别的事物上，吮吸手指（或脚趾）的现象自然就会减少。因此，父母没有必要盲目地干涉宝宝的这种吮吸行为，只要注意保持宝宝手指或脚趾的清洁卫生，避免引发疾病就可以了。

宝宝会长多少颗牙

每个人的一生中有两副牙齿，第1副为乳牙，俗称“奶牙”，第2副为恒牙。宝宝的乳牙共有20颗，一般4～10个月开始萌出，最晚2岁半时出齐。乳牙的出牙时间差异比较大，通常在2岁以内，乳牙的数目等于月龄数减4～6，例如12个月的婴儿出牙6～8颗。6岁左右，宝宝开始长出第1颗恒牙，叫做第1磨牙。7～8岁时，乳牙开始按长出的顺序逐个脱落。18岁以后长出最后一颗恒牙，叫做智齿，但是有人一辈子都长不出智牙，因此恒牙共有28～32颗。

育儿专家在线

宝宝头发稀黄正常吗?

有些父母看到宝宝的头发又稀又黄，既担心宝宝在胎儿期没有发育好，又担心日后长大了头发会不好。其实，家长不必为此担忧，这种现象是非常普遍的，有些人把它叫做“童秃”，它与怀孕时妈妈的营养好坏、疾病情况、妊娠反应及情绪都没有关系。胎儿在母亲子宫内发育到5～6个月时，全身长满了浓密的胎毛，以后会逐渐脱落，要是胎毛脱落过多，出生时头发就会非常稀疏，因而出现“童秃”现象。宝宝1岁左右时，正常的头发就会逐渐长出来，5～6岁时头发就会变得又黑又亮了。

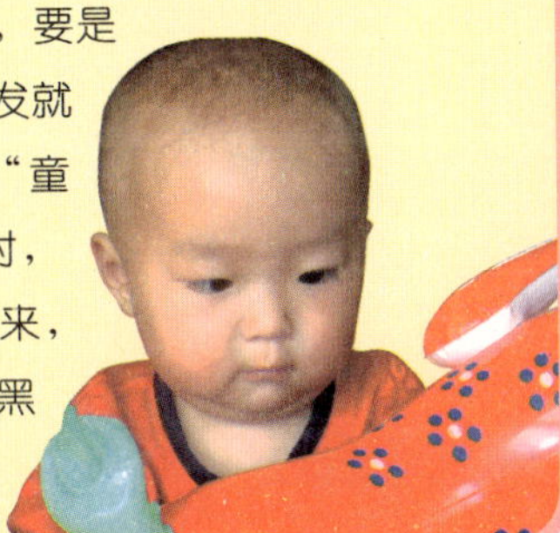

◎要保护好宝宝的乳牙，切不可给宝宝吃太多冷饮和甜食，以防发生蛀牙。

为什么要加倍保护宝宝的乳牙

乳牙虽然是临时牙齿，但对宝宝的生长发育影响很大。从第1颗乳牙萌出时到第2颗恒牙长出前的这段时期，称为乳牙期，一般包括出生后4个月至6岁的儿童期。乳牙期龋齿的发病率较高，危害比较大，不及时治疗会引起疼痛、不良的饮食习惯、语言发展障碍、咬合不正，还会影响到以后恒牙的生长。乳牙萌出后不久就可以患龋齿，症状轻微时宝宝不会诉说，因此容易被家长忽视。一旦宝宝疼痛难忍，发展成牙髓病或根尖病，影响进食、睡眠时才会引起家长的注意，已错过了保护和治疗的最佳时期。因此，对于宝宝的乳牙，父母应在乳牙萌出时就给予加倍的呵护。

◎玩具练牙器能够安全按摩宝宝柔嫩的牙龈，舒缓宝宝牙齿的不适感，还可以刺激宝宝的脑部发育。

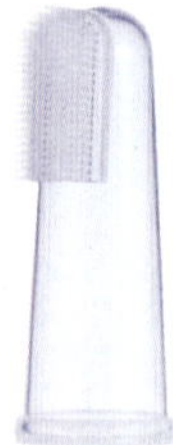

◎硅胶乳牙刷。将乳牙刷套在食指上清洁宝宝乳牙、口腔及舌苔。

如何保护宝宝的乳牙

保护宝宝的乳牙要注意以下事项：❶选择正确的喂养方式。例如不要让宝宝含着奶头（包括奶嘴）入睡，因为这样会使牙齿长期浸泡在奶液中，容易受到腐蚀而发生龋齿；❷培养正确的睡眠方式。要经常变换宝宝的睡眠姿势，不要习惯性地总朝向一侧，否则会影响下颌骨的正常发育，进而影响牙齿的正常发育；❸合理营养，不要偏食。注意补足蛋白质、钙及各种微量元素，做到均衡营养，以满足牙齿正常发育的需要；❹做好清洁工作。在宝宝开始学会刷牙前，每次给宝宝喂完奶后和每天睡觉前，都要加喂一些白开水，以清除口内残留的奶液和饭渣；❺宝宝2岁时，就应该开始学刷牙。在宝宝出牙期间，可以喂食一些饼干、馒头片等硬度适中的固体食物，从而通过咀嚼有效地促进乳牙萌出，促进牙弓和颌骨的发育；❻要定期（至少半年一次）到医院为宝宝检查牙齿。

为什么6个月以后的婴儿容易生病

婴儿6个月以内很少生病，可是到6个月以后却明显爱生病了。主要原因是：在胎儿期，母亲通过胎盘已经向宝宝体内输送了一些具有免疫力的免疫球蛋白，而且母乳（特别是初乳中）含有大量的免疫物质，它们共同构筑起来的防线可以帮助6个月以内的宝宝度过一生中最脆弱的阶段。但是6个月之后，这些免疫物质已经被消耗得差不多了，而宝宝自身的免疫系统还没

游戏时间

开始试爬

玩法 6个月时，让宝宝呈俯卧位，妈妈先将手放在宝宝的脚底，利用宝宝腹部着床和原地打转的动作，帮助宝宝向前匍行。当宝宝能熟练匍行后，妈妈要拿着色彩鲜艳、能吸引宝宝注意力的玩具跟随宝宝的动作缓缓向前摇动，鼓励孩子向前爬。刚开始宝宝可能只爬出一点点就不动了，要大声鼓励宝宝，表扬他的进步。这个游戏可在每天分次进行，逐渐使宝宝能爬到更远的地方。

爬行很重要，不仅可以训练颈背、四肢的肌肉，而且可以增强大、小脑和内耳半规管的功能。宝宝爬动时能开阔眼界，有助于心理成熟。

游戏目的 帮助宝宝为爬行做准备，并扩大宝宝的视野。

有发育成熟，因此宝宝就开始变得比以前脆弱，容易患各种传染病和呼吸道、消化道等方面的疾病，最为常见的是感冒、发烧和腹泻等。因此，预防传染病和各种感染性疾病是6个月以后宝宝护理的重要内容。

婴儿为什么会夜哭

宝宝的啼哭可分为生理性啼哭和病理性啼哭两种。如果是宝宝生病了，就要及时看病。生理性啼哭包括如饥饿、口渴、尿布潮湿、寒冷、炎热、噪音等。冬季时，宝宝白天活动比较少，夜里时间比较长，也是造成夜哭的一个因素。另外，此时的宝宝大都开始添加辅食，辅食添加不当时，也会使宝宝夜哭。

◎如果给宝宝穿得太多，或者屋内空气不流通且污浊，也会引起宝宝夜哭。

如何减少宝宝夜哭

主要的护理措施有：❶白天不要让孩子的睡眠次数过多、时间过长，孩子醒时要多带他到外面玩耍，多晒太阳；❷晚上要避免强烈刺激，以免宝宝过度兴奋而不能入睡或产生夜惊；❸宝宝的穿着、铺盖要适度，卧室环境要保持安静；❹添加辅食要科学，晚上不要添加较硬的辅食，不要加喂过多的水。

引起宝宝夜哭的病理性因素

❶感冒。感冒时会引起鼻腔阻塞，夜间睡觉时宝宝感到呼吸困难而开始啼哭。

❷佝偻病。一般在宝宝出生3个月左右开始发病，该病早期的表现有烦躁不安、睡眠不稳、易受惊吓、经常夜哭等。

❸肠痉挛。由于喂哺过量或淀粉类食物摄入过多，会导致肠胀气、肠痉挛和肠蠕动亢进，这时婴儿会在夜间睡眠中突然啼哭，并伴有翻滚、双腿蜷缩、面色苍白等症状，如果用手按摩腹部，啼哭会暂时停止，排便、排气后疼痛会缓解，啼哭随即停止。

❹蛲虫病。蛲虫寄生在婴儿肠内，夜间入睡后，常常爬出肛门产卵，引起宝宝不适。因此婴儿常在夜间入睡后1～2小时开始哭闹不安，并且会用手抓搔肛门。如果宝宝夜哭时声音尖利，并伴有发热、呕吐、大汗淋漓、拒乳等症状时，大都是由于生病引起，就需要到医院检查治疗了。

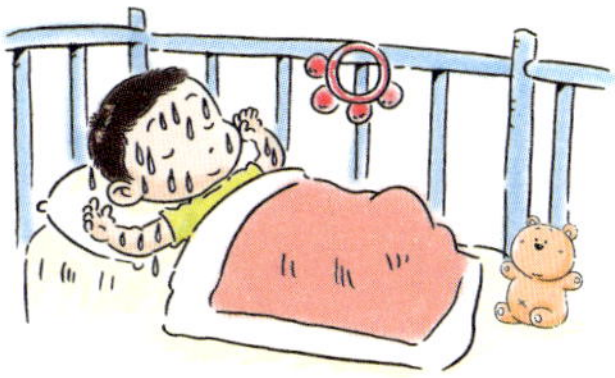

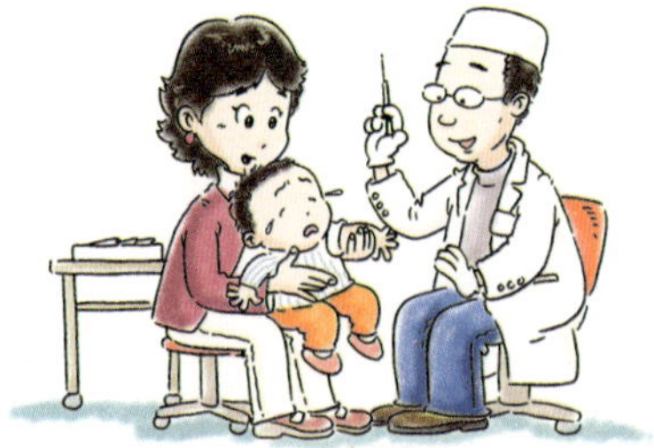

◎新生婴儿一般于右上臂三角肌中部肌肉注射。只要严格按操作规程注射，就不会造成疼痛。

6个月宝宝需要注射流脑疫苗

注射流脑疫苗是为了预防流行性脑脊髓膜炎（简称流脑）。流脑是由脑膜炎双球菌引起的急性呼吸道传染病，在冬、春季发病和流行。脑膜炎双球菌最容易侵犯的是6个月至2岁的小宝宝，所以6个月以上的宝宝可以开始接种流脑疫苗。9个月时再接种一针。流脑疫苗属于“死疫苗”，接种后1个月后才能产生保护性抗体。由于抗体水平在宝宝体内维持的时间有限，所以在宝宝3岁时还需要再做1次流脑疫苗的加强免疫。

注射流脑疫苗需要注意什么

注射流脑疫苗以后一般反应不大，接种局部可出现红晕、压痛等，多在接种24小时以后逐渐消失。个别婴儿可能会出现短暂的发热，多见于接种后6~8小时。如果体温在38.5℃以下，可以让婴儿多喝水，并加喂一些清淡的饮食。一般发烧的症状可以在2天内痊愈。如果发烧持续超过38.5℃或2天后仍然没有痊愈，需要及时去医院接受检查。个别婴儿还可能出现过敏反应，如在接种后十几小时皮肤出现疱疹等症状，也需要及时去医院接受治疗。

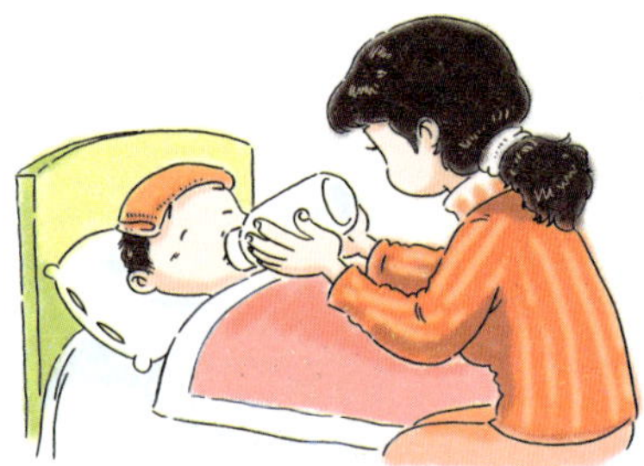

◎注射流脑疫苗后，有的宝宝可能会出现发热现象，应该让宝宝多喝水，还可加喂一些清淡的饮食。

育儿专家在线

如何增强宝宝的抗病能力？

要增强宝宝的抗病能力，主要应注意以下几个方面：①全面、均衡的营养。全面、均衡的营养是保证宝宝正常发育、健康成长的前提条件，它可以增强宝宝的体质，提高宝宝的免疫和抗病能力；②加强护理，注意个人卫生。要给宝宝创造一个良好的生活环境，护理要精细，如勤洗澡、换衣、洗手等，保证宝宝的个人卫生；③衣服的添减要适宜。要根据季节、天气、室温的变化为宝宝增减衣服；④加强体育锻炼。待宝宝满月后，要带宝宝进行户外活动，多晒太阳，还可以给宝宝按摩、做健身操等。

Part 03

7~12个月

宝宝营养与护理

断奶不可断营养

科学喂养与营养方案◆宝宝营养断奶餐◆日常护理及保健必知

科学喂养与营养方案

喂养要点

*7～8个月以后是宝宝学习咀嚼和喂食的敏感期，尽可能提供多口味的食物让宝宝尝试，并将多种食物自由搭配，以满足宝宝的口味需要。8个月后，可提供一些细小的块状食物强化咀嚼能力。11～12个月宝宝的辅食量要增加，使辅食逐渐代替母乳和牛奶成为主食。

7个月宝宝的喂养有什么特点

宝宝长到7个月时，已经开始萌出乳牙，有了咀嚼能力，同时舌头也有了搅拌食物的功能，对饮食也越来越多地显示出个人的爱好，喂养上也随之有了一定的要求。宝宝可继续吃母乳，但是因为母乳中所含的营养成分，尤其是铁、维生素、钙等已不能满足宝宝生长发育的需要，乳类食品提供的热量与宝宝日益增加的运动量不相适应，不能满足宝宝的需要。因此，无论是母乳喂养还是人工喂养的孩子，7个月是宝宝进入离奶的中期了，奶量只保留在每天500毫升左右就可以了。添加的辅食品种要丰富多样，做到荤素搭配，还可以在辅食中添加少许盐，以增加食物的口味，但要注意一定不要让宝宝养成偏食的习惯。这个时期婴儿的牙齿开始萌出，咀嚼食物的能力逐渐增强，消化功能也逐渐增强，因此可以在粥内加入少许碎菜叶、肉末等。但要注意，在给宝宝添加碎菜、肉末时，要从少量逐步递增。在出牙时期，还要继续给宝宝吃小饼干、烤馒头片等，让他练习咀嚼。

育儿专家在线

宝宝发胖怎么办?

有些原先食欲就很好的婴儿，从10个月左右开始就更加胖了。其中很重要的原因是此时添加的辅食量已经很大，但奶量并没有减少。如果不加控制地喂下去，宝宝就很可能会成为肥胖儿，并应加强宝宝每天的活动量。婴儿食物中的粥、米饭、面条可以照常喂，但牛奶量必须减少，可以逐渐减少到每天70～200毫升，但不能停止喂牛奶，或者用酸奶代替牛奶。

◎在此阶段，妈妈要为宝宝准备多种食材，保证营养的均衡摄入。

8个月宝宝的喂养有什么特点

宝宝8个月时，母亲乳汁的分泌开始减少，即使母乳的分泌不减少，乳汁的质量也开始下降，这时需做好断奶的准备。从这个月开始，每天给宝宝添加辅食的次数可以增加到3次，喂食的时间可以安排在上午10时、下午2时和6时。相应地，母乳喂养的次数要减少到2～3次，喂养的时间可以安排在早起、中午和晚上临睡时。人工喂养的宝宝，此时不应再把奶作为宝宝的主食，要增加辅食，但是每天奶的量仍要保持在700～800毫升之间。此时，婴儿消化道内的消化酶已经可以充分消化蛋白质，因此可以给宝宝多喂一些含蛋白质丰富的奶制品、豆制品以及鱼肉等。

7个月宝宝1日营养方案1

时间	主食及用量
早上6：00	母乳哺喂15～20分钟（或给配方奶220毫升）；馒头片：面粉15克
上午9：30	饼干：面粉15克；小儿鱼肝油滴剂（参照说明或遵医嘱）；母乳哺喂10～15分钟（或给配方奶120毫升）
中午12：00	青菜炒猪肝：青菜20克，猪肝20克，植物油2克；米粥：大米20克
下午3：00	面包：面粉15克；母乳哺喂10～15分钟（或给配方奶150毫升）
下午6：30	番茄鸡蛋面：挂面20克，鸡蛋45克，番茄20克，植物油2克
晚上10：00	母乳哺喂10～15分钟（或给配方奶220毫升）

7个月宝宝1日营养方案2

时间	主食及用量
早上6：00	母乳哺喂20～25分钟（或给配方奶200毫升）
上午8：00	果汁：鲜橙汁或番茄汁100毫升
上午10：00	营养米粉：鸡蛋米粉20克，鸡蛋黄15克，白糖适量；小儿鱼肝油滴剂（参照说明或遵医嘱）
中午12：00	肉末猪肝粥：大米8克，剁碎瘦猪肉或猪肝5克
下午2：00	母乳哺喂20～25分钟（或给配方奶200毫升）
下午6：00	母乳哺喂20～25分钟（或给配方奶200毫升）
晚上8：00	新鲜果泥或蔬菜泥20克
晚上10：00	母乳哺喂20～25分钟（或给配方奶200毫升）

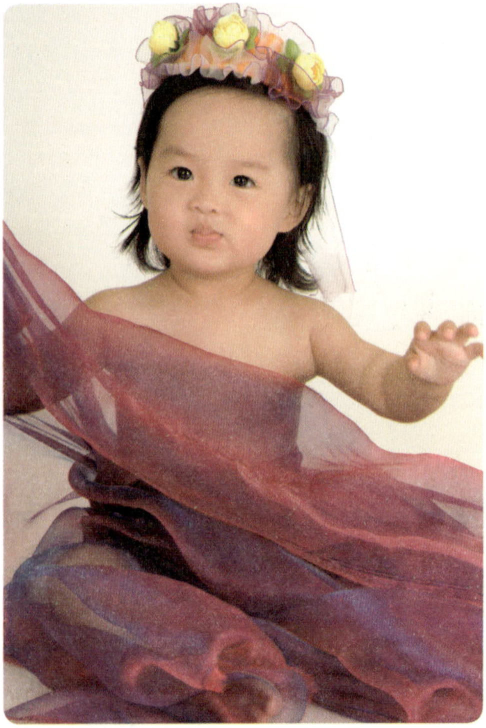

◎宝宝一过8个月，即使母乳充足，妈妈也要狠下心来逐渐断奶。

如何为8个月的宝宝制作辅食

可以给8个月的宝宝制作如下辅食：❶什锦豆腐粥。取嫩豆腐1/4块，放入开水中焯一下，去掉水分后切成碎块。取肉末一匙放入锅内，加入肉汤、酱油、碎豆腐和一大匙绿色菜末，用慢火煮熟。然后取一大匙调匀的鸡蛋倒入锅内，并不断搅拌成糊状即可。❷花豆腐。取豆腐50克煮一下后放入碗内研碎；取青菜叶10克洗净，用开水焯一下后切碎，也放在碗内，加入淀粉搅拌均匀；将豆腐泥做成方形，再把熟蛋黄研碎后撒一层在豆腐泥表面，放入蒸锅内用火蒸10分钟即可。❸奶油鱼。把清洗干净的鱼放入热水中煮熟，取出后去掉鱼刺并切碎。在锅内加入肉汤和少许酱油，再把碎鱼肉加入后煮，边煮边搅拌，煮熟后加入少许奶油即可。

9个月宝宝的喂养有什么特点

从第9个月开始，婴儿开始和大人一样，每天要吃早、中、晚3餐辅食。此时，宝宝可能已经长出3～4颗小牙，有一定的咀嚼能力，可以适当添加一些较硬的食物，如碎菜叶、面条、肉末等。但是宝宝的消化能力毕竟还不是很完善，因此要把较粗的根、茎去掉，喂食鱼肉末时一定要把鱼刺剔除干净，不要伤着宝宝。在添

游戏时间

宝宝照镜子

玩法 妈妈把宝宝抱到镜子前问：“宝宝在哪里？”等他注意到镜中的自己后，便指着他的鼻子说：“宝宝的鼻子。”指着自己的鼻子说：“妈妈的鼻子。”渐渐地，在照镜子的过程中，孩子认识了身体的部位。

注意 逗引孩子玩这个游戏，语气要孩童化。如果孩子不感兴趣，不能强迫。

8个月宝宝1日营养方案1

时间	主食及用量
早上6：00	母乳哺喂15～20分钟（或给配方奶220毫升）
上午9：30	母乳哺喂10～15分钟（或给配方奶110毫升）；馒头：面粉15克；炒鸡蛋：鸡蛋1个，植物油1克；小儿鱼肝油滴剂（参照说明或遵医嘱）
中午12：00	小馄饨：面粉25克，新鲜青菜15克，猪瘦肉15克，芝麻油1克
下午3：30	小蛋糕1个（面粉20克）；母乳哺喂10～15分钟（或给配方奶110毫升）
下午6：30	豆腐肉末粥：大米25克，豆腐25克，瘦猪肉15克，植物油2克
晚上9：30	母乳哺喂10～15分钟（或给配方奶220毫升）

8个月宝宝1日营养方案2

时间	主食及用量
早上6：00	母乳哺喂20～25分钟（或给配方奶200毫升）
上午8：00	果汁：鲜橙汁或番茄汁150毫升
上午10：00	营养米粉：鸡蛋米粉20克，鸡蛋黄1个，白糖适量；小儿鱼肝油滴剂（参照说明或遵医嘱）
中午12：00	肉末猪肝粥：大米10克，剁碎瘦猪肉或猪肝8克
下午2：00	母乳哺喂20～25分钟（或给配方奶200毫升）；面包或饼干：面粉10克
下午6：00	母乳哺喂20～25分钟（或给配方奶200毫升）
晚上8：00	新鲜果泥或蔬菜泥20克
晚上10：00	母乳哺喂20～25分钟（或给配方奶200毫升）

加辅食的过程中要注意蛋白质、淀粉、维生素、油脂等营养物质间的均衡。蔬菜的品种应该多样化一些，对经常便秘的宝宝可以选择菠菜、卷心菜、萝卜、葱头等含纤维较多的食物。与此同时，母乳的喂养次数应逐渐从3次减到2次，可以在早上或晚上进行。此时，宝宝已经可以自己将整个水果拿在手里吃了，但一定要将宝宝的手洗干净，将水果洗净、削皮、去核后再给宝宝吃。另外，过了9个月后，宝宝吃鸡蛋时就不再局限于吃蛋黄，而可以吃整个鸡蛋了。

◎鸡蛋羹美味营养，宝宝都爱吃！

9个月宝宝1日营养方案1

时间	主食及用量
早上6：00	母乳哺喂15～20分钟（或给配方奶220毫升）；鲜肉小包子：面粉20克，猪瘦肉5克
上午9：30	饼干：面粉15克；小儿鱼肝油滴剂（参照说明或遵医嘱）；新鲜果汁100毫升
中午12：00	蛋花青菜面：挂面30克，鸡蛋40克，新鲜青菜25克，植物油2克，葱花少许
下午3：00	母乳哺喂10～20分钟（或给配方奶220毫升）；新鲜水果：甜橙80克
下午6：30	清蒸带鱼：带鱼25克（去刺），植物油1克；土豆泥：土豆50克，植物油2克，葱花少许；米粥：大米或小米25克
晚上9：00	母乳哺喂20～25分钟（或给配方奶220毫升）

如何为9个月的宝宝制作辅食

可以给9个月的宝宝制作如下辅食：❶胡萝卜肉末。将胡萝卜洗净切成丝，在锅内放入植物油烧热后将胡萝卜丝炒熟，盛出后用刀剁成泥状。将牛肉洗净剁成肉末，盛入碗内并加入少许植物油、葱姜水、细盐及鸡蛋，然后加入胡萝卜泥和淀粉浆搅拌均匀，用蒸笼蒸熟后即可。❷肝末蛋羹。将猪肝洗净切成片，在开水中焯一下，捞出后去筋、去包膜后剁成泥，放入碗中。将鸡蛋磕入肝泥碗中，加入少量水调匀，放一点细盐，用蒸锅蒸熟，再加几滴香油即可。❸肉末卷心菜。将卷心菜洗净用开水焯后切碎。将猪肉洗净后切肉末，炒锅加热加入植物油，再加入肉末翻炒，然后加切碎的葱头，加水用微火煮沸10分钟左右，再加卷心菜末煮片刻加盐即可。

◎果汁营养丰富，又利于消化，在夏天给宝宝喝点果汁可以解暑。但也不要给宝宝喂得过多，以防引起腹泻。

9个月宝宝1日营养方案2

时间	主食及用量
早上6：00	母乳哺喂20～25分钟（或给配方奶250毫升）
上午8：00	果汁：鲜橙汁或番茄汁180毫升
上午10：00	营养米粉：鸡蛋米粉40克，鸡蛋黄20克，白糖适量；小儿鱼肝油滴剂（参照说明或遵医嘱）
中午12：00	肉末猪肝粥：大米15克，剁碎猪瘦肉或猪肝10克
下午2：00	母乳哺喂20～25分钟（或给配方奶250毫升）
下午6：00	母乳哺喂20～25分钟（或给配方奶250毫升）；新鲜果泥或蔬菜泥20克
晚上8：00	母乳哺喂20～25分钟（或给配方奶250毫升）

10个月宝宝的喂养有什么特点

10个月的宝宝很快就要断奶了，应在上午、中午、晚上吃三顿辅食。辅食仍以稀饭、软面条为主，但可以在稀饭或面条中加入肉末、鱼肉块、碎菜、土豆、胡萝卜等，数量要比上个月龄有所增加。此时正是宝宝学习和模仿大人动作的时候，可以让宝宝和大人坐在一起吃饭，较软、较清淡的饭菜也可以适当地夹给宝宝吃，这样可以使宝宝养成良好的进食习惯，为下一步的断奶打好基础。10个月婴儿母乳喂养的次数要减少到早、晚各1次，千万不要因为孩子的哭闹而增加母乳喂养的次数。

◎10个月以后的宝宝，乳牙已经长出4～6颗了，有一定的咀嚼能力，消化机能也有所增强，此时可以断掉母乳，用配方奶喂养。

如何为10个月的宝宝制作辅食

给10个月宝宝制作如下辅食：❶肉末面。在锅内加入清水，煮沸后放入一小把龙须面，待面条煮熟后捞出过凉开水，并沥干水分待用。取猪肉30克洗净切成末，虾仁20克切碎。炒锅内加入植物油，油热后放入葱花、肉末翻炒，然后滴入少许酱油继续翻炒片刻入味。之后往锅内加入适量清水将肉末煮熟，再加入面条、青菜末和碎虾仁，待煮沸后加入少许精盐即可；❷牛肉粥。取糙米30克洗净，在锅内加入适量清水，水开后将米放入，用小火煮成烂粥。取牛肉30克洗净后剁成末，加入黄油及精盐腌渍5分钟，取胡萝卜20克蒸熟后碾碎成泥。将牛肉末、胡萝卜泥同时放入粥内，加适量精盐后再用小火煮15分钟，最后加入几滴香油即可；❸动物血。将猪、鸡等动物的血块放入锅中煮熟，碾成细小的颗粒加入粥中，再煮10分钟左右即可给宝宝食用。动物血不仅能提供优质蛋白质，而且还含有利用率较高的血红素铁质，有助于宝宝的生长发育。

11个月宝宝的喂养有什么特点

◎宝宝11个月了，可以让他自己学着拿餐具吃饭，既可以锻炼手部的灵活性，也可以提高吃饭的兴趣。

宝宝马上就要满1周岁了，此时正是断奶期要结束的阶段。此时的辅食可以不必再做得像以前那么细、软、烂，而应逐步向大人饮食靠近。有些宝宝可能由于某种原因此时还没有完全断奶，这时父母也不要过于着急，因为让宝宝完全断奶的确不是一件容易的事。宝宝断奶后，谷类食品成为宝宝的主要食品，热量也主要来源于这些谷类食品。但是宝宝的膳食在以米、面为主的同时，还要搭配动物食品及蔬菜、豆制品等。为了提高宝宝进食的兴趣，在食物的制作上可以变换花样，如做些包子、饺子、馄饨、馒头和花卷等。另外，断奶并不是不让婴儿吃任何乳品，只是让乳品特别是母乳不再成为宝宝的主要食物。牛奶作为补充钙质和其他营养成分的优选食物，还是要让宝宝每天适量饮用。一般来说，宝宝每天补充奶的量应该达到600毫升。

如何给11个月的宝宝制作辅食

可以给11个月的宝宝制作如下辅食：❶蔬菜蛋卷：取1个鸡蛋打碎放入碗中，加入少许精盐，调匀后放入平锅内煎成薄片；切碎的胡萝卜和洋葱各1小匙用油炒软，再加入软米饭1小碗，将混合后的米饭平摊在鸡蛋皮上，然后卷成一卷，再切成小卷供宝宝食用；❷麻酱卷：取面粉50克、黄豆粉5克混合均匀，加入酵面及适量水和面团发酵；取芝麻酱5克，加入少许细盐搅拌均匀；将发酵面团兑碱水揉匀，擀成约0.5厘米厚的薄片，将芝麻酱均匀地涂在上面，然后卷成卷，用刀切成2厘米左右的小段，用蒸笼蒸熟即可。

游戏时间

接玩具

玩法 让宝宝躺在软垫上，妈妈拿着手帕或小布偶，先发出声音让宝宝注意，再说："掉下来了！"让物品掉在宝宝的肚子上，并保持愉快的笑容。如果几次后，当妈妈再说："掉下来了！"宝宝的手就会去抓玩具，表示手、眼的协调力还不错。

游戏目的 可以训练宝宝的手、眼协调能力。

12个月宝宝的喂养有什么特点

经过大半年的辅食喂养过程，1周岁的婴儿大多数已可以完全断奶，并逐渐养成了以一日三餐为主，早、晚牛奶为辅的进餐习惯。少数宝宝可能由于某种原因还不能完全断乳，家长也不要过于着急，可以再延长一段母乳喂养的时间，不过最晚不要超过一岁半。父母要明白让宝宝养成独立吃饭的习惯需要等到2岁左右，而让宝宝能够充分消化吸收大人吃的食物则需要耐心等到5～6岁以后。因此，在宝宝饮食方面父母还需要多加照顾，要做得细、软、清淡一些。此时宝宝仍处于长身体的时期，必须要保证蛋白质和热量的供应，要注意营养均衡，蔬菜和水果的搭配要合理，不要让孩子养成偏食的坏习惯。

◎妈妈一定要让宝宝养成按时吃饭的好习惯。

11个月宝宝1日营养方案1

时间	主食及用量
早上6：00	母乳哺喂20分钟，婴儿配方奶粉100毫升加20克麦片（或给配方奶250毫升）
上午9：30	饼干：面粉15克；甜豆奶：配方奶100毫升；小儿鱼肝油滴剂（参照说明或遵医嘱）
中午12：00	猪肝炒花菜：猪肝25克，花菜40克，植物油5克；紫菜汤：紫菜1克，芝麻油1克；烂饭：大米35克
下午3：00	鲜肉小馄饨：面粉20克，猪瘦肉15克，少许葱姜；新鲜水果：香蕉100克
下午6：30	番茄鸡蛋面：挂面30克，番茄50克，鸡蛋40克，植物油5克，葱姜少许
晚上9：00	母乳哺喂20分钟（或给配方奶220毫升）

11个月宝宝1日营养方案2

时间	主食及用量
早上6：00	母乳哺喂25分钟（或给配方奶150毫升）
上午8：00	果汁：鲜橙汁或番茄汁200毫升
上午10：00	营养米粉：鸡蛋米粉50克，鸡蛋黄45克，白糖适量；小儿鱼肝油滴剂（参照说明或遵医嘱）
中午12：00	蔬菜肉粥：大米20克，猪瘦肉或鸡肉15克，切碎新鲜蔬菜20克，植物油2克
下午2：00	配方奶250毫升
下午4：00	新鲜水果40克；饼干或面包：面粉15克
下午6：00	白菜鱼片粥：大米20克，去刺鲜鱼肉15克，切碎小白菜20克，植物油2克
晚上10：00	配方奶250毫升

如何为12个月的宝宝制作辅食

可以给12个月的宝宝制作如下辅食：❶浇汁蛋羹。取鸡蛋1个磕入碗中，加入少许水和食盐调成蛋汁，上火蒸熟。取2～3个新鲜虾仁洗净切碎成末，在锅内放入适量清水，水开后加入虾仁末、青菜末和少许食盐，煮熟后加入淀粉勾芡成汁；将做好的菜汁浇在蒸好的蛋羹上，滴几滴香油即可。❷豆奶蛋糕。取面粉8克、玉米面6克、黄豆粉2克、全脂奶粉5克加在一起搅拌均匀制成混合粉；将鸡蛋1个磕入容器中并加入少许白糖，然后搅拌均匀；把混合物慢慢倒入鸡蛋汁中，同时将二者搅拌均匀，然后倒入铺好屉布的木框内，并在上面均匀地撒上芝麻末，用蒸笼蒸15～20分钟即可。❸鱼肉松。取鱼肉50克洗净，放入碗中，加入少许花椒面、葱姜末、精盐、白糖和料酒，用蒸笼蒸熟，然后将鱼肉捣碎。在炒锅内放入植物油烧热，将碎鱼肉放入锅中并不断翻炒，炒至鱼肉成金黄色，并呈酥松状即可。

婴儿何时吃盐好

婴儿不宜过早、过多地吃盐，原因在于盐是由钠和氯两种元素构成的，婴儿肾脏的发育还不成熟，肾小球内细胞多、血管少，因而滤尿面积小、浓缩尿液的能力差，所以肾脏不能够排泄过多钠、氯等无机盐，如果宝宝吃盐过早或过多，很容易使肾脏受到伤害。因此8～10个月以内的婴儿，应尽量避免吃盐。而且8～10个月前，婴儿的食物以乳类为主，同时添加了辅食，这些食物中或多或少都含有一定量的钠、氯成分，可以满足宝宝对钠、氯的生理需要，所以不必担心不吃盐会对宝宝有什么不利影响。一般8～10个月以后婴儿肾脏的滤尿功能已经开始接近于成人，此时可以在辅食中添加少许盐分，但一定要酌量添加，不可过多。宝宝6个月后可以将盐量限制在每天1克以下，1岁以后再逐渐增多。夏季宝宝出汗较多，或出现腹泻、呕吐时，食盐量可略有增加。

◎盐对宝宝十分重要，但食盐切不可过量，日常食物中也会含有一些盐分。

什么时候断奶最合适

答案可能会因地而异。中国农村很多的妈妈都坚持母乳一直吃到2、3岁甚至5、6岁。断奶的准备其实从添加辅食就开始了，一般是在宝宝出生后4～6个月，如果宝宝能够适应各种辅食，而且吃得很好，断奶就会比较顺利。随着宝宝的逐渐长大，对各种营养素的需要相应增加，母乳的量以及其中所含的营养成分已不能满足生长发育的需要。10个月左右的宝宝，牙齿已经逐一萌出，口腔中舌的运动及咀嚼功能正在不断加强，整个消化道已逐步适应幼儿饮食。专家指出，婴儿断奶以出生后8～12个月为最佳，最迟不能超过18个月。太早断奶，宝宝消化系统的功能并不完善，还不能从普通食物中获得全面的营养；太晚断奶，母乳中的营养成分已经改变，不再适应宝宝生长发育的需要。尤其是在宝宝长牙后，对食物的要求也就提高了，需要一些有形的东西来满足牙齿的咀嚼功能，因此要及时添加辅食。

断奶前后的心理准备

断奶处理不好会影响到宝宝的心理发育，这是爸爸妈妈应该注意和关心的问题。断奶不光要让宝宝对辅食逐渐产生兴趣，淡忘母乳，还要注意宝宝的断奶心理。宝宝喜欢吃妈妈的乳汁，不仅因为母乳营养丰富，适合自己的口味，还因为在妈妈怀抱里吮吸乳汁，享受妈妈怀抱的温暖，是一件既舒服又安全的享受，可以得到生理及心理上的双重满足。如果突然断奶，宝宝就无法适应，会出现爱哭闹、夜惊、拒食、情绪不稳定等反应。因此，简单、粗暴的断奶方法，会造成以后喂养困难、营养不良、情绪不佳等断奶后遗症。

◎如果遇上特殊情况，妈妈要出差一段时间，那么很可能几天内就完全断奶了。

育儿专家在线

为什么不应嚼碎食物后喂宝宝?

有些老人担心宝宝自己嚼不烂食物，经常是自己先把食物嚼碎后再喂给宝宝，以为这样做有助于宝宝消化食物；还有一些家长担心食物太烫，总是先要自己尝一下再喂宝宝；另外有些家长对于一些带壳的食物，总是自己先用嘴去壳后再喂给宝宝……其实这些做法都是很不卫生的，对宝宝的健康非常不利。因为即使是健康人的口腔内也可能存在许多病菌，而以上这些喂养方式很可能会将病菌传染给宝宝。由于宝宝自身的免疫机制还比较弱、抵抗力较低，所以病菌进入体内就会生病。另外让宝宝自己咀嚼食物还有助于乳牙的生长和口腔内消化液的分泌。因此为了宝宝的健康不应嚼碎食物后喂宝宝，而应让宝宝自己完成咀嚼任务。

断奶前的辅食准备

断奶不是一两天就能完成的，不能急于求成。只要断奶前有了充分的准备，采取循序渐进、逐步替代的方法，宝宝就会顺利地断掉母乳，而不至于因为断奶对宝宝产生不利的影响。做好断奶前的准备工作是顺利断奶的开始。从4～6个月开始就给宝宝添加辅食，逐渐喂一些米粉、稀饭、面条、蔬菜、鱼肉及肉末等食物，从流质、半流质到固体食物，由少到多，由稀到稠，由细到粗，由一种到多种，使宝宝逐步适应多种食物，一旦宝宝接受了这些食物，就可逐渐过渡到断奶。宝宝在长牙后还要通过吃固体食物学会咀嚼吞咽，学会使用奶瓶、杯子、小勺等，这些都是在为断奶做准备。

如何顺利地进行断奶

断奶的时间和方式取决于很多因素。只要宝宝和妈妈在心理和生理上对此行为能够适应，断奶的过程就比较顺利。

从给宝宝添加辅食开始，宝宝就要开始逐渐习惯乳汁以外的食物。等到宝宝开始长牙，慢慢习惯用牙齿咀嚼固体食物，对这些食物也没有过敏或者不习惯，就可以逐步减少喂母乳的次数，一般是先减去夜间哺乳的次数，以后再减去白天上午或下午的哺乳次数。因为早晨催乳素的水平比较高，乳汁的分泌也比较多，所以最后减去早晨起床后的哺乳，最终完全断奶。

错误的断奶方式

有的妈妈为了达到断奶的目的，在断奶的准备工作还没做好的时候，强行给宝宝断奶，往乳头上涂墨汁、辣椒水、万金油之类的刺激物，妈妈以为宝宝会因此

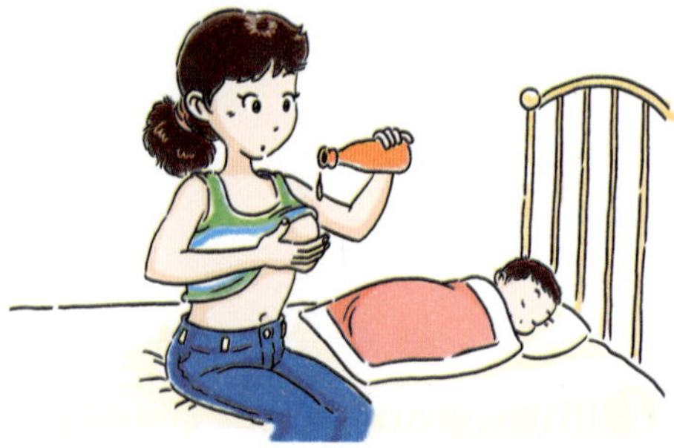

对母乳产生反感而放弃母乳。宝宝在受到这种残忍的“酷刑”后，往往在不再接受妈妈乳头的同时，也因为恐惧而拒绝吃其他食物，从而影响了辅食的添加，断奶进行得也不顺利，影响宝宝的生长发育，也给宝宝留下不好的心理影响。这些所谓的“速效断奶法”，显然是不科学的，也违背了人的生理规律，容易引起乳房胀痛，对妈妈的身体健康也有损害。

◎断奶后，一定要加强代乳品的摄入，保证宝宝身体发育需要的更多营养，也为宝宝学走路打好基础。

爸爸在断奶期的作用

妈妈是宝宝最依赖的对象。在断奶的过程中，减少宝宝对妈妈的依赖也是顺利断奶的关键。爸爸在当中的作用不容忽视，爸爸要替代妈妈成为宝宝依赖的第二个对象。断奶前，妈妈要有意识地减少与宝宝相处的时间，增加爸爸照料宝宝的时间，给宝宝一个心理上的适应过程。刚开始宝宝可能会不满，后来就习以为常了。宝宝会渐渐明白爸爸一样会照顾他，而妈妈也一定会回来的。

◎对爸爸的信任，会使宝宝减少对妈妈的依赖。

断奶后宝宝喝什么

我们说的断奶指的是断母乳，并不是所有的乳类制品。要让宝宝习惯喝配方奶粉，现在我们提倡人的一生都喝牛奶，除非宝宝对这些奶制品过敏。由于鲜牛奶不适合婴幼儿，故配方奶粉是宝宝断奶后每天所必需的食物，因为它不仅易消化，而且有着极为丰富的营养，能提供给宝宝身体发育所需要的很多营养素。3岁以前的孩子鱼肉等动物蛋白质吃得不多，所以配方奶还是宝宝最重要的食物。断母乳前要让宝宝习惯喝配方奶，每天至少1～2杯（约200毫升），以逐渐代替母乳。1岁以后的宝宝喝母乳的量渐次减少，应逐步增加配方奶量来替代减少的母乳，但每天的总量基本不变（1～2岁幼儿应当每日500毫升左右）。白天除了给宝宝喝配方奶外，还可以给少量稀释鲜果汁和白开水。

游戏时间

宝宝骑马

玩法 爸爸坐在椅子上，让小宝宝背对爸爸、坐在爸爸的一条大腿上，爸爸的双手扶住小宝宝的胸部，然后将大腿往上抬，并用手辅助小宝宝，依腿的升降忽高忽低，像骑马一样。但刚开始的动作要慢，几次之后可以让小宝宝转向面对爸爸，再重复骑马的动作。

游戏目的 这个游戏可以培养宝宝的平衡感，也可以增强宝宝头部和颈部的自我控制能力，但最主要的是可以和父母愉快地进行亲子互动。

注意 如果宝宝感到害怕，爸爸就应该立即停止。

宝宝营养断奶餐

鸡蛋面条

✓ 适用宝宝：7个月起

材料

切碎煮烂的细面条60克，切碎的洋葱、番茄各10克，鸡蛋1个

调料

黄油、肉汤各少许

做法

1 锅置火上，放入黄油熬至溶化，下入洋葱略炒，放入面条、肉汤共煮。

2 将鸡蛋打散调匀后倒入锅内，与面条混合均匀盛入碗内，上笼蒸8分钟，把番茄放在面条上即可。

营养提示

此面条含有丰富的蛋白质、脂肪和糖类，还含有一定量的矿物质及维生素等。

青菜肝末

✓ 适用宝宝：7个月起

材料

熟猪肝50克、青菜叶40克

做法

1 熟猪肝洗净切碎；青菜叶用沸水烫一下后切碎。

2 将猪肝放入锅内，加水煮沸后，加入青菜末即可。

营养提示

青菜肝末可以给宝宝补充多种维生素和蛋白质，很适合宝宝经常吃。妈妈可以给宝宝当零食，也可以做正餐。

育儿专家提醒

猪肝放入锅内时，不要煸炒，要立即加水煮。

时蔬浓汤

✓ 适用宝宝：7个月起

材料

番茄1个、黄豆芽50克、土豆1个、胡萝卜1根、卷心菜50克、洋葱1/2个、高汤100克

做法

1. 黄豆芽洗净沥干；洋葱去老皮切丁，胡萝卜削皮切丁。
2. 卷心菜洗净、切丝；番茄、土豆去皮、切丁。
3. 将高汤加水，煮沸后放入黄豆芽、洋葱、卷心菜、胡萝卜、番茄丁和土豆丁，大火煮沸后，转小火慢熬，熬至汤成浓稠状即可。

营养提示

浓汤中所选用的蔬菜含有叶酸等多种维生素、矿物质、植物纤维素、蛋白质和淀粉等，能给宝宝提供充分的均衡营养，并可促进肠胃蠕动，改善体内积滞。

芋头玉米泥

✓ 适用宝宝：7个月起

材料

芋头50克、玉米粒50克

做法

1. 芋头去皮洗净，切成块状，放入水中煮熟。
2. 玉米粒洗净，煮熟，然后放入搅拌机搅拌成玉米浆。
3. 用勺子背面将熟芋头压成泥状，倒入玉米浆，拌均匀即可。

营养提示

玉米富含蛋白质、多种维生素、膳食纤维、胡萝卜素和亚油酸等营养成分；芋头的淀粉含量达70%，此外还富含蛋白质、钙、磷、铁、钾、镁、钠及胡萝卜素等，常吃可以补肝益肾。

草莓牛奶羹

✓ 适用宝宝：7个月起

材料

草莓250克、鲜牛奶200克、草莓冰淇淋30克

做法

1. 将草莓清洗干净，去蒂，切成小块。
2. 将草莓块、鲜牛奶、草莓冰淇淋、矿泉水一起放入榨汁机中，搅拌均匀倒入杯中即可。

营养提示

草莓中维生素含量非常高，而且极易被吸收，是儿童、老人和病人的滋补果品。这道羹补虚养血、润肺利肠、解毒抗癌，可促进机体健康。

红嘴绿鹦哥丝面

适用宝宝：7～8个月

材料

番茄1个、嫩菠菜叶3根、豆腐1小块、排骨汤半碗、细面条1小把

做法

1. 番茄用沸水烫后，去皮，切碎块备用。
2. 菠菜叶洗净切碎备用。
3. 豆腐洗净，切碎备用。
4. 将锅内倒入排骨汤，烧沸。
5. 将豆腐、番茄和菠菜叶倒入锅内，煮沸3分钟。
6. 加入细面条，面条软即可出锅。

营养提示

本品含有丰富的蛋白质、脂肪、糖类、铁、钙、磷、锌及维生素等多种营养素，也是宝宝在此阶段的重要主食之一。

育儿专家提醒

尽管宝宝此时已经可以吃面条等主食，但妈妈最好将面条稍微捣烂一点。

鸡肉粥

适用宝宝：7～8个月

材料

大米250克、鸡绞肉150克

调料

植物油、酱油、葱末、姜末各适量

做法

1. 大米淘洗干净，放入锅内，倒入清水用大火煮沸，转小火熬至黏稠待用。
2. 锅内倒油烧热，下入鸡绞肉炒散，加入葱末、姜末、酱油搅匀，倒入米粥锅内，尝好口味，用小火煮几分钟。

营养提示

多喝粥有益健康。这道粥黏稠、味香，营养丰富，易于吸收，非常有助于宝宝增强体质，健康成长。

蛋羹

适用宝宝：8个月起

材料

鸡蛋2个

调料

盐、香油各适量

做法

1. 鸡蛋磕入碗中，打散后加入温开水、少量盐调匀待用。
2. 锅内加水，放在大火上烧沸，把鸡蛋碗放在屉上，上锅蒸至呈凝固状（似豆腐脑状）即熟，出锅后滴入香油即可。

育儿专家提醒

蛋羹是大多宝宝爱吃的食物，做法简单，却十分有营养，但不能天天吃，这样宝宝会偷懒，不喜欢咀嚼东西。

蛋黄豆糊

适用宝宝：7～8个月

材料

荷兰豆100克、鸡蛋1个、大米50克

调料

盐少许

做法

1. 将荷兰豆去掉豆荚，放进搅拌机中，或用刀剁成豆蓉。
2. 将整个鸡蛋煮熟捞起，然后放入凉水中浸一下，去壳，取出蛋黄，压成蛋黄泥。
3. 大米洗净，在水中浸2小时，连水、豆蓉一起煲约1小时，煲成半糊状，然后放入蛋黄泥、盐焖约5分钟即可。

营养提示

此菜含有丰富钙质、糖类、维生素A、卵磷脂等营养素。6个月后的婴儿开始出乳牙，骨骼也在发育，这时必须供给充足的钙质。此菜是补充钙质的良好来源，同时还有健脑作用。

馒头菜粥

适用宝宝：9个月起

材料

馒头1/4个、青菜粥1碗、高汤少许

做法

1. 将馒头掰成小碎块。
2. 锅内加高汤煮沸，下入馒头碎块，用勺子捣碎后，倒入青菜粥搅拌均匀即可。

育儿专家提醒

9个月大的宝宝应该多吃淀粉类的食物，多多地熟悉各种食物的味道，这样长大后才不会挑食。馒头碎块还可以帮助宝宝练习吞咽。

鱼松

适用宝宝：9个月起

材料

鲜鱼1条(750克左右)

调料

植物油、酱油、盐、白糖、料酒各适量

做法

1. 鱼去鳞、内脏，洗净，放在锅内蒸熟，去骨、皮待用。
2. 将处理好的鱼肉用刀压碎。
3. 锅放在小火上，加入油，把鱼肉放入锅内，边烘边炒，至鱼肉香酥时，加适量盐、料酒、酱油、白糖，再翻炒几下。

育儿专家提醒

9个多月的宝宝已能尝出味道，可以适当放些盐、酱油，但不宜过多。有些食品大人觉得口味较淡，但对宝宝来说却是可口的。

蛋皮鱼卷

适用宝宝：9个月起

材料

鸡蛋2个、净鱼肉泥60克

调料

植物油、葱末、姜汁、盐各少许

做法

1. 鱼泥用葱末、姜汁及少许盐调好味；鸡蛋磕入碗中打散。
2. 平锅小火烧热，涂一层油，倒入蛋液摊蛋饼，将熟之际把鱼泥放在蛋皮上，摊平。小心卷起成蛋卷，边卷边再淋蛋液，出锅后切小段，装盘即可。

“蟹黄”豆腐羹

适用宝宝：10个月起

材料

咸蛋2个、内酯豆腐100克、鸡汤适量

调料

植物油、盐各少许

做法

1. 咸蛋蒸熟，取出蛋黄，用勺子压成咸蛋黄泥；豆腐切成小四方块，用热水焯一下。
2. 油锅放咸蛋黄泥炒散，加鸡汤烧沸后放豆腐，小火焖烧3分钟，加少许盐即可。

营养蘑菇豆花

适用宝宝：10个月起

材料

蘑菇30克、豆花50克、水发木耳10克、高汤100克

调料

植物油、姜末、盐各少许

做法

1. 蘑菇洗净，撕成小块，用热水焯过；水发木耳洗净撕碎。
2. 锅内放植物油，烧热后放入姜末煸炒，接着下入蘑菇块、碎木耳，略翻炒后加高汤，煮沸后加入豆花，焖煮3分钟后加一点点盐调味即可。

营养提示

豆花营养丰富，含有人体需要的多种氨基酸；蘑菇的蛋白质含量大多在30%以上，比一般蔬菜、水果的含量要高，而且这些营养物质容易被宝宝吸收。除此之外，蘑菇可以开胃，如果宝宝有些瘦弱，那多吃这个再合适不过了。

菠菜面

适用宝宝：10个月起

材料

鸡蛋面18根，菠菜2棵，香菇、水发黑木耳各5克

调料

高汤100克、盐少许

做法

1. 鸡蛋面切段；菠菜洗净，用沸水焯后沥水剁碎；香菇、木耳泡发后洗净撕碎。
2. 锅中加入高汤和水，煮沸后，放入鸡蛋面和菠菜，再次沸后，放入碎香菇和碎木耳，转小火焖煮至烂，加盐调味。

营养提示

菠菜富含磷、铁，是组成骨骼、牙齿的主要元素，也是构成红血球中血色素的成分。适量食用菠菜有助于婴幼儿对营养的吸收。

育儿专家提醒

在用开水焯过后，菠菜所含人体不易分解的草酸已溶入水中，所以不必担心它会“吞噬”掉宝宝体内的钙。

紫菜饭

适用宝宝：10个月起

材料

紫菜10克、银鱼20克、熟芋头10克、绿叶菜少许、稠粥1小碗

做法

1. 紫菜洗净，撕成小块；银鱼洗净后切碎，二者均用沸水烫熟；煮熟的芋头压成芋头泥。
2. 将稠粥倒入锅中，加入烫熟的紫菜、银鱼、芋头泥以及绿叶菜煮沸后即可。

三色豆腐虾泥

适用宝宝：10个月起，生病时也可以吃

材料

胡萝卜1根、豆腐50克、虾30克、油菜2棵

调料

植物油、盐各少许

做法

1. 胡萝卜洗净，去皮，切碎；虾去头、皮、沙线，剁成虾泥；油菜洗净后，用沸水焯过，切成碎末；豆腐冲洗过后，压成豆腐泥。
2. 锅内倒油，烧热后下入胡萝卜末煸炒，半熟时，放入虾泥和豆腐泥，继续煸炒至八成熟时再放入碎油菜，待菜烂时，加少量盐即可。

营养提示

蔬菜中含有丰富的纤维素，能刺激胃液分泌和肠道蠕动，增加食物与消化液的接触面积，有助于宝宝消化和吸收食物，促进代谢，使废物排出；虾肉含有丰富的蛋白质、脂肪、糖类、铁、钙、碘和维生素A、维生素B_1、维生素B_2及烟酸，十分有利于婴幼儿的生长发育。

红薯饭

✓适用宝宝：11个月起

材料

红薯40克、吻仔鱼块30克、饭2/3碗、绿色蔬菜少许

做法

1. 红薯洗净，去皮，切成0.5厘米的方块，浸水后用保鲜膜包起来，加1大勺水，用微波炉加热约1分钟。
2. 吻仔鱼用沸水烫过。
3. 将饭倒入小锅中，再将水、处理过的红薯、吻仔鱼及绿色蔬菜放入小锅一起煮熟即可。

营养提示

本品含有足够的蛋白质、丰富的脂肪、铁、钙、磷、锌及维生素A，是益智健脑的好食品。

排骨菠菜粥

✓适用宝宝：11个月起

材料

大米80克、排骨2小块、菠菜60克

调料

盐少许

做法

大米洗净后，放入水中浸泡30分钟；菠菜洗净；在浸泡的大米中放入排骨，用小火慢熬约1小时；将菠菜切细末放入粥中，并加入盐拌匀，稍放凉后即可。

营养提示

此粥味美可口，含有丰富的蛋白质、脂肪、糖类及维生素B_1、维生素B_2、维生素C和钙、磷、铁等营养素。

珍珠玉米小圆子

✓适用宝宝：11个月起

材料

嫩玉米粒（如果没有当年的新嫩玉米，可选择玉米罐头）、珍珠小圆子1袋（超市有卖）、猕猴桃1/2块，白糖少许

做法

1. 锅内放水，下入珍珠小圆子；另取一锅，将玉米煮熟过水；猕猴桃去皮，切小块。
2. 将煮熟的小圆子和玉米沥干水后，与猕猴桃块加白糖拌均匀即可。

营养提示

这道点心香甜爽滑，颜色黄、绿、白搭配得也很好，玉米、猕猴桃以及糯米圆子内的营养又很丰富，所以宝宝在享受其中乐趣的同时，又会吸收到营养。小圆子也可以自己来做：用糯米粉加水和成糯米面后，像做丸子那样，揪出一个个小圆子来即可。

育儿专家提醒

另外还可以用玉米面以及黄豆面掺杂着糯米面来做，这样的杂面圆子营养价值更高。

鱼泥馄饨

适用宝宝：12个月起

材料

鱼泥50克，小馄饨皮6个，韭菜末（或白菜末）、香菜末、生抽各少许

做法

1. 鱼泥加韭菜末做成馄饨馅，包入小馄饨皮中，做成馄饨生坯。
2. 锅内加水，煮沸后放入生馄饨，再次煮沸后，倒少许生抽再煮一会儿，至馄饨浮在水上时，撒上香菜末即可。

营养提示

鱼泥富含蛋白质、不饱和脂肪酸及维生素，宝宝常吃可以促进生长发育。做成馄饨，会让宝宝更容易接受面食，以补充身体内所需要的糖类。

苹果麦片粥

适用宝宝：11～12个月

材料

燕麦片3大勺、牛奶1/4杯、苹果1/6个、胡萝卜1/3个

做法

1. 将苹果和胡萝卜洗净，用擦菜板擦丝。
2. 将燕麦片及擦好的1大勺胡萝卜放入锅中，倒入牛奶及1/4杯水用小火煮。
3. 煮沸后再放入2大勺擦好的苹果直至煮烂即可。

营养提示

本品含有足够的蛋白质、铁、钙、磷、锌及维生素C。

番茄饭卷

适用宝宝：11～12个月

材料

鸡蛋1个，软米饭1小碗，胡萝卜、洋葱、番茄各适量

调料

植物油适量

做法

1. 将胡萝卜、洋葱、番茄分别洗净切丁。
2. 将鸡蛋磕入碗中打散，调匀后放平锅内摊成薄片。
3. 将胡萝卜丁和洋葱丁各1/2小勺用油炒软。
4. 再加入软米饭1小碗、番茄丁2小勺及炒软的胡萝卜丁和洋葱丁拌匀，盛出，将混合后的米饭平摊在蛋皮上，然后卷成卷儿，切成段状即可食用。

营养提示

本品含有足够的蛋白质和丰富的脂肪、维生素C和胡萝卜素等营养素。

日常护理及保健必知

护理要点

＊此时的宝宝运动机能较之前发达了，喜欢在整个房间里玩耍，家里危险的东西一定要收起来，免得碰伤孩子。有尖角的凳子和桌子最好包一下，免得碰伤宝宝的头。家里的电源插座也最好用罩子罩上，免得宝宝细小的指头插进去。宝宝穿的衣服要便于孩子活动，不要穿得太多太紧。

夏季如何防蚊咬

在夏季，一只小小的蚊子会给人们带来很大的烦恼。婴儿期宝宝的皮肤特别娇嫩，一旦被蚊子叮咬，宝宝就会哭闹不停，睡觉也不安，甚至还会引起皮肤感染、传染上疟疾、乙型脑炎等疾病。所以防蚊是保证宝宝夏季健康的一大任务。现在市场上有许多灭蚊用品，如蚊帐、蚊香、驱蚊水、气雾剂等。在这众多的产品中，还是要首先选择蚊帐，因为它对宝宝来说是最安全的，而其他产品或多或少地都会对宝宝的健康造成威胁。气雾剂、蚊香包括电蚊香在内，喷洒或点燃后会有烟雾或刺激性气味，对宝宝的眼睛和呼吸道会产生刺激作用；驱蚊水或多或少也会刺激宝宝的

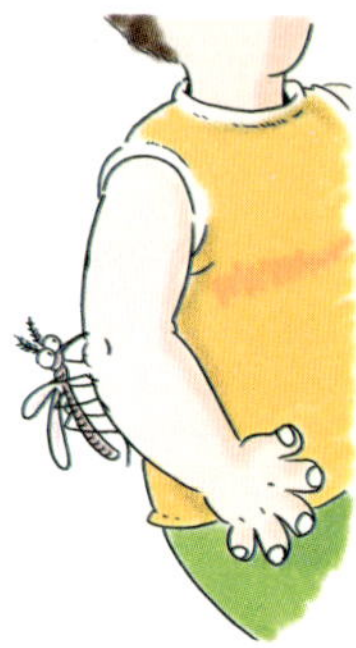

育儿专家在线

婴儿出现“地图舌”时怎么办?

地图舌是指舌面上的舌苔厚薄不均、红白相间，形似地图。出现地图舌的宝宝大多数体质较弱，或者是与疲劳、消化不良、锌或B族维生素缺乏等有关。地图舌一般在2～3个月时就会出现，多数宝宝精神、食欲正常，没有明显的不舒服表现。地图舌可以持续长达数年，随着年龄的增长可自然消退；若宝宝出现精神委靡、食欲欠佳、头发稀黄等症状，应注意缺锌的可能，应到医院做进一步检查。孩子出现地图舌后，要特别注意口腔卫生，吃饭前后要漱口，晚上睡觉前用淡盐水漱口；要多吃新鲜的蔬菜、水果以及富含蛋白质的食物，如鱼、肉、蛋、豆等；同时忌食煎炸、熏烤、油腻、辛辣、冷冻食物，少吃零食；适当补充B族维生素，必要时补锌。

皮肤。在使用蚊帐的同时，还要注意将蚊帐开口处封闭好，以防有漏网之“蚊”。

宝宝被蚊子叮咬怎么办

被蚊子叮咬后会非常痒，如果不进行处理，宝宝就会抓挠不止，使皮肤出现红肿，甚至会引发感染。因此，父母平时一定要注意给宝宝勤洗澡、勤剪指甲，以减少因抓伤皮肤而引发感染的机会。宝宝被蚊子叮咬后，一定要避免其过分挠抓，可以在患处涂上止痒清凉油、复方炉甘石洗剂等进行止痒。花露水类的止痒液大多为酒精制剂，适合局部涂抹，如大面积涂用，宝宝可能会感觉不适，所以不要给宝宝全身或大面积涂洒。如果红肿症状比较严重或出现感染、过敏时，要及时带宝宝去医院检查。

什么时候教宝宝自己进餐

10～12个月的宝宝背部和颈部的肌肉已经明显成熟，可以稳稳地坐在婴儿高背椅上，手和嘴的配合和协调性也逐渐增强，已经具备了自己进食的能力，父母可以开始教宝宝自己用简单的餐具进餐了。学习进餐是一个逐步熟练的过程，父母一定要有耐心，还要给宝宝准备一套专用的、边缘光滑、不易破碎的餐具，并且要注意消毒。如果宝宝成功地完成进餐过程，不仅可以增强其自信心，还可以使其在进餐时加入到家庭的其他成员当中，进而促进宝宝的社交能力。

宝宝爱往嘴里放东西怎么办

从第7个月开始，宝宝的各种动作已经开始具有较强的意识性和目的性，而且此时宝宝的双手已经能够自由活动，有的宝宝已经开始学习爬行，因此这个时期正是他探索事物的萌芽期。当他抓住东西时，除了好奇地看来看去、敲敲打打，还会总往嘴里放，通过吮吸、舔、咬等方式来尝试认识事物、感知世界。如果发现了这种现象，父母不应强行阻止，而应经常对玩具进行清洗消毒，以免由于不卫生引发消化道疾病。另外，此时父母还要时刻留意宝宝的玩耍行为，不要给宝宝准备尖锐、危险的玩具，如带油漆、零件易松动等的玩具，以免威胁宝宝的安全和健康。

◎ 让宝宝自己学习进餐时，注意不要将太热的汤、饭放在他的面前，以防碰倒，烫伤宝宝。

◎营养不良严重影响着宝宝的正常发育，妈妈一定要掌握相关知识，及时辨识宝宝营养不良的外在表现。

什么是营养不良

营养不良是指因为能量和（或）蛋白质缺乏引起的一种营养缺乏症，常见于婴幼儿，其中以婴儿更为常见，发病率和死亡率都比较高。体重不增加是最早出现的症状，之后体重开始下降，皮下脂肪逐渐减少，首先是腹部的皮下脂肪，其次是躯干、臀部、四肢，最后是面颊部的皮下脂肪。营养不良严重时，表现为患儿皮下脂肪消失，额部出现皱纹似老头样，身高明显低于正常孩子，食欲低下、精神委靡，皮肤苍白、干燥、没有弹性，肌肉萎缩，运动发育落后，智力发育低下等，并且可因血清中蛋白含量降低而出现水肿。

发生营养不良的原因有哪些

引起营养不良的原因主要有以下几个方面：❶先天不足。如小于胎龄儿、低出生体重儿、早产儿、双胎等均可引起营养不良；❷喂养因素。如母乳不足、人工喂养时调配不当（牛奶或奶粉浓度过低）、没有及时添加辅食、以谷物

◎只要妈妈掌握了科学的喂养方式，并做好宝宝的日常保健护理，营养不良就不会发生了。

游戏时间

瓶子游戏

玩法❶ 将一个带盖的塑料瓶放在宝宝面前，妈妈先示范打开瓶盖再合上盖子的动作，让宝宝练习只用拇指和食指将瓶盖打开，再合上，如此反复练习数次，做对了应给予赞扬。

玩法❷ 妈妈拿出几个颜色丰富的塑料套杯摆放在宝宝面前，妈妈开始将杯子一个接一个地套起来，同时对宝宝说：“看，多好玩啊！”鼓励宝宝自己动手将杯子套起来。

游戏目的 可以培养宝宝手的灵活性，还可以促进宝宝空间知觉的发展。

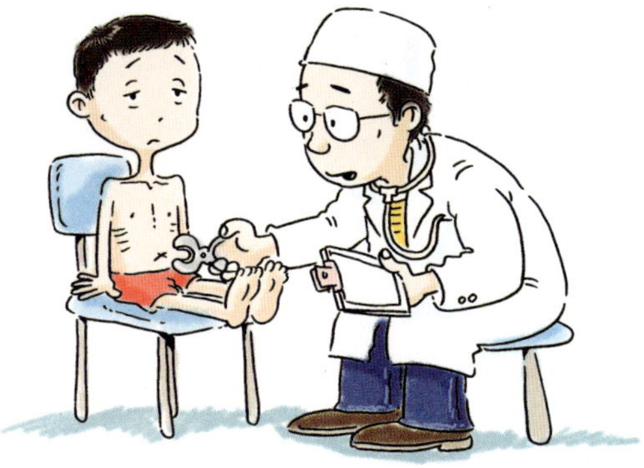

◎长期发热、食欲不振、摄入减少、消耗多是引起婴幼儿营养不良的病因。

（米粉、麦乳精）为主要食物而长期缺乏蛋白质和热量，奶粉质量差或不合格，小儿长期偏食或挑食等；❸疾病因素。如先天性幽门肥大性狭窄、婴幼儿腹泻、肠吸收不良综合征、结核病、寄生虫病、长期发热或恶性肿瘤等。

如何判断婴幼儿营养不良的程度

通常根据营养不良的轻重程度将婴幼儿的营养不良分为：轻度营养不良、中度营养不良和重度营养不良。实践中判断急、慢性营养不良的主要指标有：❶体重。若小儿体重低于同年龄参照值（可以用平均近似值代替）的15%～25%属于轻度营养不良；体重低于该值的26%～40%属于中度营养不良；体重低于该值的40%以上时属于重度营养不良；❷腹部脂肪厚度。腹部脂肪厚度在0.4～0.8厘米之间为轻度营养不良；0.4厘米以下是中度营养不良；脂肪几乎完全消失者是重度营养不良；❸身高。轻度营养不良儿的身体基本正常；中度营养不良儿的身高比正常值有所降低；重度营养不良儿的身高则明显低于正常值。

如何治疗和护理营养不良患儿

营养不良患儿的治疗和护理要根据原因进行对症治疗：❶对于由疾病造成的营养不良儿和重度营养不良的婴儿，要及早发现、及早治疗，早期治疗对于此类营养不良婴儿非常关键；❷对于轻、中度营养不良患儿，如果消化能力正常，只是由于喂养不合理造成的，可以不给予药物治疗，只需要调整喂养方法和饮食结构即可；❸对于长期缺乏蛋白质造成的营养不良儿，应在原喂养的基础上，循序渐进地增加蛋白质摄入量，之后逐步过渡到平衡合理的饮食结构；❹对于由于热量缺乏造成的营养不良儿，要在平衡合理的饮食结构基础上，适当进行高热量喂养，以及补充足够的维生素和矿物质，同时还要形成良好的饮食习惯，去掉挑食、偏食的坏毛病。

8个月宝宝麻疹疫苗的注射

麻疹疫苗是一种减毒活疫苗，注射麻疹疫苗的目的是使人体产生相应抗体，从而达到预防麻疹的作用。根据中国儿童免疫程序规定，麻疹疫苗要在宝宝出生8个月以后接种。主要原因是，8个月以内时，婴儿的血液中含有从母体中获得的麻疹抗体，可保护婴儿不患麻疹。在这期间，如果接种麻疹疫苗，疫苗中的病毒就会被婴儿体内已经存在的抗体中和掉，使疫苗不能发挥效力，达不到刺激机体产生免疫力的目的。8个月以后，婴儿从母体内获得的抗体基本消失，同时婴儿自身的免疫系统发育也更趋完善，这时接种麻疹疫苗就容易成功。所以，接种麻疹疫苗应在婴儿出生8个月以后进行。另外，在宝宝7周岁时还需要加强注射1次。

◎腮腺炎传染性强，与水痘同为最容易在托儿所或幼儿园流行的疾病。

注射麻疹疫苗时需注意什么

接种麻疹疫苗时需注意以下几点：①婴儿患严重疾病、发热或有过敏史者（特别是对鸡蛋过敏者）不能接种；②已经患过麻疹的小孩，由于体内已产生了抗麻疹病毒的抗体，不需要再接种麻疹疫苗；③如果注射过丙种球蛋白，至少要间隔6周以上方可接种麻疹疫苗。接种麻疹疫苗后，至少要间隔2周以上才可以注射丙种球蛋白；④麻疹疫苗和乙肝疫苗两者由于抗原之间有干扰，因此不能同时接种；⑤接种麻疹疫苗后一般没有不良反应，极少数婴儿在接种后6～10天时可能出现发热，一般不超过2天就可痊愈。

1岁宝宝乙脑疫苗的注射

注射乙脑疫苗是为了预防流行性乙型脑炎（乙脑）。乙脑是由蚊类媒介传播的急性病毒性传染病，夏、秋季是发病的高峰季节，患病多是10岁以下儿童。病情有轻有重，重时会出现高热、惊厥、昏迷、痉挛甚至死亡，治愈后往往会遗留瘫痪等后遗症。大部分成人对乙脑都具有免疫力，6个月以内的婴儿可以从母体获得抗体，保护婴儿不患乙脑。中国规定乙脑疫苗接种对象主要是流行区6个月至10岁的儿童，以及非流行区进入流行区的人群。在流行区出生后满8个月至1周岁（大多数地区选择在1周岁）婴儿接种第 1 针乙脑疫苗，7～10天后接种第2针，属基础免疫，免疫期为1年，以后每年要加强注射1针。

育儿专家在线

为什么注射过麻疹疫苗的儿童还会患麻疹？

任何疫苗接种的有效率都不可能是100%，原因比较复杂，主要有以下原因：①麻疹疫苗质量不稳定或已经过期，以及运输、保存条件不合格而导致免疫失效；②接种方法不当。没有按照要求接种，如剂量不足等；③接种时间不当。婴儿未满 8 个月，血液中含有从母体中获得的抗体，使疫苗中的活病毒被中和，导致免疫失败；④个体因素。婴儿可能存在某种个体因素，从而导致免疫失效。

Part 04

1~2岁

宝宝营养与护理

均衡营养，搭配好习惯

科学喂养与营养方案◆ 宝宝均衡营养食谱◆ 日常护理及保健必知

科学喂养与营养方案

喂养要点

*1～2岁宝宝的主要食物逐渐从以奶类为主转向以混合食物为主，但此时宝宝的消化系统尚未成熟，还不能吃大人的食物。因此，要根据宝宝的生理特点和营养需求，制作适合宝宝的可口食物。

1～1.5岁宝宝的饮食有何特点

满1周岁时，宝宝已经有6～8颗牙齿了，与婴儿期相比，其咀嚼能力和消化能力都有了明显提高，但消化系统仍然比较弱，无法和成人相比。因此，此时宝宝的饭菜还是要单独做，应做得软、烂、碎，特别是对于不容易消化的肉类和植物纤维类食物更应仔细进行加工。在保证一日三餐主食的同时，还要保证幼儿每天喝两次奶，总量应保持在400～500毫升。这是由于奶类不仅可以为宝宝提供优质蛋白，而且还可以补充钙质，满足宝宝骨骼生长的需要。

1.5～2岁宝宝的饮食有何特点

宝宝到1.5岁时，随着其消化功能的不断完善，饮食的种类和制作方法开始逐渐向成人过渡，以粮食、蔬菜和肉类为主的食物开始成为幼儿的主食。不过，此时的饮食还是需要注意营养平衡和易于消化，不能完全吃成人的食物。给宝宝做饭时要将食物做得软些，早餐时不要让宝宝吃油煎的食品，如油条、油饼等，而要吃面包或饼干、鸡蛋、牛奶等，每天的奶量最好控制在250毫升左右。在奶量减少后，每天要给宝宝吃两次点心，时间可以安排在下午和晚上，但不要吃得过多，否则会影响宝宝的食欲和食量，时间长了，会引起宝宝营养不良。

1～2岁宝宝的饮食安排

1～2岁的宝宝已经可以和爸爸妈妈一样吃主食了，但仍应单做。这个阶段宝宝的食品以米、面等谷类食物为主，因为谷类是热能的主要来源。宝宝所需蛋白质主要来

◎制作精美的小面包圈、小点心，既可以作为宝宝的正餐，也可以在宝宝饥饿时作为加餐或零食食用。

自肉、蛋、乳类和鱼等食物；钙、铁和其他矿物质主要来自蔬菜，部分来自动物类食物；维生素主要来自水果和蔬菜。1～2岁宝宝的胃容量为200～300毫升，这就限定了他们每次的进餐量。这个阶段的宝宝每日进餐4～5次，每日3餐，每餐间隔约为4小时，两餐之间加些点心。1～2岁的宝宝每日主食品约100克，肉、鱼、蛋、奶约100克，青菜50～100克；两餐之间的点心、水果供应量50克左右。由于宝宝食量有限，为保证摄取充足的营养，鱼、肉、蛋类要吃得多些，可少吃些豆制品；蔬菜供应多些，可以适当减少些水果；副食吃得多些，主食可少吃一些。

1～2岁宝宝饮食制作原则

宝宝1岁以后已经可以吃普通食品了，但食品的加工要做到碎、软、烂。面片汤、馄饨等对1～2岁宝宝比较适合，面食以发面为好；鱼要剔除骨刺，再切成碎末或小丁；肉要加工切碎，斩断纤维，再制成小丸子；花生、核桃要制成泥、酱；要避免给宝宝食用刺激性食物，如辣椒、胡椒及油炸食品等。制作过程中要注意烹饪得法，尽可能多地保留食物中的营养素，如挑选蔬菜要新鲜，不要泡在水里时间太长，应洗干净，临做前再切，防止维生素的流失；胡萝卜要用油炒后食用，这样有利于脂溶性维生素A的吸收。制作的膳食应小巧、精致、花样翻新，并注意颜色的搭配。宝宝可以通过视觉、嗅觉、味觉等感官，传导到大脑皮层的食物神经中枢产生反射性刺激，从而产生吃的愿望。

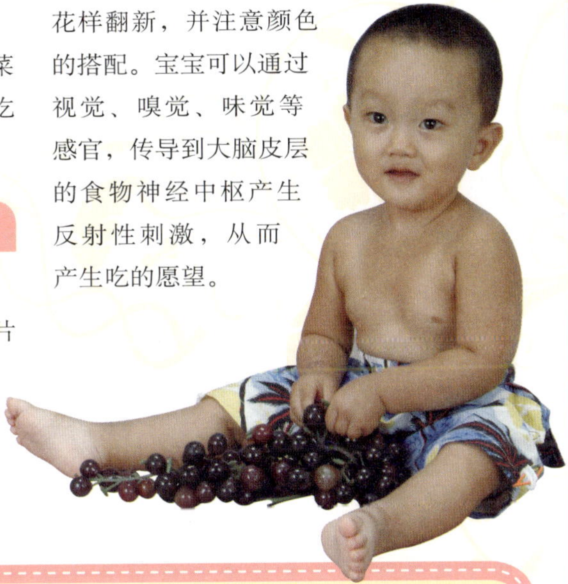

育儿专家在线

幼儿应如何选择食用油?

中国居民所摄入的脂肪中，约一半来自食物本身，另一半来自食用油。食用油分为植物油和动物油。常用的植物油有芝麻油、豆油和花生油等。它们的主要成分是不饱和脂肪酸，又称为必需脂肪酸。不饱和脂肪酸不仅可以降低胆固醇的水平，而且可以预防动脉硬化、心律失常，保证大脑发育和皮肤健康等。另外，植物油还容易被消化，并含有脂溶性维生素A、维生素D、维生素E等。与此相反，动物油中含饱和脂肪酸较多。如果摄入饱和脂肪酸过多，胆固醇就会增高，心血管疾病的发病率也就会增高。而且动物油不易被消化，食用过多还会影响机体对其他营养素的吸收，不利于宝宝的健康。所以对于幼儿来说，主要应选用植物油，同时可以适当地食用少量动物油，做到荤素搭配、营养均衡。幼儿每天摄入的食用油总量应保持在10～15克。

◎全面而丰富的营养，来自于全面而丰富的饮食类别。

1～2岁宝宝如何补充蛋白质

蛋白质是生命的物质基础，没有蛋白质就没有生命。幼儿正处于生长发育期，对蛋白质的需求量相对要高于成年人，而且应供给足够的优质蛋白。幼儿每日摄入的优质蛋白应占蛋白质供给总量的2/3左右。蛋白质分为动物蛋白和植物蛋白，动物蛋白比植物蛋白更符合人体的需要，属于优质蛋白。在动物蛋白中，鸡蛋、鱼的蛋白质最好，其次是鸡、鸭肉，接下来是牛、羊肉，最后是猪肉。在植物蛋白中，大豆蛋白也属于优质蛋白，豆腐、豆皮等豆制品很容易被幼儿吸收，鸡蛋也是极易被消化吸收的优质蛋白，非常适合幼儿食用。1～2岁的幼儿每天需要蛋白质35～40克。就蛋白质的需要而言，幼儿每天进食400～500毫升奶制品、1个鸡蛋、30克瘦肉就可以了。为了使食物多样化，可以每周吃1～2次鱼、虾，2次豆制品，平时可以将鸡、鸭、牛、猪肉变换着吃。

1～2岁宝宝如何补充脂肪

脂肪可以提供人体活动所需要的热量，可以调节体温，促进维生素的吸收。脂肪中的脂肪酸还是婴幼儿大脑发育所必需的营养物质。脂肪分为动物性脂肪和植物性脂肪。植物性脂肪主要来自植物油，动物性脂肪主要来自肉类，其中绝大部分来自肥肉。这两种脂肪对幼儿来说都很重要。在幼儿1～2岁时，每天需要脂肪约30～40克，可满足其生长发育的需要。

1～2岁宝宝如何补充糖类

在幼儿期，宝宝已经会跑、会跳，整天都非常活跃，这么大的活动量必须要有充足的热量来维持。如果热量供给不足，

游戏时间

认物游戏

玩法 妈妈用实物教宝宝说出物品的名称，多次反复训练后，妈妈指着物体，鼓励宝宝按要求回答，如“鞋”、“帽”、“碗”、“杯”等。每次回答正确后，都要对宝宝进行表扬。如果这些物品都说对了，还可以改换其他用品重新开始进行游戏。

游戏目的 可以教宝宝认识日常用品，并学会说出日常用品的名称。

必然会影响宝宝正常的生长发育。人体的热量主要来自糖类，而糖类又主要来自谷类、面粉、薯类等，即我们平时所说的主食。1～2岁的宝宝每天需要热量1000～1200千卡，相当于需要糖类100～150克，即每顿需要吃1两左右的主食。

怎样为宝宝准备食物

宝宝1岁时，就可以进食成人的大部分食物了，但宝宝吃饭前一定要仔细准备。首先，父母要亲自检测一下食物的温度，因为宝宝会不顾冷热地进食，如果食物太热，容易烫伤宝宝的嘴。小孩子似乎比成年人对调味品更敏感，并且拒绝吃香料很重的食物。所以给宝宝吃的食物不要含太多香料、盐及黄油等调味品，否则会妨碍宝宝体验食物本身的味道，并且会损害宝宝的长远健康。又硬又大的食物，很可能会阻塞孩子呼吸道，使宝宝出现窒息，为此宝宝吃的任何食物都要弄成小而容易咀嚼的碎片。不要直接给宝宝花生、葡萄、胡萝卜、整块或大片的热狗、肉片和坚硬的糖果。热狗或胡萝卜应该顺长切成1/4，然后切成小块，要确保孩了在成人的监护下进食。另外，宝宝跑着吃食物也会增加窒息的危险。

◎吃太热的食物不仅容易烫伤宝宝，且对人体健康十分有害。

如何培养宝宝吃正餐

宝宝1岁以后成长所需的大部分营养要靠正餐获得，妈妈要培养宝宝的良好饮食习惯，就要从正餐入手。为了使宝宝保持对正餐的兴趣，首先要安排好吃饭时间，注意饭前1小时内不要给宝宝吃点心、糖果和冷饮等零食，不要喝大量的饮料，以免影响胃液的正常分泌和冲淡胃液，使宝宝食欲下降。父母不必过分看重孩子进食的数量：吃得多就感到欣慰、给予表扬；吃得少就着急失望、催促多吃。这样会使得宝宝感到父母时时在监视他，心里会有压力不能放松。没有了愉快亲切的进食气氛，孩子的食欲难免会受到很大的影响。因此，在孩子吃饭前，父母就要营造轻松愉快的气氛，使孩子在良好的氛围中完成进食。

让宝宝学会自己吃饭

宝宝1岁时，随着两手动作能力的发展和对周围事物兴趣的不断增加，渐渐不满足于别人喂食，而愿意自己动手吃东西。妈妈对于孩子的这种要求和尝试，应该抱支持的态度，耐心帮助孩子使用小勺、小碗，让宝宝自己进餐，自己拿着奶瓶喝奶。宝宝15个月时，控制能力更好，想吃时能比较容易地把食物放进嘴里。虽然偶尔吃东西时会倾斜汤勺而将食物洒出，但还是能够用勺子盛满食物并协调地放进嘴里。妈妈有必要给他们准备些不易摔破的碟子和杯子，因为当宝宝不高兴的时候会把它们扔掉。当宝宝18个月时，就可以使用勺子、叉子和打不破的杯子了，但他不会总是想用。有时他宁愿用手抓布丁或把盘子扔到空中。有些宝宝到2岁时就已经克服了这种不良的饮食行为，但有些宝宝的这种杂乱吃法会持续到3岁。

让宝宝适当吃些硬食

通常，父母十分注意每种食物的营养价值，却忽视对食物的软硬搭配。父母通常认为孩子还太小不会咀嚼，乳牙还没有长齐，只能吃一些软的、烂的东西。长此以往，会使宝宝养成只会吃软食的习惯，而失去了锻炼咀嚼能力的机会！1岁半左右的宝宝已经有能力接受那些具有一定硬度的小块食物了。所以父母在给宝宝准备食物的时候，应当考虑食物的质地，使其与宝宝自

育儿专家在线

喝果奶可代替喝牛奶吗？

目前市面出售的果奶并不属于奶类，它们的主要成分只是水和糖，另外添加了一些营养素如钙、维生素A、维生素D等，实际上，它们并不是真正意义上的“奶”。按照中国相关的规定，牛奶中除去水分之外的乳固体物质的重量应当占总重量的11.2%以上，脂肪的含量应高于3.0%；纯牛奶的蛋白质含量应当在3.0%以上。而果奶属于含乳饮料，是牛奶添加2倍水，再加入糖、香精、增稠剂及其他配料制成，按照中国相关标准，其蛋白质含量不低于1%即可，营养价值大大低于真正的牛奶。因此并不能用它们来代替牛奶。而且，有些果奶的果味并不是真正的水果味，而来自于人工添加剂，长期食用对宝宝的健康非常不利。同时这些饮料中含有较多的糖分，经常饮用会造成宝宝食欲不振，甚至患上厌食症等。

身的生理需要相适应。可以适当提供一些固体食物，也可以稍硬一些，例如吃一点硬的面包干、红薯片或馒头干，它们既可以帮助孩子磨牙床，增加咀嚼力，促进咀嚼肌的发育，使牙周膜更结实，还会促使牙弓与颌骨的发育。此外，适当吃些硬食，对宝宝的面部肌肉及视觉发育也有好处。

学步宝宝如何喂养

宝宝1岁以后，已经开始学步，父母可能会注意到他的食欲明显下降或突然对食物挑剔。有时刚刚吃一点就将头扭向一边，或者到了吃饭的时间拒绝到餐桌旁。既然宝宝的活动增加了，似乎就应该吃得较多些，为什么会发生这种变化呢？因为1岁以后宝宝的生长速度相对婴儿时期是减慢的，实际上他们不需要吃那么多了。学步的宝宝大约每天需要1000卡的热量就可以满足生长发育，保持旺盛的精力和良好的营养。如果父母曾经制作过1000卡热量的食谱，就知道其实并没有多少食物。根据宝宝的成长特点，要把他们一天的食物分成3次小餐和2次零食，这样就更加精细了。然而，因为学步孩子每天的饮食习惯并不稳定，而且难以预测，所以不要指望宝宝总以同样的方式吃东西。在早餐时他可能看到什么食物都吃，但是一天其他时间里几乎不再吃任何食物；或者他可能一连3天只吃他喜爱的食物，以后就再也不吃了。

◎父母应该关注宝宝自然饿和渴的信号。当宝宝不饿时，仍强迫他们吃，这样是有害无益的。

如何让宝宝戒掉奶瓶

宝宝在1岁左右就应完全丢掉奶瓶，18个月时绝对不能再用。只要宝宝可以用杯子喝水，就不要用奶瓶喝。可是，戒掉奶瓶并非想象的那么容易。为使事情进展顺利，首先午餐不要用奶瓶，然后再发展到晚上和早上不用，最后是就寝时间也不用。夜间睡眠困难或者总是醒来的孩子，最容易养成用食物或者奶瓶安慰的习惯。但这个年龄的孩子夜间不需吃喝任何东西，如果妈妈仍然给孩子喂食物，就应该停止。如果坚持夜间喂食物，奶瓶很快就会变成孩子的依赖，并且影响孩子养成自己入睡的习惯。如果他仅仅哭喊一小会儿，就让他伴随哭声重新入睡。几个夜晚之后，他就可能完全忘记奶瓶了。

宝宝防病抗病 COOKING

10种最佳食物大公开

01 苦瓜

苦瓜富含蛋白质、脂肪、糖类、粗纤维、钙、磷、铁、镁、锌等矿物质和胡萝卜素、维生素B_1、维生素B_2、维生素C和尼克酸等活性成分，且维生素B_1、维生素C居果蔬之首。苦瓜中的活性蛋白质，能激发人体免疫系统的防御功能，从而增强身体的抗病力。

温馨提示 炎热夏季，宝宝的身上常会长痱子，用苦瓜煮水擦洗全身，有清热、止痱的功效。

02 番茄

番茄是含维生素P最丰富的食物之一，其维生素C和尼克酸的含量也在蔬菜中名列榜首，丰富的矿物质和微量元素对宝宝发育很有好处。番茄内含有可产生维生素A的类胡萝卜素，而补充维生素A能有效降低腹泻的发生及死亡率，从而提高宝宝的抵抗力。

温馨提示 番茄不宜生吃和空腹吃，未成熟的番茄含有有毒的龙葵碱，对胃肠道黏膜有较强的刺激性和腐蚀性，对中枢神经有麻痹作用，可引起急性脑水肿、胃肠炎等。

03 酸奶

酸奶中含有丰富的钾、铁、钙、磷、锌等微量元素，其优质蛋白、B族维生素的含量也很高，能够提高体温，抵抗寒冷和增强机体免疫能力，对预防和减轻宝宝感冒有好处。且酸奶中含有的乳酸菌能够促进消化道蠕动，改善胃肠道功能，减少便秘和消化不良的发生，提高抵抗力。

温馨提示 酸奶一经加热，所含的大量活性乳酸菌便会被杀死，不仅丧失了它的营养价值和保健功能，也使酸奶的物理性状发生改变，从而使其口味发生变化。

04 菇类

菇类中含有较为丰富的B族维生素和维生素C、维生素K、维生素E等，还含有多种微量元素和氨基酸。菇类中所含的大量植物纤维以及胰蛋白酶等多种酶类，能分解蛋白质和消化脂肪，防止便秘。

温馨提示 市面上出售的干蘑菇在食用前将根部朝上，在阳光下照射1小时，可以增加其维生素D的含量。

05 黑木耳

黑木耳向来被认为是滋补又防病的食用菌之一。它含有丰富的蛋白质、糖类、脂肪、粗纤维、多种维生素和钙、磷、铁、胡萝卜素、卵磷脂、脑磷脂等营养成分，能够降低血脂，并能够清除肠道中的毒素，净化肠胃。

温馨提示 干木耳烹调前宜用温水泡发，泡发后仍然紧缩在一起的部分不宜食用。鲜木耳有毒素，不可食用。

06 豆浆

豆浆中含有大量优质植物蛋白及多种氨基酸，还含有丰富的钙、铁和B族维生素，营养价值十分高。豆浆中脂肪含量也较高，且含较丰富的必需脂肪酸，有助于促进宝宝生长发育和保护心血管的功能。

温馨提示 在烧煮豆浆的时候，常会出现“假沸”现象，必须充分搅拌，直至真正煮沸后才能喝，避免发生中毒。

07 谷类

大米、小米、玉米、小麦面粉等谷类粮食富含糖类、蛋白质和脂肪三大营养素，都是宝宝发育不可缺少的营养，能够为宝宝生长发育提供所需要的热能，并为脑活动的能量来源。

08 红薯

红薯含有膳食纤维、胡萝卜素、维生素A、维生素B、维生素C、维生素E以及钾、铁、铜、硒、钙等10余种微量元素，被营养学家称为营养最均衡的保健食品。红薯含有的膳食纤维可促进肠道的润滑和蠕动，能够防止宝宝发生便秘。

09 苹果

苹果含有丰富的糖类、有机酸、纤维素、维生素、矿物质、多酚及黄酮类营养物质，被科学家称为“全方位的健康水果”。苹果所含的果酸能促进消化吸收，代谢热量，还能促进胃肠道中的铅、汞、锰的排放，调节机体血糖水平，并可治疗轻度腹泻。

温馨提示 饭后立即吃苹果，不仅不会助消化，反而会造成胀气和便秘。

10 萝卜

萝卜中含有较多的水分、维生素C、一定量的钙、磷、糖类及少量的蛋白质、铁及其他维生素，还含有木质素、胆碱、氧化酶素、甘酶、芥子油等有益成分。

温馨提示 用萝卜做菜时最好先切碎，或蒸、煮熟后再弄碎或捣成糊，以帮助宝宝更好地吸收萝卜的营养。

宝宝均衡营养食谱

馒头夹肉松

适用宝宝：1岁起

材料

猪肉松1勺、馒头1/2个（约80克）

做法

将馒头切成厚片状，中间稍微撕开，夹入适量的肉松即可。

营养提示

本品含有足够的蛋白质和丰富的脂肪及铁、钙、磷、锌等营养素，是益智健脑的好食品。

育儿专家提醒

可根据宝宝实际年龄及进食情况让宝宝自己拿馒头进食。

紫菜蛋卷

适用宝宝：1岁起

材料

紫菜1张、猪瘦肉馅100克、鸡蛋2个（取蛋液）、韭菜末25克

调料

植物油、葱末、姜末、水淀粉、盐、料酒、香油各适量

做法

1. 将猪肉馅、盐、1个鸡蛋的蛋液、水淀粉、料酒、香油、韭菜末、葱末、姜末搅匀至上劲，做成猪肉韭菜馅；将另1个鸡蛋的蛋液、水淀粉、盐拌匀待用。
2. 锅烧至热而不烫，擦上少许油，将鸡蛋液摊成圆形蛋皮，平放在净案板上。
3. 把猪肉韭菜馅抹在蛋皮上，放一张紫菜，再放一层猪肉韭菜馅抹平。将两侧向里折一个小边，再从两头向中间卷起，至中间合拢，用净纱布扎好，制成一个蛋卷，入蒸锅里隔水蒸约30分钟至熟透；将紫菜蛋卷切成小段入盘即可。

营养提示

紫菜中含有较高的碘和人体不可缺少的无机盐，是宝宝补充碘的上好食物之一。猪肉、韭菜营养也十分丰富，能够提供宝宝发育需要的营养素。

水炒鸡蛋

适用宝宝：1岁起

材料

鸡蛋2个、小葱2～3棵

调料

盐适量

做法

1. 鸡蛋磕入碗内，加少许盐打散搅匀。
2. 小葱去根，择洗干净，切成1.5厘米长的小段待用。
3. 锅内倒水，水沸后倒入鸡蛋液不断搅炒。
4. 待鸡蛋成块，加盐调味，放入小葱搅炒几下即可。

虾皮丝瓜汤

适用宝宝：1岁起

材料

丝瓜1根、虾皮15克

调料

香油、盐、植物油各适量

做法

1. 丝瓜去皮、瓤，洗净，切成片；虾皮洗净备用。
2. 将炒锅加热，倒入植物油，热后加入丝瓜煸炒片刻，加盐和水煮沸。
3. 加入虾皮，小火煮两分钟左右，加入香油，盛入碗内即可。

营养提示

虾皮含有丰富的蛋白质和钙。虾皮配以丝瓜煮汤，不仅汤鲜味美，清凉消暑，还能补充宝宝夏季流失的大量水分。

排骨汤焖海带丝

适用宝宝：1岁起

材料

排骨汤100克、泡发海带丝30克

调料

盐适量

做法

1. 海带丝洗净，切小段。
2. 锅内放入排骨汤烧沸后，下入海带丝段，大火煮沸后，转小火焖煮5分钟，加适量盐调味即可。

营养提示

海带富含蛋白质、脂肪、糖类、膳食纤维、钙、磷、铁、胡萝卜素、维生素B_1、维生素B_2、烟酸以及碘等多种微量元素。海带的含碘量很高，常吃海带可以及时地补充身体所需的碘，防止甲状腺肿大病症的发生。海带加肉香味，宝宝一定会十分喜欢。

鲜虾肉泥

✓适用宝宝：1岁起

材料

鲜虾肉（河虾、海虾均可）80克

调料

香油、盐各适量

做法

1. 将鲜虾肉洗净，放入碗内，加少许水，上笼蒸熟。
2. 取出蒸熟的虾肉，加入适量盐、香油搅匀即可。

营养提示

虾泥软烂、鲜香，含有丰富的蛋白质和脂肪，并含有多种人体所必需的氨基酸及不饱和脂肪酸，是宝宝极佳的健脑食品。此外，还含有钙、磷、铁及维生素A、维生素B_1、维生素B_2和尼克酸等营养素。

翡翠白玉汤

✓适用宝宝：1岁起

材料

嫩豆腐300克、菠菜叶100克

调料

鲜汤、鸡油、盐各适量

做法

1. 豆腐洗净，切成菱形小片，用沸水烫一下，捞起沥干；菠菜叶洗净切小段，用沸水烫一下，捞起放在汤盆内。
2. 鲜汤放入锅内烧沸，加入豆腐、盐，待汤沸、豆腐浮起，撇去浮沫，舀入汤盆内，淋入鸡油即可。

营养提示

菠菜含有丰富的铁元素，对于增强宝宝免疫力有很好的作用。此菜品色泽鲜艳，豆腐软嫩，汤味鲜美，富含植物性蛋白质、脂肪、B族维生素和钙、磷、铁等多种微量元素。

双米银耳粥

✓适用宝宝：1岁起

材料

大米、小米、水发银耳各20克

做法

1. 大米和小米淘洗干净；水发银耳择洗干净，撕成小朵。
2. 锅内放水，加入大米和小米，大火煮沸后，放入银耳，转中火慢煮约15分钟，至银耳稀烂即可。

营养提示

大米是人体B族维生素的主要来源；小米保存了许多的维生素和无机盐；银耳富含粗纤维，还含有蛋白质、维生素和葡萄糖等。由这三种原料煮成的粥，营养十分丰富。

鲜瓜香肠蛋

适用宝宝：1岁起

材料

鸡蛋4个、香肠2根、黄瓜1根

调料

植物油、盐各适量

做法

1. 鸡蛋打入碗内，搅匀；香肠切碎末；黄瓜去皮、子，切成碎末。
2. 将香肠末、黄瓜末放入鸡蛋碗内，加入盐搅匀。
3. 锅内倒油烧热，把调好的材料倒入锅内，炒熟即可。

赛螃蟹

适用宝宝：1岁起

材料

鸡蛋2个、鲜鱼肉250克

调料

高汤、植物油、鸡蛋清、水淀粉、料酒、白醋、盐各适量

做法

1. 鸡蛋打入盆内，搅匀；鱼肉洗净，去骨、刺，切成1厘米见方的小丁，放入盆内，加入少许料酒、盐抓一抓，然后加入鸡蛋清、水淀粉上浆，用植物油（五六成热）滑透捞出，沥油，放入鸡蛋盆内。
2. 锅内倒油烧至四成热，把鸡蛋液、鱼肉下入锅内煸炒，成形时加入高汤，小火稍炖一会儿收汤，加入白醋即可。

营养提示

这道菜营养丰富，鲜香、滑嫩，故称“赛螃蟹”。鸡蛋炒得越嫩越好。

虾仁豆花羹

适用宝宝：1岁起

材料

虾仁4只、豆花100克、鸡蛋1个

调料

盐、高汤、香菜、水淀粉各适量

做法

1. 鸡蛋磕入碗内，搅打成蛋液；香菜洗净切末；虾仁洗净后，在背部划一刀，去沙线后，裹上鸡蛋液。
2. 高汤烧沸后，放入虾仁煮沸。
3. 放入豆花，略煮一下，用水淀粉勾芡，用盐调味后，撒入香菜末即可。

营养提示

鲜虾仁营养十分丰富，富含蛋白质、脂肪、无机盐、钙、磷、碘及多种维生素、胡萝卜素等，是宝宝饮食中蛋白质的重要来源之一；豆花则含有人体所需要的多种氨基酸，能养心润肺。

鲜肉土豆泥

适用宝宝：1岁起

材料

土豆200克，洋葱50克，猪瘦肉、牛奶、高汤各100克，面粉10克

调料

料酒、盐、植物油各少许

做法

1. 猪瘦肉洗净，切成豆粒大小，用少量油起油锅，倒入肉粒，加料酒煸炒至熟。
2. 洋葱洗净切成末，用少量油煸炒几下，加面粉炒至淡黄色，然后加入一半牛奶、高汤、盐拌成糊状；再把肉粒倒入搅匀，成为鲜肉沙司。
3. 土豆洗净，放入沸水内煮至用筷子能穿透，去皮后用勺碾成泥，用油炒酥，加另一半牛奶、盐混炒匀，然后混入鲜肉沙司即可。

营养提示

猪肉富含维生素B_1、维生素B_2和烟酸等，还含有丰富的动物蛋白质、脂肪、矿物质及维生素，对体质虚弱的宝宝有很好的效用。土豆泥不但美味，而且含有丰富的维生素C和钾。

鱼香茄子羹

适用宝宝：1岁起

材料

茄子、鸡蛋各1个

调料

植物油、老抽、醋各1小勺，盐、白糖各少许，葱末、姜末、蒜末共10克，番茄末适量

做法

1. 将茄子用水煮熟后，去皮，压成茄泥；鸡蛋磕入碗中搅拌。
2. 油锅烧至五成热，将茄泥与鸡蛋液搅拌均匀后，放进去炒香，取出放入碗中。
3. 锅内放油烧热，投入葱末、姜末、蒜末炒香，放入番茄末，加少许水、老抽、白糖、醋、盐勾兑成鱼香味，最后将汁淋在茄蛋上即可。

营养提示

茄子含有丰富的糖类、蛋白质和磷、钙、钾等矿物质及多种维生素。尤其是紫色茄子含有大量维生素，可增强细胞间的黏着能力，有防治微血管脆裂出血、促进伤口愈合的作用，是公认的健康蔬菜。宝宝多摄入一些，能强身健体。

刺猬丸子

适用宝宝：1.5岁起

材料

猪肉馅60克、鸡蛋1个（取蛋液）、糯米30克

调料

水淀粉、香油、盐、味精、料酒、葱末、姜末各适量

做法

1. 将糯米用凉水泡40分钟，捞出沥干水后待用。
2. 将猪肉馅放入盆内，加入鸡蛋液、水淀粉、香油、盐、味精、料酒、葱末、姜末及清水，用力搅拌，待有黏性时，搓成大小相等的丸子。
3. 将丸子逐个滚一层糯米，放入盘内，上笼用火蒸30分钟即可。

营养提示

本品含有丰富的蛋白质、糖类和铁质，还含有多种维生素及其他矿物质，可促进宝宝生长发育，预防贫血。

菊花蒸茄子

适用宝宝：1.5岁起

材料

菊花10克、紫茄子2个

调料

盐、醋、香油各适量

做法

1. 将茄子洗净，切成细条。
2. 将菊花洗净后放入锅内，加适量水，煎煮至沸，去菊花留汤备用。
3. 紫茄子与菊花汤同放入碗中，隔水蒸熟，放入适量香油、盐、醋拌匀即可。

营养提示

菊花具有明目的效用。此菜可搭配一份红烧平鱼，主食可选用肉菜包子或肉菜馄饨。

山药红豆羹

适用宝宝：1.5岁起

材料

山药、红豆各100克，白糖50克

调料

糖桂花5克、水淀粉20克

做法

1. 山药洗净，去皮，切粒，隔水蒸熟。
2. 红豆洗净，先泡一会儿，再入锅煮熟（但别太烂），放入熟山药，加入白糖，用水淀粉勾芡后，撒上少许糖桂花即可。

营养提示

本品能健脾、利尿、消肿，具有补脾养血、利水益肾的效用，适合给体虚以及食欲不振的宝宝吃。

日常护理及保健必知

护理要点

*1岁的宝宝已经会移动脚步，自己慢慢进食，自己搭建积木，自己翻动图册看书了。给孩子更多的活动机会，你会惊喜地发现他们的进步简直是日新月异。

为何好几个月不见宝宝长新牙

宝宝长到1岁以后，有3～4个月的时间看不到有新牙长出，此时大多数父母都非常担心，怀疑是不是由于缺钙导致宝宝不长新牙。其实，父母不必为此担心，这是一种正常的生理现象，即宝宝长到1岁以后，出牙的速度开始减慢。小孩一般从6～7个月开始出牙，到1岁时（不到半年的时间）长出8～10颗乳牙，而在1～2岁（1年的时间里）仅会长出8颗牙齿。而且，牙齿的萌出也不是连续不断地进行，而是有一段间歇期，通常在1岁以后需要间歇4～5月的时间，所以在此期间见不到有新的牙齿长出。

为何宝宝不宜穿开裆裤

在婴儿期，宝宝还不能控制大小便，而且饮食主要以乳汁为主，大小便的次数较多，需要不停地为宝宝排便和更换尿布。为了方便，父母常常给小婴儿穿开裆裤。但随着宝宝渐渐长大，开始会爬、会走，接触的东西日渐增多，特别是宝宝长到1岁以后，就不宜再穿开裆裤了，因为：①这时宝宝的活动范围很大，而且经常在户外活动，穿开裆裤不仅会冻着小屁股，还会使冷风直接灌入腰腹部和大腿根部，容易使宝宝冻感冒；②穿开裆裤时，宝宝的臀部、阴部直接暴露在外面，容易诱发感染，尤其是女婴尿道短，更容易引起尿路感染；③穿开裆裤容易导致婴幼儿常见的肠道寄生虫病——蛲虫病的交叉感染。因此对较大的婴幼儿，应尽早改穿满裆裤，这样既安全又卫生。

如何给宝宝选鞋

1岁多时宝宝会走路了，因此为宝宝选择一双舒服、合脚的小鞋就显得格外重要。人体有206块骨骼，仅双脚就有52块，还包括66个关节、40条肌肉和200多条韧带。人类是唯一有足弓的动物，它可以保护大脑、脊椎以及胸腔、腹腔内的器官，被称为“天然的减震器”。但是在婴幼儿期，宝宝的足弓还没有形成，足底平坦，因此选鞋时要非常小心。另外，婴幼儿的脚骨大部分还没有完全钙化，比较软，即使鞋穿着不合适，也没有特别痛苦的感觉，因此家长不容易发现宝宝的鞋是否存在问题。穿鞋不合适不仅容易造成脚部永久性畸形，而且还可能使脊柱的生理弯曲发生变形，严重时甚至使大脑、心脏、腹腔的正常发育受到影响。因此，在给幼儿选鞋时一定要慎重，要仔细给宝宝选择一双舒适、合脚的鞋子。

宝宝的前囟门闭合了吗

前囟门位于头顶前方，是头颅骨骼之间的菱形间隙。在宝宝长到1～1.5岁时，前囟门会逐渐完全闭合。如果宝宝2岁半时，前囟门仍然没有闭合，就有可能是头颅发育出现障碍或患有使颅内压力持续增高的疾病，如佝偻病、脑积水等。如果出现这种情况，就要及时到医院进行检查治疗。

游戏时间

投壶游戏

玩法 给宝宝准备一个广口瓶和几个小球。妈妈告诉宝宝用食指、拇指拿稳小球，拿到瓶口时把手指松开，使球落入瓶中。小球落入瓶中时发出响声，会使宝宝感到很有趣，因而越做越起劲。

游戏目的 可以提高宝宝小手精细运动的灵活性，对培养宝宝的注意力也是十分有益的。

育儿专家在线

为什么幼儿不可挖鼻孔?

幼儿鼻子很容易形成鼻痂，宝宝觉得鼻子痒时就会用手去抠。有的父母对此不以为然，其实，这种行为是很危险的。鼻腔内有丰富的毛细血管和许多鼻毛，可以将吸入的空气中的灰尘、病菌进行黏附和过滤。如果常用手挖鼻孔，很可能会损伤鼻孔内的绒毛，引起鼻炎或其他疾病。而且，从鼻根到嘴角两侧和上唇之间的地方，医学上称为面部的“危险三角区”，因为这里血管丰富，如果孩子把这个地区抠破，很容易使病菌随着静脉血流入颅内，从而引发颅内静脉炎、脑膜炎、颅内脓肿等危害极大的并发症，有时甚至会危及生命。因此，一定要改掉宝宝的这种不良习惯。

宝宝何时学刷牙

宝宝长到2岁后，父母就应该教他学刷牙了。刷牙和进餐一样，是一项协调性很高的活动，宝宝太小时很难“胜任”这一工作；另一方面，在此之前，宝宝长出的乳牙还比较少，不宜用牙刷刷牙，只需要进行口腔清洁护理就可以了。到2岁时，宝宝已经长出16～20颗洁白的小乳牙，此时就应该使用牙刷了。同时，幼儿的口腔跟成人一样，是消化道和呼吸道的入口，此时他的饮食已经和成人相似，同样会存在许多细菌，口腔内的温度又适合细菌的繁殖，所以刷牙对于幼儿的牙齿以及身体的健康非常重要。另外，刷牙还有按摩牙龈、促进血液循环，进而增强抗病能力的作用。因此，父母应该从2岁起就教宝宝学刷牙，这样到3岁时，他就可以独自刷牙了。

如何为宝宝选择牙刷

给宝宝科学地选择一套漂亮的牙具，不仅可以培养他的刷牙兴趣，而且对宝宝的健康也有益处。一般情况下，牙具包括牙刷、牙膏和牙杯，其中关键是牙刷和牙膏的选择。幼儿的口腔黏膜丰富而且娇嫩，因此要选用刷头较小、刷毛较软，并且刷毛尖端经过磨制处理的牙刷。牙刷的尺寸可以根据孩子的年龄及口腔的大小来选择。1支牙刷的使用时间最长不应超过3个月，到时应及时更换。另外，幼儿患了感冒或口腔疾病时，要对牙刷及时进行消毒和更换，以免造成病菌感染和扩散。

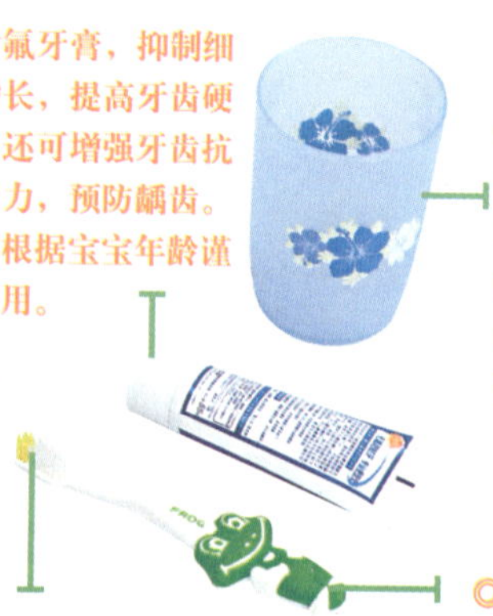

如何为宝宝选择牙膏

儿童易患龋齿，使用含氟牙膏是防治龋齿最理想的手段，但3岁以下的幼儿应禁止使用含氟牙膏。这是由于幼儿的吞咽功能还不完善，不会将牙膏泡沫完全吐出，部分泡沫会被吞入体内。过量摄入微量元素氟会在牙齿上形成一些斑点，严重时还会使牙齿变黄，表面粗糙，容易缺损，即患上氟牙症。因此，3岁以下的幼儿应禁止使用含氟牙膏；4～6岁的儿童应在家长或医生的指导下慎重使用，每次挤出量要如黄豆大小，不可多用，因为此时儿童偶尔也会将牙膏泡沫吞服；7岁以上的儿童可以使用含氟牙膏，但也要注意不要将牙膏泡沫吞进腹中。因此，幼儿可以选择有水果香味，而又不含任何药物成分的普通儿童牙膏。

◎宝宝刷牙可以分为以下几个阶段：1.儿颗牙时，妈妈用纱布蘸温凉开水，帮宝宝来回擦牙，1天1次，1次1～2分钟；2.2岁时，宝宝可用小头、软毛的儿童牙刷刷牙，早晚各1次，每次2～3分钟，3.4～5岁时，宝宝就可以独立刷牙了。

如何教宝宝刷牙

教宝宝正确刷牙，可以采用如下方法：①让幼儿站立，母亲站在他的背后或侧面，用一只手固定幼儿头部，另一只手先将牙刷用温开水沾湿，再挤上黄豆大小的牙膏；②将牙刷的刷毛放在靠近牙龈部位，刷毛与牙面呈45°角，上牙从上向下刷，下牙从下往上刷，刷完外侧面再刷内侧面和咬合面。每个面要刷8～10次。刷牙时间在2～3分钟，切忌采用拉锯式横刷的方式，这样既不能有效地清洁牙齿，还容易损害牙龈，引发口腔疾病；③让宝宝用清水漱口，尽量将泡沫吐干净。另外，为了让宝宝明白和尽快学会刷牙，可以对着镜子教。为了培养孩子的刷牙兴趣，平时大人刷牙的时候，可以让他站在旁边观看，还可以教他唱刷牙歌、开展刷牙比赛等。父母还应注意，3岁以下宝宝还不能自己独立完成牙齿清洁，需要由成人帮助刷牙；3～6岁的儿童应在成人的指导下开始自己刷牙，但仍需大人的帮助才能将牙齿刷干净。

如何让宝宝养成独睡的好习惯

有些妈妈经常为宝宝不愿意单独睡觉而苦恼。的确，让已经习惯和父母一起睡的幼儿单独睡不是一件容易的事。以下方法也许对培养宝宝独睡有帮助：①可以根据他的爱好布置房内设施。例如按照宝宝的喜好装上一个光线较暗的小夜灯，给女宝宝买一个布娃娃陪她睡等；②开始时可以先陪宝宝睡一会儿，等他睡着后再离开房间；③如果宝宝过于担心和害怕，可以给他讲勇敢小英雄的故事，消除他的恐惧心理；④适当地向他许个愿。例如宝宝想要买某个玩具，可以告诉他，如果宝宝能够单独睡几晚，就会给他买。相信经过一段时间的努力，这个问题是可以得到解决的，到那时想让宝宝和你一起睡，说不定他还不愿意呢！

如何让宝宝养成用杯子喝水的好习惯

宝宝长到1岁左右，就要逐渐培养他用杯子喝水，而不再用奶瓶喝水。这样做的原因主要有：①长期使用奶瓶，容易影响幼儿颌骨的发育，严重时甚至会造成颌骨发育畸形，形成人们常说的“地包天”或“天包地”，这样不仅会影响宝宝的咀嚼能力，还会影响面容的美观；②根据幼儿生长发育的规律，此时宝宝已经可以用手拿住杯子，而且宝宝本身也有自立的要求，因此要抓住时机锻炼他的生活自理能力。③让宝宝自己用杯子喝水，还可以锻炼宝宝的认知能力和手眼协调能力，对宝宝动作机能的发育非常有好处。

宝宝如何擤鼻涕

父母千万不要以为擤鼻涕是件小事。要知道宝宝正处于生长发育期，鼻腔、鼓膜都非常脆弱，如果没有掌握正确的擤鼻涕的方法，而是经常模仿大人把鼻孔全部堵上后擤鼻涕，这样很容易造成鼓膜穿孔，形成化脓性感染，进而造成听力的损伤，感冒时尤其容易发生。所以父母一定要教会宝宝如何正确地擤鼻涕。正确擤鼻涕的方法是：先吸气，然后用手绢或餐巾纸压住一侧鼻孔，然后出气，将鼻涕从另一侧鼻孔擤出；然后用相同方法再擤另一侧。切不可让宝宝用手捏紧双侧鼻孔用力擤鼻涕，以免增加鼻、鼻咽部的压力，使鼻涕和细菌进入鼻窦，并通过咽鼓管返流至中耳，进而诱发鼻窦炎和中耳炎。另外，还要注意擤鼻涕时，不可用力过猛。

游戏时间

走“S”形线

玩法 妈妈用粉笔在地上画一个约10米长的“S”形线，让宝宝踩着线往前走，一直走到头。如果宝宝能始终踩着线走，要给予赞扬，如果宝宝情绪及体力都很好，可鼓励宝宝来回多走几趟。

游戏目的 能够促进宝宝左、右脑的同步健康发展。

2~3岁

Part 05

宝宝营养与护理

健康成长，营养素不能少

科学喂养与营养方案◆宝宝补充营养素食谱◆日常护理及保健必知

科学喂养与营养方案

喂养要点

*妈妈要根据此阶段幼儿的年龄特点、季节变化及生长发育规律，合理地选择和搭配食物，做到多样、平衡、适量，谷为主，菜为助，果为充，畜为益。

2~3岁宝宝的喂养有什么特点

喂养2～3岁的宝宝除了每日三餐之外，还应给他们加1～2次点心，最好是喝点配方奶。如果晚饭吃得早，在睡前1～2个小时，还可再喝点奶制品。此时孩子可以进食与其他家庭成员相似的食物，随着语言与社交能力的提高，爸爸妈妈应该和孩子一起进餐，这样在进餐时孩子就会积极参与。现在孩子的进餐技能已经变得比较“文明”：2岁时，他已经学会使用汤匙，用一只手拿杯子喝水，并可食用可以用于抓着吃的食品；3岁时宝宝可以使用叉子自己吃饭，只是偶尔才会将食物从盘子里溅出或不能将食物送入口中。但在他可以自己进餐时，仍然是在学习有效地咀嚼和吞咽的阶段，边吃边玩时还是会呛食，所以发生窒息的危险性仍很高，因此，家长要避免让宝宝整块吞咽食物，以防止阻塞气管。

2~3岁宝宝食物搭配原则

为2岁左右的宝宝准备食物是一件麻烦事，因为这时宝宝对食物很挑剔。所以爸爸妈妈在准备食物时要遵循以下原则：各餐的食物搭配要合适，有干有稀，有荤有素，饭菜要多样化，每天不重复。如主食轮换吃软饭、面条、馒头、包子、饺子、馄饨、发糕、麻

◎荤素搭配、粗细结合、干稀相辅、营养均衡，是喂养此阶段宝宝的关键和重点。

怎样保证2~3岁宝宝的营养

2～3岁的宝宝牙齿差不多已经长齐，可以自己用牙齿咀嚼较硬的固体食物，而不再只是喝牛奶或吃流质食物了。这个阶段父母更应注意宝宝的营养。首先要保证孩子膳食中蛋白质、脂肪、糖类的比例，各种矿物质和维生素的供给也应适量。每日膳食中应包括：谷类134克、代乳粉15克、豆及豆制品20克、肉类38克、蛋类38克、蔬菜135克、水果38克、糖19克、油10克。2～3岁的宝宝咀嚼能力增强了，食物不必切得太碎小。肉可以切成薄片、小丁、细丝等；鱼去刺后切成片或小块；豆类应该煮软，切成小块；蔬菜可以切成小丁、小片、细丝。

酱花卷、菜卷等，注意利用蛋白质互补，搭配一点粗粮。肉、蛋、豆制品、蔬菜等混合做菜，一个炒菜内可同时放两三种蔬菜，也可以用几种菜混合作馅，还可以在午饭或早点吃些蒸胡萝卜、卤猪肝、豆制品等。

育儿专家在线

宝宝偏食怎么办？

高脂肪、高蛋白和高糖类食物中所含的磷、硫、氯等在人体内表现为酸性，故被称为“酸性食物”。蔬菜、水果因其富含钾、钠、镁等，在人体内表现为碱性，而被称为“碱性食物”。宝宝若长期大量摄入肉类、糖类等酸性食物，血液会随之酸化，呈现酸性体质，使机体内环境平衡发生紊乱，从而影响宝宝的身体健康。

因此：❶对于偏食的宝宝，家长应坚持提供多种食物选择。例如，家长变换蔬菜的品种、烹饪方法和菜肴搭配。因为好奇心往往可以使宝宝愿意尝尝“新”的食物；❷家长要言传身教。父母津津有味地享用蔬菜，会引起宝宝的兴趣。吃饭时可以先上蔬菜，此时宝宝肚子饿，容易接受平时不爱吃的食物。此外，为了保证生长发育所需的营养，对不爱吃蔬菜的宝宝，应鼓励他多吃水果。

2~3岁宝宝营养素不可缺

这个时期的宝宝，活动能力已经相当大，所需要的热量同幼儿早期相比要增多，每天所需的热量为1200~1500千卡。为了保证宝宝每天能够获得充足的热量，需要科学地安排好日常饮食。每天需要补充主食150~180克、蛋白质40~50克、脂肪30~50克、牛奶400毫升、新鲜蔬菜200~250克以及水果150~200克。如果宝宝每次的进餐量达不到以上要求，而活动量又比较大，就需要在主餐之外再补充点心，如饼干、糕点等。

◎给宝宝补充营养素一个很简便的方法就是将各种水果切成丁，放入宝宝喜爱喝的粥里面，营养又美味。

2~3岁宝宝三餐安排

宝宝2~3岁时，每日进餐不能以成人的“一日三餐”作为标准，应该加餐使宝宝每日进餐次数多一些。对于2~3岁的孩子来说，保证营养的各类食物要合理地安排到各餐中去，体现出“早餐要吃好，午餐要吃饱，晚餐要吃少”的营养比例。各餐占总热量的比例一般为早餐占25%~30%，中餐占40%，晚餐占20%~30%。早餐除主食外，还要加些乳类、蛋类和豆制品、青菜、肉类等含蛋白质及维生素丰富的食物。午餐的进食量一般应高于其他各餐，因为宝宝已经活动了一个上午，下午还要有更长的时间活动，午餐后加点心可以推迟晚餐的时间。晚餐要让宝宝吃少一点，多吃容易造成消化不良。

2~3岁宝宝春季1日食谱

时间	主食及用量
早餐	糖三角25~50克，大米蛋花粥25克
中餐	鸡蓉豆腐、菠菜粉丝汤，软饭50~75克
午点	苹果粥50克
晚餐	什锦炒面50~75克，萝卜排骨汤

鸡蓉豆腐

将煮熟的鸡肉捣碎，与豆腐泥用鸡蛋液调成糊状，加入少许盐，放到锅内炒熟即可。

苹果粥

将苹果切成小块儿与糯米一起煮成的稀粥，吃时加入少许糖。经常食用可以益气生津，润肺开胃，并可缓解便秘，防治宝宝消化不良。

什锦炒面

将面条煮成半熟，捞出沥干水分，将瘦肉丝、胡萝卜丝、鸡蛋丝、面条一起炒熟即可。其中的原料可随季节选用一些时令蔬菜。

2~3岁宝宝夏季1日食谱

时间	主食及用量
早餐	什锦小窝头25克，番茄汤面25～50克
中餐	炒小萝卜、凉拌豆腐，软饭50克
午点	扁豆薏米粥50克
晚餐	猪肉圆白菜馅饺子50克，麻酱拌黄瓜丝

扁豆薏米粥

用白扁豆、薏米和大米各50克，加水1000毫升的比例煮成，它具有健脾、止泻、预防中暑的作用，在夏季给宝宝食用很适宜。

2~3岁宝宝秋季1日食谱

时间	主食及用量
早餐	大米肉菜粥25～50克，芝麻小烧饼25克
中餐	烧茄合、鸡蛋汤，软饭50～75克
午点	什锦栗子粥50克
晚餐	果仁肉丝、胡萝卜丝汤，软饭50克

什锦栗子粥

将红豆、芸豆、大麦米、小米、大米加入栗子一起煮熟。宝宝可一次食入多种食物，有利于膳食的平衡。

维生素——不容忽视的助长因素

宝宝每天需要的各种维生素的数量虽然极少，但缺少了某一种维生素就会发生疾病。维生素A能够促进机体生长发育，缺乏会发生干眼症、夜盲症、皮肤和黏膜角化症、骨骼和牙釉质发育障碍；

2~3岁宝宝冬季1日食谱

时间	主食及用量
早餐	白菜肉卷25～50克，白薯粥25克
中餐	肉丝炒绿豆芽、白菜豆腐条汤，软饭50～75克
午点	蒸白薯100克
晚餐	猪肉胡萝卜馅小饺子25～50克，白米粥25克

白薯

含有较高的胡萝卜素，并有通便作用，冬季可常食用。不但可以蒸食，还可以炸或炒食。

维生素D可促使骨骼正常发育，缺乏会发生佝偻病和骨质软化症。鱼肝油以及动物肝脏、蛋、奶中含有较多的维生素A和维生素D；维生素B_1可增进食欲和促进生长发育，缺乏可发生“脚气病”，出现食欲减退、水肿、血压下降、抽搐和心力衰竭，吃糙米或粗面可以得到较多的维生素B_1；维生素B_2可促进身体的氧化过程，缺乏时可发生口角炎、舌炎、眼睛角膜浑浊或长期腹泻。肝脏、蛋、乳、肉、豆腐中含有较多维生素B_2，绿叶蔬菜中含少量维生素B_2，酵母中含量极高；维生素C功能很多，它能保护血管壁细胞，促进铁吸收，抗御传染病，维持牙齿、骨骼的健康，缺乏维生素C易发生贫血和坏血症，使机体抵抗力下降，易感染。新鲜的水果、蔬菜中都含有丰富的维生素C。

宝宝缺碘怎么办

由于碘在地球表面的分布不均匀，因此碘缺乏也具有地区性，如果宝宝缺碘，后果更为严重。碘缺乏最明显的症状是甲状腺肿大，也就是人们常说的“大脖子”病。在地方性甲状腺肿大流行的地区，宝宝常发生碘缺乏，严重的还会发生克汀病。这种病对宝宝有严重的长期不良影响，包括智能发育障碍、耳聋和聋哑、生长停滞、侏儒和精神异常等。在碘缺乏地区，建议使用碘盐进行有效的预防。缺碘宝宝可以选择含碘丰富的营养强化食品和营养补充品。但是，在非缺碘地区的宝宝通过食盐所摄入的碘已经能够满足机体需要，不应再额外使用碘强化食品和碘补充品，以免造成碘中毒。

宝宝为什么要补钙

有些宝宝的膳食组成以植物性食物为主，含钙量丰富的食物不多，植物性食物含磷较高导致钙磷比值不适当，不利于钙的吸收利用；同时植物性食物中存在较多的植酸、草酸等不利于钙吸收的因素，这就使本来含钙就偏低的膳食中的钙更不能被很好地吸收利用。如不改变膳食习惯，增加乳及乳制品的摄入量，单纯依靠食物来源，难以满足宝宝机体对钙的需要量。

奶类是含钙丰富的食品，所含的钙也容易被人体吸收。绿叶蔬菜含钙质较高，如油菜、雪里红、空心菜等，食后吸收也比较好，但蔬菜中的草酸与钙结合成草酸钙，影响钙的吸收，给孩子食用绿叶菜时，最好在洗净后用开水烫一下，这样可以去掉大部分草酸，有利于钙的吸收。豆类及豆制品含钙也比较丰富，每100克黄豆中含钙360毫克，每100克的豆皮含钙质284毫克。此外，芝麻酱含钙也较多。蛋白质可促进钙的吸收，所以还应多吃些富含蛋白质的食物，特别是动物性食物。

育儿专家在线

怎样为宝宝选零食?

❶选择零食的种类包括各类水果、面包、全麦饼干等，但量要少，质要精，花样要经常变化。还可以选择一些强化食品，如含铁、锌、钙类食品，但要根据宝宝的需要选择；❷掌握好宝宝吃零食的时间及合适的数量。可在每天中、晚饭之间或午睡后，给宝宝一些点心或水果，但量不要过多，约占每日总热量的10%~15%。切勿在饭前吃零食，否则影响正餐进食；❸少吃高糖、高脂肪、生冷的零食。太甜、太油腻的糕点、糖果、水果罐头和巧克力不宜经常作为宝宝的零食。冷饮和汽水不宜作为零食，更不能让宝宝多吃，否则易引起宝宝消化功能紊乱；❹选择零食要有计划，有控制，注意卫生。

为什么要给宝宝补铁

在以谷类及根茎类为主的膳食中，其铁的吸收率仅为5%左右，即使是含铁丰富的动物性食品中铁的吸收率也不过15%左右；同时膳食中还存在很多干扰铁吸收的因素，如磷酸盐、植酸等。如果宝宝有挑食和偏食等不良习惯，则更易导致缺铁性贫血的发生，尤其是6～24个月的婴幼儿中贫血的发病率比较高。通常的方法可在婴儿乳品、辅助食品等食物中强化铁，以预防婴幼儿的缺铁性贫血。常用的铁剂有硫酸亚铁、乳酸亚铁、葡萄糖酸亚铁、柠檬酸铁、富马酸铁铵等。也可采用猪血中提取的血红素铁作为强化铁源。

补铁也要讲科学

有很多年轻的父母随意给宝宝补铁，误认为补铁食品和药剂都是营养品，不管宝宝是否缺铁，吃了都有好处。其实，铁和其他微量元素一样，在人体内都有一定的含量和比例。当宝宝食物中已含有足够量的铁时，若再盲目补铁会造成宝宝体内含铁量过多，使铁、锌、铜等微量元素代谢在体内失去平衡，从而影响小肠对锌、铜等其他微量元素的吸收，使机体免疫功能降低，易遭受病菌感染。有些铁剂食品中含二价铁离子，当一次大量摄入后，可使血清中铁离子浓度明显增高，若超过血浆蛋白质的结合能力时，血液中的游离铁离子便会增加，可导致宝宝心肌受损、心力衰竭甚至休克。

◎锌与反复呼吸道感染和食欲异常的关系比较密切。孩子吃墙皮或泥土，可能是缺锌的表现。

宝宝缺锌有哪些表现

锌是体内许多酶的组成成分或酶的激活剂，缺锌可直接影响机体代谢，使宝宝的生长发育受到干扰。主要表现为：❶生长发育迟缓或停滞，骨骼发育障碍；❷口腔黏膜增生、角化不全和易于脱落，致使味觉下降，直接影响食欲，有的宝宝还会出现异食癖；❸机体抵抗力下降，创口愈合不良，增加了对感染性疾病的易感性。缺锌的宝宝由于体内蛋白质的合成少，身高明显低于正常儿童。如果宝宝有上述表现，应前往医院进行一次血的微量元素检查，重点是血锌水平的检查。

游戏时间

我是小柯南

玩法 妈妈为宝宝准备各式颜色、大小不同的篮子和球，将篮子一字排开，而将球散放在各个角落里。妈妈对宝宝说："将红色的球放进蓝色的大篮子中。"宝宝就会到处寻找红色的球，找到之后将球丢进蓝色的大篮子中。

游戏目的 可以锻炼宝宝对颜色的辨识能力。

宝宝缺乏维生素A怎么办

宝宝缺维生素A常表现为体格发育迟缓，皮肤干燥，角化脱屑，夜盲，眼结膜干燥，抵抗力下降，易患呼吸道和消化道感染性疾病。这时可以选择一些富含维生素A或胡萝卜素的食品，也可在医生的指导下，选择营养强化食品和营养补充剂，如鱼肝油等。

◎鱼肝油是一种维生素A和维生素D的混合物，在补充维生素A的同时也补充了维生素D。但注意不要过量。

宝宝缺乏维生素B_2怎么办

宝宝缺乏维生素B_2主要表现为眼、口腔和皮肤的炎症反应。眼部症状为结膜充血，角膜周围血管增生，睑缘炎、畏光、视物模糊、流泪。口腔症状为口角湿白、裂隙、疼痛、溃疡、唇肿胀，以及舌疼痛、肿胀、红斑及舌乳头萎缩。典型症状为全舌呈紫红色，中间出现红斑，如地图样变化，所以又称为"地图舌"。皮肤症状主要表现为一些皮脂分泌旺盛部位如鼻唇沟、下颌、眉间以及腹股沟等处皮脂分泌过多，出现黄色鳞片。维生素B_2缺乏还可干扰铁在体内的吸收、贮存及动员，加重铁缺乏，严重者可出现缺铁性贫血。预防的方法是：选择一些富含维生素B_2的食物或营养补充品和营养强化食品。

宝宝缺乏维生素C怎么办

维生素C又称抗坏血酸。如果从饮食中得到的维生素C不能满足需要，宝宝会缺乏维生素C，这可导致维生素C缺乏症，又称坏血病。坏血病的早期症状是倦怠、疲乏、急躁、呼吸急促、牙龈疼痛出血、伤口愈合不良、关节肌肉疼痛、易骨折等。典型症状为牙龈

肿胀出血、牙床溃烂、牙齿松动，毛细血管脆性增加。严重时可导致皮下、肌肉关节处血肿形成，出现贫血等症状。宝宝长期食用缺乏维生素C的食品可以引起坏血病，尤其需要特别重视。此时可选择一些富含维生素C的营养补充品和营养强化食品。

宝宝缺乏维生素B_1的危害

维生素B_1缺乏的初期症状主要有淡漠、疲乏、食欲差、恶心、急躁、腿麻木等症状。症状程度和性质与缺乏程度、急慢性有关。宝宝有维生素B_1缺乏症状时，可选择一些富含维生素B_1的营养补充品和营养强化食品。

宝宝缺乏维生素B_6的危害

维生素B_6缺乏对婴幼儿的影响比成人大。缺乏时宝宝出现烦躁、肌肉抽搐和惊厥、呕吐、腹痛及体重下降等。在这种情况下，可选择一些富含维生素B_6的营养补充品和营养强化食品。

育儿专家在线

吃菠菜能补血吗?

宝宝缺铁性贫血的发生率高，所以有些家长，很容易想到让孩子多吃些菠菜，以补充铁，防治贫血。其实，这种看法不完全正确，菠菜并非是婴幼儿的补铁佳品。铁是构成血红蛋白的主要物质，食用含铁量高的蔬菜，对防治缺铁性贫血是有好处的。科研数据表明，每100克绿色蔬菜中含铁量依次为：芹菜8.5毫克，香菜5.6毫克，菠菜1.8毫克，韭菜1.7毫克，油菜1.4毫克，可见菠菜含铁量并不很高，况且，菠菜中还含有大量的草酸，容易与铁结合成难以溶解的草酸铁，使菠菜中的铁的吸收率仅为1.3%。所以，吃菠菜能补血的说法并不科学。

维生素D中毒有哪些危害

有些父母害怕自己的宝宝患佝偻病，未去医院就诊，又弄不清维生素D正确的使用方法，就自己给宝宝乱用浓缩鱼肝油或其他维生素D制剂，并且认为是营养药，多用无害，以致造成宝宝服用维生素D过量。有些父母则把出牙晚、走路迟误认为佝偻病而给予维生素D治疗，结果导致维生素D中毒。轻度中毒宝宝会出现食欲减退、厌食、烦躁、哭闹、精神不振，并有恶心、呕吐、腹泻或便秘、烦渴、尿频、夜尿增多等症状。年龄大的宝宝会出现头痛；重度中毒可出现精神抑郁、运动失调、肾脏衰竭甚至死亡。长期慢性中毒会影响身体和智能的发育。

宝宝补充 营养素食谱

鸡蓉豆腐汤

适用宝宝：2岁起

材料

鸡脯肉50克、豆腐30克、玉米粒20克

调料

高汤100克，葱末、盐各少许

做法

1. 鸡脯肉洗净，剁碎，与玉米粒、高汤一同入锅煮沸。
2. 豆腐洗净捣碎，加入煮沸的高汤中，放入葱末和少许盐调味即可。

营养提示

宝宝在生长发育时，蛋白质及钙质的补充非常重要。豆腐和鸡蓉都是这两种营养素的最佳提供者，加上拥有粗纤维和抗氧化功能的玉米粒，营养价值很高。

油菜豆腐

适用宝宝：2岁起

材料

猪肉（或海米）10克、豆腐50克、油菜1棵

调料

植物油、葱末、姜末、盐各少许

做法

1. 猪肉（或海米）洗净，在热水中烫一下，切小薄片；油菜洗净，切成小段；豆腐洗净后切成厚片，用油煎黄。
2. 取油锅烧热，放入肉片（或海米）、葱末和姜末爆炒，下入豆腐、油菜段和少许水煸炒透后，放盐调味即可。

营养提示

油菜中含有的植物纤维素可以缩短食物在胃肠道中的停留时间；豆腐还可以补脾胃，改善宝宝食欲不振。

韭菜梗炒肉丝

适用宝宝：2岁起

材料

猪肥肉、韭菜各250克。

调料

植物油、盐、料酒各适量，葱末、姜末各少许。

做法

1. 猪肥肉洗净，切细丝；韭菜洗净，切长段备用。
2. 锅内倒油烧热后，下入肉丝煸炒至变色，加入葱末、姜末、料酒、盐搅拌均匀，投入韭菜翻炒至熟即可。

麻酱花卷

适用宝宝：2岁起

材料

面粉100克、酵母粉20克、芝麻酱50克、碱面3克

调料

盐、植物油各适量

做法

1. 将面粉放入盆内，加酵母粉、温水和匀，饧40分钟左右，酵面发起，加入碱面揉匀，然后让面醒5分钟。
2. 将芝麻酱放入碗内，加入水、盐、植物油拌匀待用。
3. 将发面团擀成长方片，抹匀芝麻酱，卷成卷，用刀切成六七个相等的段，然后将每两段摞起，拧成花卷。
4. 将花卷码入蒸锅内，用火蒸15分钟即熟。

糟香三丝

适用宝宝：2岁起

材料

莴笋100克、土豆1个、胡萝卜1根

调料

高汤、植物油、盐、糟卤、白糖、水淀粉、香油各适量

做法

1. 将莴笋、土豆、胡萝卜洗净，削皮，切成均匀的细丝。
2. 炒锅倒油烧热后放入三丝煸炒，加少许高汤、盐、糟卤和白糖，烧沸后用水淀粉勾芡，淋少许香油即可。

营养提示

此菜富含蛋白质、维生素、锌及胡萝卜素等，口味鲜香，味道独特。

育儿专家提醒

小儿常吃莴笋，对长牙、换牙也有好处。

鸡毛菜土豆汤

✓ 适用宝宝：2岁起

材料

鸡毛菜50克、土豆50克、肉末20克、奶油5克

调料

植物油、盐各少许，葱末、姜末各1小勺，红葡萄酒1小勺，香菜末适量

做法

1. 鸡毛菜洗净，切段；土豆去皮，洗净后切成小块；肉末与葱末、姜末用盐拌均匀。
2. 炒锅内加植物油烧热后，下入肉末炒散，加入少许红葡萄酒，下入土豆，混炒5分钟成土豆肉末。
3. 汤锅内加入奶油，溶化后下入土豆肉末，倒入适量水，煮沸后，转小火慢煮10分钟，然后放入鸡毛菜，加盐调味，出锅前撒香菜末即可。

营养提示

鸡毛菜是蔬菜中含矿物质和维生素最丰富的菜之一，它含有丰富的钙和维生素C，宝宝吃了对身体有益；土豆也是适合宝宝吃的食物之一。这个汤清淡爽口，很有营养。

香菇炒三片

✓ 适用宝宝：2岁起

材料

卷心菜、胡萝卜、山药各100克，香菇5朵

调料

植物油、盐各适量

做法

1. 香菇、卷心菜、胡萝卜、山药分别洗净切片。
2. 锅内倒油烧热，先炒香菇片，再放入卷心菜片、胡萝卜片、山药片炒熟，加入盐调味。

营养提示

山药能健脾、补肺、滋肾，宝宝可常吃。菌菜搭配，富含维生素C和胡萝卜素。

烂糊肉丝

✓ 适用宝宝：2岁起

材料

猪瘦肉200克、净白菜帮200克、水发海米30克

调料

植物油、高汤、水淀粉、盐、料酒各适量

做法

1. 净白菜帮切长丝；水发海米切末；猪瘦肉洗净切细丝，加入水淀粉、盐上浆，用热锅温油滑开。
2. 锅内倒油烧热，下入白菜丝、海米末煸炒，加入高汤焖透，再将滑过的肉丝放入拌匀，加入料酒、盐，淋入水淀粉搅成糊状，待熟即可。

胡萝卜玉米浓汤

适用宝宝：2岁起

材料

胡萝卜1根、玉米粒50克、红肠30克、黄油5克

调料

面粉、盐各少许

做法

1. 胡萝卜洗净煮熟，去皮，切成小丁；玉米粒洗净；红肠切片。
2. 炒锅内放入黄油烧至溶化时，放入面粉，炒至变色，加一勺温水慢慢搅开。
3. 将黄油面粉糊放入汤锅再加适量水拌开，放入玉米粒、胡萝卜丁和红肠，慢慢搅拌煮沸后，再焖煮3分钟，加盐调味即可。

营养提示

胡萝卜和玉米都是对这个阶段的宝宝非常重要的食物。这道淡淡的橘红色汤会让宝宝第一感觉就很好，另外混合了黄油、红肠的香气，味道浓郁，也很适合宝宝喝。

烩蔬菜五宝

适用宝宝：2岁起

材料

削皮荸荠200克，胡萝卜、土豆、蘑菇各100克，黑木耳10克

调料

植物油、盐各适量

做法

1. 胡萝卜、土豆分别洗净、削皮后切成片；荸荠切成片；蘑菇洗净切片；黑木耳用温水泡发后撕片。
2. 炒锅加油烧热，先炒胡萝卜片，再放入蘑菇片、土豆片、黑木耳片，炒熟后加适量盐、荸荠片即可。

营养提示

蘑菇健脑，荸荠清热抗病，黑木耳补血，胡萝卜中的胡萝卜素丰富，土豆有丰富的纤维素和维生素，组成了营养全面的儿童佳肴。

黄瓜炒鸡蛋

适用宝宝：2岁起

材料

黄瓜1根，鸡蛋2个，虾皮10克

调料

植物油、盐各少许，葱末1小勺

做法

1. 黄瓜洗净，切片；鸡蛋磕入碗中，搅拌均匀成蛋液；虾皮用温水洗过，沥干水分。
2. 锅内放油烧热后，倒入鸡蛋液，炒熟后盛出。
3. 再起油锅，烧热后下入葱末和虾皮略炒，放入黄瓜片，翻炒几下后，倒入炒好的鸡蛋，加盐，再炒几下即可。

营养提示

鸡蛋营养丰富，是毋庸置疑的健康营养食品；黄瓜含有糖类和苷类，并有多种游离氨基酸，是一款健康蔬菜。加入了虾皮的黄瓜炒鸡蛋，更是营养齐备。

莴笋炒肉丝

适用宝宝：2岁起

材料

猪瘦肉、莴笋各250克

调料

植物油、酱油、盐、葱末、姜末、水淀粉各适量

做法

1. 莴笋择去叶、削去皮，洗净切细丝；猪瘦肉洗净，切细丝，放入盆内，加入水淀粉、盐上浆，用热锅温油滑散捞出。
2. 锅内倒油烧热，下入葱末、姜末炝锅，放入莴笋煸炒至断生，加入肉丝搅拌均匀，再加酱油、盐及少许水，沸后用水淀粉勾芡即可。

营养提示

莴笋和肉丝中都富含蛋白质、脂肪、糖类，十分爽口、清香。

太阳肉

适用宝宝：2岁起

材料

猪绞肉150克、鸡蛋3个

调料

植物油、水淀粉、酱油、盐、葱末、姜末各适量

做法

1. 猪绞肉放入盆内，加入葱末、姜末、酱油、盐、水淀粉及水，搅拌均匀成馅。
2. 取3个小盘抹一层植物油，把猪绞肉均匀地放入3个盘内，摊开呈中间低、四周高形状，然后将鸡蛋分别磕入盘内绞肉上面，上笼用火蒸15分钟即可。

肉末番茄

适用宝宝：2岁起

材料

粉皮250克、猪瘦肉200克、番茄1个

调料

植物油、酱油、盐、葱末、姜末各适量

做法

1. 猪瘦肉洗净剁成碎末；番茄洗净，用开水烫一下，去皮、去子切小片；粉皮洗净切小片。
2. 锅内倒油烧热，下入葱末、姜末炝锅，再将肉末放入炒散，加入酱油、盐略炒，放入番茄炒几下，再放入粉皮，用大火快炒几下即可。

营养提示

猪肉中所含的锌，是宝宝智能发育不可缺少的元素；番茄被誉为蔬菜中的“维生素仓库”，维生素C和尼克酸的含量十分高。此菜能开胃消食、生津止渴。

咸蛋黄炒南瓜

适用宝宝：2岁起

材料

南瓜100克、咸鸭蛋黄2个（注意：蛋黄要黄色不要红色）

调料

植物油、盐各适量，米酒1小勺，葱末和姜末各少许

做法

1. 将咸鸭蛋黄和米酒放入小碗，上锅蒸熟取出，趁热用勺子碾散成蛋黄泥。
2. 南瓜去皮、去子，切成薄片。
3. 油锅烧热后，放入葱末和姜末爆香，加入南瓜煸炒3分钟后，下入蛋黄泥和少许盐，让南瓜沾匀即可。

营养提示

南瓜中含有丰富的锌，参与人体内核酸、蛋白质的合成，是肾上腺皮质激素的固有成分，为生长发育提供重要的物质；鸭蛋黄中各种矿物质的总量要高于鸡蛋，对骨骼发育十分有益，并能预防贫血。加入咸蛋黄煸炒后的南瓜口味咸香适宜，宝宝会很喜欢。

日常护理及保健必知

护理要点

*2～3岁的宝宝自我意识已经很强了，也开始了人生的第一个反抗期。父母要多让宝宝自主选择，多带宝宝出去玩，并且要给宝宝做好榜样，良好的生活习惯在这一时期会开始形成。

如何培养宝宝良好的卫生习惯

好的习惯要从小培养，只有从小培养的好习惯才能长久。因此，从小就要培养宝宝爱清洁、讲卫生的好习惯。宝宝长到18个月时，就可以教他自己来洗手洗脸。父母要耐心地告诉宝宝为什么早上起床后、晚上睡觉前要洗手洗脸，以及饭前便后为什么要洗手，跟他讲如果不讲卫生就会生病、肚子疼等。并且父母还要起到表率的作用，每次洗手洗脸时都要叫上孩子，督促孩子一起来洗手洗脸，并且可以互相监督。开始时，他可能会把衣服弄湿，水洒得到处都是，这时父母不要责备他，相反要表扬他，说“宝宝真乖，会自己洗手了”。只要持之以恒，宝宝就会形成良好的卫生习惯。

如何培养2岁宝宝的行为习惯

宝宝在1岁左右时，开始产生独立意识和自我意识。到2岁时，宝宝的独立意识和自我意识开始增强，开始从一个被动承受者向主动要求者转变，具有一定的表现欲。如果自己能够独立地完成一些任务，他会感到很自豪。这时，父母就要充分利用这个时机来培养他的独立性，让他多做一些力所能及的事情，如脱鞋袜、洗手脸、开关灯等。在这个阶段，父母需要充分关心和爱护宝宝，但不要过分溺

◎让宝宝做一些力所能及的事情，是发展宝宝智能和自立行为的好方法。

爱。如果对他百依百顺，就容易使他形成以“自我”为中心的个性，不利于形成良好的个性，对孩子未来的成长非常不利。此时，宝宝喜欢做一些大运动的游戏，父母可以让他与同龄的小朋友多在一起玩耍、做游戏，对宝宝的成长也非常有好处。

2岁的宝宝最喜欢什么运动

2岁时宝宝身体发育非常快，此时，宝宝能走、能跑、能跳，活动的空间空前扩大，单纯的室内运动已经不能够满足他的需要。因此，宝宝最喜欢到户外做一些大运动，如骑三轮车、荡秋千和滑滑梯等，这是这个年龄的宝宝最喜欢的三大运动。另外，男孩还喜欢踢球、掷球等游戏；女孩则喜欢踢毽子、掷沙包等游戏。通过这些运动，不但可以锻炼孩子的骨骼和肌肉，还能训练身体各个部分的灵活性和协调性。如果能够与同龄小朋友一起做这些游戏，还可以培养他的社交能力。

如何教2岁的宝宝学数数

宝宝到2岁左右，逐渐能理解数字与物体之间的对应关系，这时就可以有意识地教宝宝学数数了。学数数的方法有多种，并不是只有最简单的用嘴巴数“1、2、3、4、5”。只要把学数数和日常生活结合起来，你会发现许许多多的方法，在日常生活中可以在下楼梯时数台阶、在广场时数地砖、走在路上时数路边的小树，等等。有时，父母发现自己在数数时，宝宝却没有任何反应。这时父母一定要有耐心，要坚持下去。这样时间长了，孩子自然就学会数数了，总有一天他会给你一个意外的惊喜，可以让你自豪地说：“我的小宝宝竟然会数数了！”

育儿专家在线

为什么幼儿喜欢玩沙子？

许多父母都会发现，自己的小宝宝特别喜欢玩沙子，总爱在沙子上踩来踩去，不停地用手抓沙子，并在沙堆上掏洞。宝宝喜欢玩沙子是因为他的感知觉发育较早，而玩沙子正好可以满足其感知觉发育的需要，使他感到快乐，并能够促进这种感知觉的发育。干沙子有很好的流动性，而且沙质细腻，手感非常好，可以同时满足宝宝视觉和触觉的需要，给宝宝带来特别的感官刺激。而较湿的沙堆还有一定的可塑性，宝宝可以充分地发挥他的想象力和创造力。

如何教2岁的宝宝唱儿歌

宝宝长到2岁时，已经非常喜欢唱儿歌了，而且不再满足于1岁时那些简单的儿歌。此时宝宝通常喜欢欢快的幼儿歌曲，而且他们往往会再三要求重复听同一首或者他最喜欢的歌。这时母亲可以选1～2首宝宝感兴趣的幼儿歌曲，如《摇篮曲》、《小燕子》等。如果妈妈不能亲自教宝宝唱，可以给孩子放录音带，但最好能陪着宝宝一起唱，并进行适当的引导，同时还可以表现出与歌曲内容相适应的表情和神态。如果母亲能亲自教宝宝唱歌，就会使宝宝倍感亲切。对于一些发育较快或爱动的宝宝，此时甚至可以随歌起舞了。

如何教2岁的宝宝学外语

教幼儿学外语不能像教大人一样先认字母，再记单词，然后学习句子。教幼儿学习外语最有效的方法就是把它当作母语一样来教宝宝。如果父母会说外语，那么在日常生活中，就可以用外语同宝宝进行交谈。在教宝宝认识日常东西、看图学习时，可以用两种语言同时进行；教孩子唱儿歌时，可以教几首简单明快的外文儿歌。如果父母不会说外语，可以通过听磁带、看碟和收看幼儿外语节目等方式来给宝宝创造学习外语的条件。孩子学习外语常常是学得快，忘得也快，这没有什么关系。因为，外语语言的刺激已经印刻在脑细胞深处，等孩子长大以后再学习外语时，还是可以发挥很大作用的。

如何正确引导宝宝的嫉妒心理

为了防止嫉妒心理对宝宝身心健康造成的巨大危害，父母需要进行正确的引导工作：首先，要向宝宝说明嫉妒心理具有危害性，它不仅会对人的正常情绪产生不良影响，还会对身体健康产生危害；

游戏时间

做蝴蝶

玩法 妈妈用涂上颜色的绘画纸剪成蝴蝶，用铜丝将蝴蝶系好，并准备一根棉签、一只调好颜色的色盘，再教宝宝用棉签在色盘中吸上颜色，然后点在蝴蝶的大翅膀上，使之成为花蝴蝶，并将蝴蝶身上的铜丝系在小木棒上，让宝宝提到室外花丛中玩耍。

游戏目的 能够发展宝宝小肌肉的动作，培养手、眼协调，同时增强他的创造力。

◎儿童的思维方式是以自我为中心的，他们不会理性思考，嫉妒就成了一种自然的情感。他们的嫉妒表现得比较直接，在不同年龄的孩子身上，有不同的表现形式。

其次，要让孩子有自我认识的能力，能够更加全面地认识自己和他人。父母应该向孩子说明每个人都是有长处和不足的，让他认识到每个人的能力都是有限的，他不可能什么都比别人强，但他也有许多优点，在某些方面也比别人强，这样可以使宝宝找到心理上的平衡感，对克服嫉妒心理是非常有效的；再有，要激发孩子的自信心和竞争意识。父母不要当面责怪他不如别人，否则会伤害孩子的自尊心和自信心。应该多多鼓励孩子，让他认识到自己的力量，从而使嫉妒心理转化为前进的动力，这是消除宝宝嫉妒心理的最佳方式；最后，要培养宝宝形成活泼开朗、性情豁达、乐于助人的良好品质，这样就可以从源头消除嫉妒心理的产生，保证宝宝身心的健康发展。

育儿专家在线

为什么宝宝2岁还认生?

宝宝从6个月左右开始认生，父母以为宝宝长大了就会好起来，但有的孩子到了2岁左右，认生现象却越来越严重。宝宝出现这种现象的原因主要有两个：❶宝宝在家时，只和父母生活在一起，平时接触的人比较少，因此看到陌生人时会害怕；❷有些宝宝天生就比较敏感，外部环境稍微有点变化，他就会感到不适。对于第二种情况，父母除了要鼓励他多与别的小朋友一起玩耍，多表扬外，不必过于着急，更不要采取不恰当的教育方法，这样对宝宝的成长会产生不利的影响。

如何对待宝宝的反抗情绪

许多父母会发现在宝宝2岁半左右的时候，原先温顺听话的小宝宝突然变得倔强起来：不让他做的事他偏要做，不给他买的东西他哭着喊着偏要买等。这是因为2～3岁是孩子心理发展的平衡期，在这个时期他的自我意识很强，只要大人一干预他的行为，情绪变化就会特别大。心理学家称之为人生的“第一反抗期”，是幼儿独立性形成和个性成长的重要表现。

对幼儿的这种反抗情绪和行为，父母要以正确的方式进行处理：❶对不合理的行为和要求要进行耐心的说服和教育；❷当说服无效时，如果幼儿哭闹不止，可以任由他哭闹，就当什么事情都没发生，小孩哭闹一阵发现无人理他也就不再哭了；❸转移孩子的视线和兴趣。幼儿的注意力很容易被分散。另外，对于幼儿的合理要求，则应给予满足，这样既可以使小孩体会到父母的疼爱，还可以增强他的自尊心和自信心。

如何对宝宝进行性教育

幼儿期性教育的主要内容是让宝宝开始认识自己的性别，并初步进入自己的性别角色。小孩出生时，对自己的性别是一无所知的，他对自己性别的认识大约从1岁以后开始。首先是从父母那里逐渐认识到自己的性别，并且逐渐认识到和异性小朋友有差别，之后慢慢进入自己的性别角色。幼儿长到1岁以后，就能够理解父母的语言了，这时父母就可以教他认识身体的各个部位和简单的功能。其次，在日常生活中还可以通过衣服、举止来告诉宝宝他的性别角色，如对女孩说“妈妈的女儿真乖，穿上花衣服真漂亮”；对男孩则可以说“宝宝是个勇敢的小男孩，做事要大胆”。另外，还要教宝宝学会基本的生理卫生知识，如大小便之后要洗手，洗澡时要洗小屁股等。

◎幼儿认识自己的性器官，就如同认识眼睛、鼻子、嘴巴、手或脚一样平常，这种好奇和探索是他们认识自己和学习的一种方式。

如何正确对待宝宝的“性”行为

年幼的孩子有时会做出一些令人尴尬的“性”行为，如脱光衣服照镜子、蹲下来看异性小朋友的生殖器以及女孩子站着小便等。遇到这些问题时父母都会很困惑，奇怪孩子这么小怎么就会这样，也不知道该如何处理。其实，小孩子会这样做只是出于一种好奇的心理或是对别人行为的简单模仿。遇到这些情况时，父母既不要大惊小怪，也不要对他进行大声的训斥。正确的做法是采取一种自然而平静的方法及时加以制止，并向他解释这种做法不好，妈妈不喜欢他这样做。同时，在日常生活中，还可以向他介绍一些简单的生理卫生知识，这样就可以有效地避免这些行为的发生了。与此相反，如果父母采取强制方式进行处理，就有可能会进一步加重他的好奇心理或使他产生逆反心理，这样就会促使这些行为的再度发生。

育儿专家在线

为什么男孩也爱抱布娃娃？

有的妈妈看到男孩抱布娃娃会大惊小怪，并采取强制措施不让孩子抱，认为这样会影响他的性格。其实，柔软、可爱的布娃娃无论是对男孩子，还是对女孩子都是很好的玩具，他们照顾布娃娃，完全是由于他从父母这样对他的做法中感受到了舒服，因此也会施加给布娃娃。男孩玩布娃娃能体现出他的内心充满了爱意，特别是现在大部分的宝宝都是独生子女，这样的品质就显得更加可贵了。

Part 06

3~6岁

宝宝营养与护理

膳食多样化，智能开发要趁早

科学喂养与营养方案◆宝宝营养膳食配餐◆日常护理及保健必知

科学喂养与营养方案

喂养要点

*这个时期的宝宝大都爱运动，父母要在吃饭、穿衣方面多留心。平时多给孩子活动的机会，增强宝宝的身体素质。宝宝运动后一定注意不要着凉。还要保证宝宝充足的睡眠，提高宝宝的免疫力。宝宝生了病一定要镇静，及时就诊。

3~4岁宝宝的饮食特点

3～4岁宝宝的身高和体重较之前增长减慢，活泼好动，能量消耗大，易于饥饿，但胃容量较小，消化功能欠佳，宜增加进餐次数，可安排“三餐两点”的进食方式。宝宝的四肢骨骼增长快，对钙的需要量大。鱼和虾等海产品、绿叶菜及牛奶等含钙高，可以多吃点。三餐应以谷类为主，如面条、粥、馄饨、饺子等。同时，他们的乳牙已出齐，咀嚼固体食物能力增强，在两点中可以选小饼干加牛奶或蛋糕、蛋羹，也可根据季节加餐水果。此年龄段的孩子饮食营养要全面，且易于消化。他们不喜欢吃黑糊糊、油腻、滑溜的食物，如木耳、紫菜、海带、熘肝尖等；喜欢吃肉丸子、带馅食物及拌有肉、蔬菜煮的混合米饭。此外，他们还有些进餐特点，如喜欢用固定的餐具，坐固定的座位，按原来的进餐顺序进行，甚至还爱吃固定不变的饭菜。此阶段应开始注意培养孩子养成良好的进餐习惯。

3~4岁宝宝的膳食量和时间

3～4岁宝宝1日的膳食量：牛奶或豆浆250克；瘦肉40～50克；鸡蛋1个；动物肝或血25克；豆腐、豆制品25～50克；黄绿色蔬菜100克；其他蔬菜50～100克；水果50～100克；糖5～10克，烹调油5～10克，主食（粮谷类）150～200克。3～4岁孩子每日进餐次数和间隔时间：应根据孩子胃的消化能力、胃液分泌及胃的排空时间而定。一日三餐两点分配是：

7：30～8：00早饭；11：30～12：00午饭；2：30～3：00午点；5：30～6：00晚饭；晚7点以后吃一次点心。

怎样安排3~4岁宝宝的零食

对于3～4岁的宝宝来说，由于胃容量小，一日三餐不能完全满足其营养和能量的需要。正餐之外的零食可以说是他们膳食的一部分。安排零食的时间以不影响正餐为原则。3～4岁时，可在早餐后1.5～2小时、午餐后2～2.5小时安排零食，且量不宜过多。此阶段孩子乳牙已出齐，咀嚼能力较幼儿强，可选择可以直接食用的蔬菜，如黄瓜、番茄，自榨的纯果汁、含糖少的饼干、面包、蛋糕、煮熟的鸡蛋、牛奶、酸奶、豆浆、豆沙包、小花卷等，含糖量高的零食只能偶尔食用。对于坚果类（如花生、瓜子、开心果等）这个时期还应少给或不给，因为小食物有被误吞入气管的危险。

4~5岁宝宝的饮食特点

4～5岁宝宝活动范围加大，能量消耗随之增加，米和面等主食量应增加。咀嚼食物的能力进一步增强，胃容量也不断扩大，消化吸收能力开始向成人过渡，可逐渐由软食过渡到普通饭，可以开始与家人同餐，每日饮食安排以三餐一点为好。各种食物都可以选用，但仍注意不可多吃刺激性食物。对钙的需求量仍高，可以在早餐及睡前饮奶而增加钙的摄入。孩子在此时开始表现出有“食欲”，因此家长应为孩子准备色、香、味、形综合一体的饭菜。此时期，他们仍不喜欢吃滑溜溜、黏糊糊的菜，有些不喜欢吃切得太长的菜叶、菜茎，这时可以通过改变烹调方法，并采用启发诱导和鼓励的办法，尽可能让孩子多吃各种各样的食物，定时、定量、定点进餐，避免暴饮暴食、饥饱不均等坏习惯。

◎为了吸引孩子吃饭的兴趣，可以将餐饭的颜色搭配得鲜艳、亮丽一点。

育儿专家在线

宝宝每天吃几个鸡蛋合适？

鸡蛋是一种营养丰富的食品，但鸡蛋不是吃得越多越好，过多反而会带来一些不良作用：鸡蛋中的胆固醇大量摄入会造成血胆固醇过高；造成营养过剩而导致肥胖；还会增加肝脏与肾脏的负担。从营养学的观点看，宝宝一般每天吃1～2个鸡蛋比较合适，不仅能保证平衡膳食，满足机体需要，而且又不致营养过剩。

4~5岁宝宝每日的膳食量

主食如米饭、面食等175～250克，荤菜应食蛋1个，鱼、肉、肝类100～150克，牛奶或豆浆200～250克，水果1～2个，蔬菜、鲜豆100～200克，外加豆腐或豆制品50～100克。除主餐外，可于下午加点心1次，以补充能量不足。

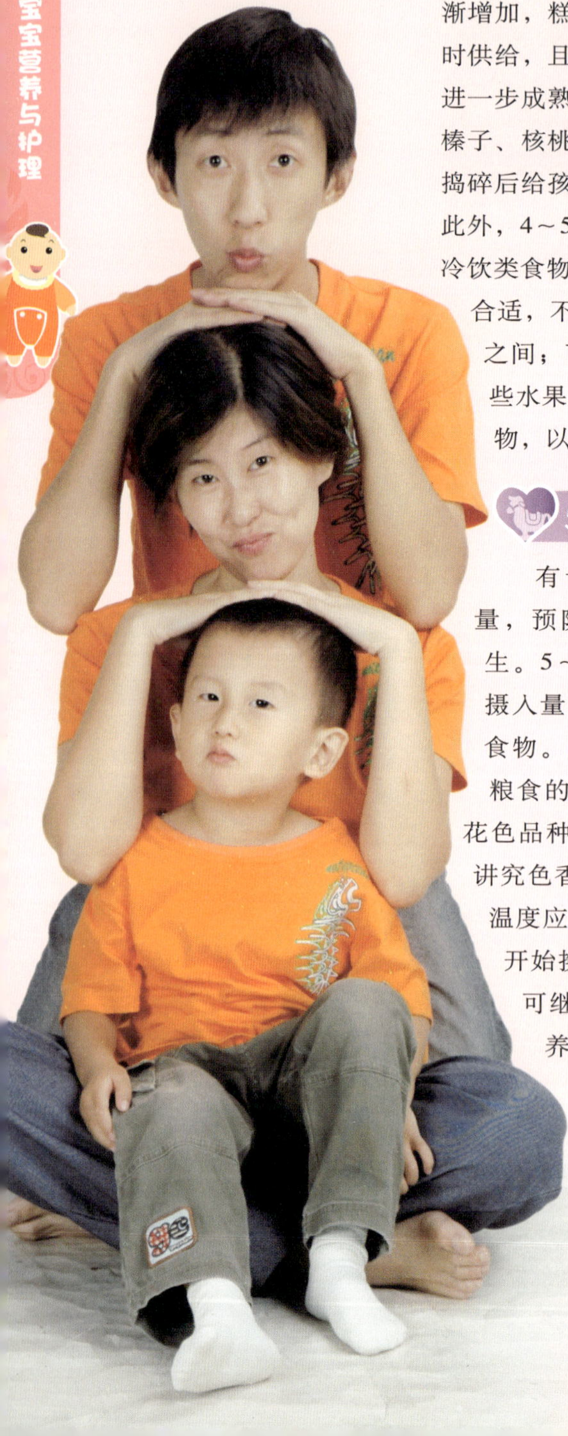

怎样安排4~5岁宝宝的零食

4～5岁的宝宝，随着胃容积的增大，一次进食量也逐渐增加，糕点、饼干这类供能的小点心，只需在下午加餐时供给，且分量应适当减少。宝宝的咀嚼和吞咽协调功能进一步成熟，可以增加干果类（如花生、瓜子、开心果、榛子、核桃等）零食。为防止误吞入气管，应将这些食物捣碎后给孩子食用。牛奶和水果还是可以每天适量供应。此外，4～5岁的宝宝自己会挑选零食了，尤其爱吃油炸和冷饮类食物，这些只能有节制地给予。零食的时间安排要合适，不应影响主餐的进食量，一般上午安排在早午饭之间；下午宜在午睡后；晚饭后睡前1～2小时适当吃些水果。但睡觉前要清洁口腔，且不宜吃难消化的食物，以免影响睡眠。

5~6岁宝宝的饮食特点

有专家建议孩子在5岁时应开始减少脂肪摄取量，预防日后肥胖症、糖尿病以及心血管疾病的发生。5～6岁宝宝应进一步增加米、面等能量食物的摄入量，各种食物都可选用，但仍不宜多食刺激性食物。此阶段孩子饮食与成人饮食比较，仅主食中粗食的摄取量较少。当然，还是要注意膳食平衡，花色品种多样化，荤素菜搭配及粗细粮交替。烹调需讲究色香味，以引起孩子的兴趣，促进食欲。食品的温度应适宜，软硬适中易为幼儿接受。6岁左右孩子开始换牙，所以仍要注意钙与其他矿物质的补充，可继续在早餐及睡前让孩子喝牛奶。在不影响营养摄入的前提下，可以让孩子有挑选食物的自由。此外，仍应继续培养孩子形成良好的饮食习惯，讲究饮食卫生，与成人同餐时不需家长照顾等好习惯。此阶段如饮食安排不当易患如缺铁性贫血、锌缺乏症、维生素A缺乏、营养不良及肥胖症等营养性疾病。

怎样安排5~6岁宝宝的零食

对于5～6岁的孩子来说，一日三餐成为营养摄入的主要来源。在保持膳食平衡的原则下，除水果、奶类、豆类及坚果类等营养性零食每天可在餐后、睡前适量供给外，应逐步让孩子养成少吃或不吃零食的习惯。

怎样培养宝宝养成细嚼慢咽的好习惯

细嚼慢咽对于保护宝宝牙齿和牙周组织的健康、促进颌骨的发育以及帮助消化吸收、增进身体健康大有益处。家长应经常提醒宝宝细嚼慢咽，给宝宝讲吃东西细嚼慢咽的好处。还可和孩子一起探讨各种食物的味道，有的饭越嚼越香，有的食物先咸后甜，有的先甜后苦，等等，让宝宝通过细细咀嚼体味食物的味道，培养细嚼慢咽的好习惯。吃饭过急常常和宝宝性格有关，因此，可以让孩子玩一些“穿珠子”、“数数碗中的小豆豆”等有助于培养耐心的游戏。有些宝宝因为在婴幼儿期吸食、吃流质食物较多而导致咀嚼肌不发达，影响了咀嚼功能，因此，待宝宝牙齿长齐后，家长可给一些较为坚硬的食物，如花生仁、核桃仁等颗粒较大的坚果，苹果、香蕉等水果，胡萝卜、莲藕等根菜类及藻类食物，这些都需要牙齿用力嚼才可以咽下，无形中让宝宝形成了食物进口即用力嚼的习惯。

游戏时间

拼小人

玩法 妈妈给宝宝一张具有脸的外形而缺少五官的图画，同时准备相应的眼睛、眉毛、鼻子、耳朵、嘴和头发等小画片。妈妈先进行讲解和示范，然后让宝宝将五官拼到相应的部位。如果宝宝贴对了，要给予鼓励；如果宝宝贴错了，就要耐心教会他认识自己的脸部器官，明确位置，再来一次。

游戏目的 能锻炼宝宝的手指灵活性，并培养他的观察力和想象力。

宝宝营养膳食配餐

什锦蛋丝

适用宝宝：3岁起

材料

鸡蛋2个、青椒50克、干香菇5克、胡萝卜50克

调料

植物油、盐、水淀粉、香油各适量

做法

1. 先将蛋清、蛋黄分别打入两个盛器内，打散后加入少许水淀粉搅匀。
2. 将蛋清、蛋黄分别放入涂油的方盘中，入锅隔水蒸熟。
3. 将蒸熟的蛋清、蛋黄取出后冷却，分别切成蛋白丝和蛋黄丝。
4. 干香菇用温水浸泡变软，切丝；青椒洗净，去蒂及子，切丝；胡萝卜洗净，切成丝。
5. 炒锅中加油，放入胡萝卜丝、香菇丝和青椒丝煸炒至熟，放入蛋白丝和蛋黄丝，加入盐翻炒均匀，淋入香油即可。

营养提示

鸡蛋含有丰富的组氨酸、卵磷脂、脑磷脂，都是大脑和神经发育不可缺少的营养素；胡萝卜、香菇中的维生素和微量元素丰富；青椒中维生素C丰富，有利于铁和锌的吸收。

牛奶蛋花麦片粥

适用宝宝：3岁起

材料

牛奶250毫升、麦片25克、鸡蛋1个

做法

1. 将牛奶放入锅内煮沸；鸡蛋磕开打散。
2. 将牛奶锅中加入麦片搅动至麦片变稠。
3. 淋入蛋液，待开锅即可。

营养提示

牛奶中含有丰富的蛋白质、维生素及钙、钾、镁等矿物质；燕麦中的磷、铁、钙等矿物质的含量在所有粮食作物中居首位；鸡蛋含有丰富的蛋白质、脂肪、维生素和矿物质。三者搭配，做法简单又营养不可多得，是宝宝十分喜爱的食物哦！

虾味鸡

适用宝宝：3岁起

材料

鸡脯肉100克、鲜虾仁50克

调料

盐、料酒、干淀粉、植物油各适量

做法

1. 虾仁去沙线，洗净后剁碎，加盐、料酒拌匀腌一会儿；鸡脯肉加盐和料酒腌一下，片成大片。
2. 往鸡脯肉上扑点干淀粉，将虾仁碎粒抹在鸡脯肉上，放入热油锅中用小火炸至金黄色后取出沥干油，将大片切成条状即可。

营养提示

这道菜是典型的高蛋白、低脂肪的高营养食物，因为二者的肉质都很细腻，宝宝吃起来也很容易入口。

育儿专家提醒

妈妈需要注意的是千万不要因为宝宝喜欢就经常做给他吃，这个菜缺少蔬菜，如果经常吃，会让身体缺乏维生素、纤维素等，从而引起营养不良！妈妈们一定要变着花样给宝宝做更多的东西吃，以平衡身体的营养。

奶酪三明治

适用宝宝：3岁起

材料

面包片2片，奶酪、火腿各1片、千岛酱适量

做法

1. 将面包片的硬边切去。
2. 在两片面包片中间夹上奶酪及火腿。
3. 在面包片、奶酪片、火腿片之间抹上千岛酱。

营养提示

奶酪，是牛奶“浓缩”的精华，1公斤奶酪等于浓缩10公斤牛奶的精华。奶酪中有丰富的蛋白质、B族维生素、钙和多种有利于人体的微量营养成分，是最有营养价值的奶制品，适合生长发育旺盛的宝宝食用。

育儿专家提醒

妈妈可以在三明治中加入蔬菜，颜色好看且营养更丰富了！

番茄沙丁鱼丸

✓ 适用宝宝：3岁起

材料

沙丁鱼150克、鸡蛋1个、切碎的番茄、干淀粉15克

调料

植物油、肉汤、番茄酱各适量

做法

1. 沙丁鱼洗净后去皮、刺，放入碗中研碎。
2. 沙丁鱼末中加入鸡蛋液和干淀粉混合，做成丸子后放油锅内炸熟，捞出沥干油。
3. 把切碎的番茄放入肉汤内煮，加入番茄酱调味，再将炸好的肉丸子放入肉汤内煮沸即可。

营养提示

沙丁鱼富含磷脂、蛋白质和钙，是促进宝宝大脑发育的良好食品。蕃茄汁沙丁鱼味道鲜美，营养丰富，鱼肉白白的，配上红色的番茄酱，看上去令人非常有食欲。

菜心蛋花汤

✓ 适用宝宝：3岁起

材料

油菜心50克、鸡蛋1个

调料

肉汤、盐各适量

做法

1. 油菜心洗净切段；鸡蛋磕入碗中打散。
2. 肉汤加适量水烧沸，放入油菜心及少量盐，水沸后淋入蛋液，待水再次沸后即可。

营养提示

蛋黄中含有较多的胆固醇及卵磷脂，这两种营养物质都是神经系统正常发育所必需的。

煮豆腐

✓ 适用宝宝：3岁起

材料

鸡脯肉1块，豆腐1块，虾仁2个，菜花、泡发黑木耳各少许

调料

植物油、高汤、料酒、盐、姜片、酱油各适量

做法

1. 虾仁洗净去沙线；鸡脯肉洗净，切薄块；豆腐洗净，切小块；菜花洗净，切小朵，焯烫后晾凉；黑木耳洗净，切丝。
2. 锅内倒油烧热，下姜片、虾仁、鸡脯肉、豆腐、菜花、黑木耳翻炒，加入高汤和其他调味料煮3分钟即可。

营养提示

豆腐富含钙质、锰、磷、铁和维生素E，所以，妈妈要记得多给宝宝做豆腐吃。

肉丝豆腐干蒜苗

适用宝宝：3岁起

材料

蒜苗200克，猪瘦肉、豆腐干各50克

调料

植物油、酱油、盐、姜丝各适量

做法

1. 猪肉洗净，切丝；蒜苗择洗干净，切成3厘米长的段；豆腐干切成丝。
2. 锅内倒油烧热，下蒜苗翻炒，再放入姜丝、肉丝、酱油同炒，熟后盛出。
3. 锅内再倒油烧热，放入豆腐丝翻炒，再将已炒好的肉丝、蒜苗及盐放入，炒熟即可。

营养提示

蒜苗有帮助消化和杀菌的作用，有利于健康。宝宝食用此菜除供给生长所需的营养素外，还可防病保健康。这个时期的宝宝已经能懂大人的话，不再是混沌的小魔王了，可以给孩子讲食物的功效，告诉孩子有利于健康，孩子就会好好吃饭了。

绞肉胡萝卜炖豆腐

适用宝宝：3岁起

材料

豆腐、胡萝卜各200克，猪绞肉125克，蒜苗100克

调料

植物油、盐、酱油、葱花各适量

做法

1. 豆腐洗净，切成1.5厘米见方的小丁；胡萝卜洗净，切成1厘米长的段；蒜苗择洗干净，切成1厘米长的段。
2. 锅内倒油烧热，煸炒绞肉后放入葱花、酱油，炒出香味后，放入胡萝卜继续炒，待胡萝卜炒熟后，加入豆腐和水（以漫过豆腐为度）。待豆腐炖至涨发入味后，加入蒜苗、盐即可。

营养提示

这道菜色红、绿、白，极美观，味鲜美，营养丰富。

育儿专家提醒

胡萝卜、蒜苗要烧烂；豆腐要炖透，防止把豆腐弄碎。如果胡萝卜擦丝炒，宝宝吃后更易消化。

豆芽炒肉丝

适用宝宝：3岁起

材料

猪瘦肉、绿豆芽各250克

调料

植物油、水淀粉、盐、醋、葱丝、姜丝各适量

做法

1. 绿豆芽择洗干净，沥干；猪瘦肉洗净，切细丝，加适量水淀粉、盐拌匀，用热锅温油滑散，炒熟后捞出。
2. 锅内倒油烧热，爆香葱丝、姜丝，放入绿豆芽煸炒至断生，加入肉丝翻炒均匀，加入盐、醋，翻炒几下即可。

营养提示

豆制品中蛋白质含量为30%~40%，比各种瘦肉、牛奶、鱼类都多。有人将豆制品比喻为“植物肉”，其蛋白质的质与量均可与动物蛋白相媲美。宝宝生长发育所需的9种必需氨基酸豆类中都有。

蘑菇鱼肚

适用宝宝：3岁起

材料

鱼肚100克、蘑菇150克、油菜1棵

调料

葱末、姜末各1小勺，盐、白糖、料酒、蚝油、香油各少许，高汤50克

做法

1. 蘑菇洗净，撕成小块；鱼肚用温水浸软，洗净，挤干水，切块；油菜洗净，切段。
2. 锅内放水，煮沸后放入葱末、姜末、鱼肚和蘑菇，略煮5分钟后，捞出晾凉备用。
3. 起油锅爆香葱末、姜末后，放入蘑菇、鱼肚、油菜段以及料酒、蚝油、白糖、盐、高汤等煨20分钟左右，淋上香油即可。

营养提示

鱼肚性味甘平，能健脾养血、补肾益气；蘑菇含有多种维生素和丰富的钙、铁等矿物质，都能给宝宝提供成长所需要的营养物质。而这道菜最难得的是，味道特别鲜，吃起来口感很不错。

沙锅鸭血豆腐

适用宝宝：3岁起

材料

豆腐60克，熟鸭血50克，猪瘦肉、胡萝卜各20克，水发黑木耳10克

调料

高汤、葱花、水淀粉、香油、酱油、盐、料酒各适量

做法

1 豆腐、熟鸭血洗净，切成条；猪瘦肉、胡萝卜、木耳分别洗净切丝。

2 沙锅内加入高汤，放入所有材料，煮沸后撇去浮沫，加入酱油、盐、料酒，改小火慢炖，最后加入香油、葱花，用水淀粉勾芡即可。

金银蛋饺

适用宝宝：3岁起

材料

猪瘦肉300克、猪肥肉100克、鸡蛋5个

调料

水淀粉、盐、葱末、姜末各适量

做法

1 鸡蛋磕破，把蛋清、蛋黄分别打入两个碗内，加水淀粉、盐搅匀；瘦肉洗净剁成末，用葱末、姜末、盐调味成馅。

2 烧热炒锅，用生肥肉在炒锅内擦一下，取1勺蛋清倒入炒锅内，推成小圆蛋皮，加上瘦肉末包成蛋饺，共做成15个。用同样方法做15个蛋黄蛋饺。

3 二色蛋饺入蒸锅蒸10分钟取出，摆在盘中；用水淀粉勾成白色卤汁，浇在蛋饺上即可。

孩儿参炖排骨

适用宝宝：3岁起

材料

猪排骨500克、孩儿参1根

调料

盐、料酒各适量

做法

1 猪排骨洗净，切块，焯水，捞出沥干。

2 孩儿参洗净，泡15分钟，用小刀在参背上切小痕。

3 将排骨、孩儿参、料酒、盐放入沙锅，大火烧沸后，再用小火炖60分钟即可。

营养提示

妈妈不要谈参色变，以为宝宝什么参都不能碰。孩儿参又名“太子参”，对儿童来说，较为平和。用它来炖排骨，滋味醇厚，味道很不错，而且太子参有“补气”的功效，可用于先天性体弱儿童的调理和滋补。

育儿专家提醒

给宝宝炖滋补汤，忌放葱、姜、花椒等作料，因为这类作料可能会与补品的药性相冲。

Part.06 3~6岁宝宝营养与护理

日常护理及保健必知

护理要点

*3～6岁的宝宝开始进入了学龄前期。这时候的宝宝与外界的接触更加广泛了，模仿性强，能用语言和简单的文字进行学习和交流。这时候他们可以听懂家长的话，父母平时可以多加强引导和启发教育。

3~6岁宝宝如何做好口腔保健

2岁开始要教会宝宝刷牙，3岁时要养成坚持每天早晚刷牙，餐后用清水或茶水漱口的习惯。让孩子掌握正确的刷牙方法非常重要，会受益终生。竖刷法和画圆圈法是常推荐的刷牙方法：采用画圈法刷咬合面；刷内外侧时，刷毛与牙面呈45°角，刷毛指向牙龈方向；刷上牙时，从上往下刷，刷下牙时，从下往上刷。上、下、左、右、唇、舌各面均要刷到，每个部位反复10次，每次刷牙2～3分钟。到6岁时，孩子就能自己刷牙了，但家长仍要进行监督。牙刷要选择适合儿童口腔大小，刷毛软、刷头圆钝的儿童保健牙刷，这种牙刷不会损伤牙体硬组织和牙龈，而且在口腔转动灵活，可以刷到牙齿的各个部位，有效清除牙菌斑。家长要经常检查儿童的牙刷，发现牙刷毛外翻时，应及时更换。

◎此阶段宝宝要做好口腔保健，预防龋病的发生，有利于防止成年后患龋病，受益一生。

育儿专家在线

孩子怕黑怎么办？

3岁的孩子由于认知能力增强，通过成人行为、语言以及电视、图书的影响，逐渐知道害怕和恐惧，同时他们想象力丰富，与现实又分不清楚，在黑暗中易于把恐惧扩大化。父母可以让孩子自己描述恐惧怕黑的原因，针对原因或是害怕的事物，借用讲故事或者做游戏等形式来引导，告诉孩子真实的情况，提高对自然现象或事物的认识。

3~6岁宝宝如何做好眼保健

宝宝从3岁开始会比以前有更长的看书、画画等近距离作业时间，要让宝宝从这一阶段开始就养成良好的用眼习惯，坐姿端正，眼睛距书本1尺左右，每次20分钟为宜。如看电视，应根据房间的大小选择合适尺寸的电视；人与电视的距离应在电视5～7倍对角线以外；时间为每次20分钟左右。4、5岁后可以经常让孩子向远处眺望，引导他努力辨认远处的一个目标，这样有利于眼部肌肉的放松，预防近视眼的发生。一般应每6个月至1年为宝宝做一次视力检查，注意监测视力发育状况，发现异常及时矫治。3～6岁孩子活动增多，要谨防扎伤、烧伤和异物损伤等眼外伤的发生。斜视的最佳治疗时期也在这一阶段，要争取早发现早治疗。

晚间怎样哄宝宝睡觉

宝宝不肯按时入睡有许多原因：喜欢玩或看电视，怕黑，担心自己不能醒过来，害怕一个人睡觉，想让妈妈在身边关照他等。因此，哄宝宝睡觉要有的放矢。

◎宝宝打哈欠是困倦的表现之一。培养孩子有规律的睡眠习惯是促使孩子容易入睡的好办法。

若宝宝在睡前精力十足而不愿早睡，那么家长在白天应有意识地增加他的活动量，让他有疲劳感，但也不要让孩子白天玩得太累，这样他也不容易入睡。要避免睡前吃得过饱或过少，胃肠不适或饥饿都会影响入睡。睡前不要做剧烈活动，可以让他读书，听音乐或讲故事给他听，而使其放松下来。有必要时家长可陪孩子一起上床入睡（也可轻轻地抚摸他的背），这样就可以减轻他的焦虑，让孩子安心、愉快，在妈妈甜美的催眠曲下，安安稳稳地入睡。

3岁宝宝会说谎吗

宝宝一般在3岁前是不会说谎的。3岁的宝宝对认识外界事物越来越感兴趣，且想象力丰富，他们往往分不清现实与愿望、想象的区别，常常把想象当成现实，将愿望当作事实，“谎话”由此而生了。这样的“大话”并不算真正的说谎。比如一个孩子明明没有芭比娃娃，但为了在小朋友面前炫耀自己，却说自己有好几个芭比娃娃，而且绘声绘色。此外，孩子由于记忆不准确，经历过的事情往往记不全、记不清，回忆时便会用想象的内容代替记忆中不确切的内容，比如孩子到过动物园，看见猴子吃香蕉，记成看见黑熊吃香蕉，妈妈给他指出错误，他还是坚持看见黑熊吃香蕉了，实际是记错了，而不是说谎。因此，家长对这类“无意谎话”，切不可当成“有意谎话”，从而责怪打骂孩子。

如何对待“有意说谎”的宝宝

有些四五岁的孩子有时会为逃避一些事情而有意说谎。如由于在幼儿园被老师批评了、受小朋友欺负了或是不敢参加一些活动，为了逃避去幼儿园而说“自己生病了”。这时，家长应先耐心地问清楚孩子讲谎话的真正原因，并及时帮助他解决。对“犯错”的孩子，许多家长都采取责骂教育方式。但殊不知孩子为了避免责骂而易倾向于首先选择用“谎话”保护自己。他要么“全盘否认”，极力辩解说不是自己的错误；要么“避重就轻”，只承认一部分错误；或者“嫁祸他人”。因此，切莫采取这种方式对待犯错的孩子。另外，作为孩子最初的模仿对象，家长的说谎行为，包括所谓的权宜之计，都会成为孩子说谎话的模板。如妈妈接到一个电话邀请她外出，而妈妈不想去，就推说家里有事。孩子看到这种行为，就会觉得说谎是对的。所以，当孩子遇到类似的情况就可能会说谎。因此，家长务必以身作则。

怎样给宝宝更多的自信心

自信是成功的一半，从小树立孩子的自信心对他以后的成长将有着莫大的帮助。家长应注意发现孩子的优点，表扬孩子的每一项成绩，用爱抚的微笑、物质奖励和赞许的话来鼓励孩子；重视和保护孩子的自尊心，多赞许，少责备，避免损伤孩子的自尊心，使之产生自卑感，而丧失自信心；给予恰当的期望和比较，相信孩子的能力并放手让他做力所能及的事情，让孩子从成功的喜悦和成就感中获得自信心；同时，家长也应在孩子面前表现得自信、乐观，给孩子作个好榜样。

育儿专家在线

是否要给宝宝准备一套百科全书?

常听家长们说：“现在书店里的儿童图书琳琅满目，我们该为孩子选择哪些图书较合适呢？”在此，建议各位家长给孩子准备一套百科全书。百科全书中蕴涵着丰富的知识，内容全面，这些知识可供孩子根据自己的兴趣爱好或需要，进行阅读、探索、感知和了解。在引导孩子阅读图书过程中，可有意识地教孩子学习阅读技能，帮助孩子养成良好的阅读习惯，从而提高孩子的阅读能力。此外，孩子从书中获得的知识，往往喜欢在日常生活中实践和运用，或加以验证。这样，又进一步培养了孩子探索的积极性和创造能力。

怎样对待不安静的宝宝

大多数宝宝不安静是一种自然现象，因为他们精力旺盛、个性活泼且好动。对于不安静的宝宝，应该多了解他，适当地加以指导，比如：鼓励宝宝的安静行为，用口头表扬、鼓励等强化方法逐步培养他们养成能静坐、能集中注意力学习和做事的习惯。而不应采取粗暴、歧视、冷淡、责骂、惩罚等措施，这样做会造成宝宝的反抗心理，会使宝宝更加不安静。部分宝宝由于从小娇生惯养，平常在家里什么事都不必动手，一旦进入需要自己动手的幼儿园集体生活后，就无法适应。父母应该严格管教这种宝宝。有些则是心智发育得过迟，不能完全听懂老师的话，以致产生不专心、不安静的行为。有的是头部曾受过外伤或有精神异常等，这种宝宝光靠家庭管教是不够的，必须借助儿科或精神科医生的治疗才能治好。

宝宝不安静并不能代表宝宝有多动症，妈妈一定要区别对待，并耐心教导宝宝，让她安静下来。

宝宝为什么不愿意上幼儿园

1 不适应与家人分开，缺乏安全感。如果对陌生环境感到害怕，宝宝就会产生失落、焦虑与不知所措的感觉。因此家长要坚持接送，勤与教师交流，及时发现和解决问题。妈妈要多给宝宝鼓励与表扬，培养其自理能力；2 不适应集体生活。宝宝在幼儿园必须遵守纪律，想吃点心、玩玩具都得排队，宝宝觉得在幼儿园限制太多不好玩；3 跟不上集体生活的节奏。集体生活无法满足每个宝宝的需求，如果宝宝跟不上幼儿园生活会产生挫折感，出现心理压力，一到幼儿园就紧张；4 人际交往受到挫折。宝宝都喜欢和很多小朋友一起玩，然而，真的去了幼儿园后，如果被其他小朋友欺负、排挤，宝宝就可能不想去了。

游戏时间

拍球

玩法 妈妈带领宝宝站在活动室或院子的中央，妈妈先做示范，然后给宝宝一个球，让他练习拍打，开始可能掌握不好，可连续拍几次，在妈妈的指导和帮助下会逐步学会控球。拍球动作可上、下午各练习一次，连续进行一段时间。

游戏目的 帮助宝宝活动全身肌肉和练习手部平衡动作。

为什么宝宝在幼儿园没有好朋友

宝宝由于各种原因，可能会出现孤僻、不合群的现象，表现为交往能力低下。总结起来有几点原因：①怕生，羞于交往。有的宝宝在进幼儿园之前在家里很少有小伙伴，面对的都是自己的亲人，突然进园面对众多的小朋友，一时难以适应；②优越感。有些宝宝家里条件优越，到了幼儿园，自我感觉与众不同，往往不愿意与条件不如他的小朋友玩；③要赖。宝宝不肯参加集体活动，多是态度问题。有些宝宝要求得不到满足时就耍赖，就闹情绪，不愿与其他小朋友一起活动；④娇惯及自理能力差。有些宝宝在家被宠惯了，一切以“自我”为中心。在幼儿园，他们觉得没有在家自由、舒适，于是对集体生活和其他小朋友没有兴趣。家长应通过询问宝宝及与幼儿园的老师沟通，找出宝宝在幼儿园不合群的原因，有针对性地给予解决。

如何让宝宝习惯上幼儿园

刚开始进幼儿园时，许多宝宝都会不习惯，或哭泣不已，或大吵大闹。如何避免这种情况呢？首先，要让宝宝做好心理准备。如幼儿园有游戏，但时间是有限制的。不要将幼儿园描述得过于理想，如果现实与理想的差距很大，就会使宝宝产生失落感，从而引发哭闹等行为；其次，家长态度要坚决，宝宝进园后，家长马上离开，不要在幼儿园逗留。高高兴兴地送、高高兴兴地离开，才是明智之举；再次，为了减少宝宝刚入园时的恐惧心理，在第一个星期可以稍微早点接宝宝，让他感受到父母并没有忘记他。回家路上，最好多与宝宝交流，询问他在幼儿园进行了哪些有趣的活动，分享他的快乐，使他从内心感受到被爱。最后，就是父母应积极地与老师沟通联系，了解宝宝在幼儿园时的状况，及时帮宝宝解决在园内遇到的问题，轻松度过入园的过渡阶段。

Part 07

0~6岁

宝宝成长发育功能食谱

用美食为宝宝成长加油

益智健脑◆补铁、锌、钙◆增强免疫力◆提高记忆力◆开胃消食◆控制体重

益智健脑

婴儿期是脑细胞迅速发育的高峰期，为促进脑部发育，除了保证足够的母乳外，还需要妈妈给宝宝添加健脑食物，全面补充营养，为宝宝的未来打好基础。常见的益智健脑食物有：

鱼类：鱼肉中富含丰富的蛋白质及不饱和脂肪酸、钙、铁、维生素B_{12}等成分，是脑细胞发育的必需营养物质。

蛋类：蛋黄中的卵磷脂是宝宝大脑发育不可缺少的物质。

蔬菜、水果及干果：富含维生素，对提升宝宝大脑功能的灵敏度、大脑活力均起到一定的作用。

动物的脑、心、肝和肾：这些食物均含有丰富的蛋白质、脂类等物质，是脑发育所必需的物质。

大豆及其制品：富含优质的植物蛋白质，对大脑发育十分有益。

推荐食谱

猪肝泥

适用宝宝：7个月起

材料

鲜猪肝100克

做法

1. 猪肝去筋膜，洗净，放入锅内，加水煮。
2. 煮熟后将其切成小块，并研碎成泥。
3. 加入温开水调整干稠度即可。

育儿专家提醒

猪肝中富含蛋白质、卵磷脂和微量元素，有利于宝宝的智力和身体发育。制作前最好把猪肝先用水冲洗10分钟，再浸泡30分钟，筋膜除干净，否则不宜食用。

菠萝三文鱼

✓ 适用宝宝：1岁起

材料

挪威净三文鱼肉500克、青椒适量

调料

植物油、盐、番茄酱、干淀粉、鸡蛋黄、葱末、姜末、料酒各适量

做法

1. 将去骨带皮鱼肉片切成约1.5厘米厚，2厘米宽，剞十字花刀，花刀的深度为鱼肉的2/3，然后用葱末、姜末、料酒、盐腌渍；取出鱼肉，用鸡蛋黄浆好，再拍上干淀粉。
2. 青椒洗净，去蒂及子，切成小段，入沸水中焯熟。
3. 将整理成形的鱼肉下入油锅中炸至金黄色，出锅沥油，摆入盘中，拌入青椒段，淋上番茄酱即可。

育儿专家提醒

三文鱼是著名的冷水鱼，产自北欧冰冷的水域中，DHA含量十分丰富，它对宝宝神经系统及视网膜健康发育有很大帮助。“吃鱼让小孩变聪明”的说法确实是有科学依据的。

牛奶蛋

✓ 适用宝宝：1岁起

材料

鸡蛋1个、牛奶200克

调料

白糖适量

做法

1. 鸡蛋磕入碗中，把蛋黄、蛋清分开，蛋清打至起泡待用。
2. 锅内加入牛奶、蛋黄和白糖，搅合均匀，用小火煮一会儿，再用勺子一勺一勺地把打好的蛋清放入牛奶蛋黄锅内，稍煮即可。

育儿专家提醒

与母乳相比，每100毫升牛奶所含的脂肪、热量与母乳相近，蛋白质含量却高出近2倍，含人体全部必需氨基酸。鸡蛋虽营养丰富，但钙相对不足。奶类与鸡蛋搭配可实现营养互补，促进大脑、骨骼的发育。

为了适应宝宝的消化功能和蛋白质需要量，此菜应加水稀释，以降低蛋白质浓度。

推荐食谱

雪菜炒鲜鱿鱼丝

适用宝宝：1岁起

材料

雪菜100克、鲜鱿鱼300克、粉丝50克、姜丝少许

调料

生抽、料酒各1勺，加少许香油配成腌料；蚝油1/2勺、白糖1勺、清汤1.5杯，加少许香油配成调味料；植物油适量

做法

1. 雪菜用清水洗净，切小粒；粉丝用清水浸透，切段；鲜鱿鱼洗净，剞上花纹，切块，加入姜丝、腌料拌匀。
2. 将植物油放入锅中烧热，放入雪菜炒透，加入调味料、粉丝，加盖同煮5分钟；将鱿鱼放入锅中煮至熟即可。

育儿专家提醒

鱿鱼中含有较多的牛磺酸，对宝宝的大脑发育很有益处。而且作为一种海产品，鱿鱼鲜嫩美味，很受孩子们的喜爱。

韭菜炒羊肝

适用宝宝：1岁起

材料

韭菜100克、羊肝120克

调料

植物油、盐、料酒各适量

做法

1. 将韭菜洗净，切小段。
2. 羊肝洗净，去筋膜，切片，用盐、料酒腌渍。
3. 起锅加油烧热，倒入羊肝，大火快炒，加入韭菜炒熟，加盐调味即可。

育儿专家提醒

羊肝性味甘平，益于补血、益肝、明目；韭菜味甘辛，性温，能温中开胃，主要含有挥发油、硫化物、甙类、蛋白质及钙、磷、铁等成分。二者同食，也是健脑的佳品。

果仁黑芝麻糊

✓适用宝宝：1岁起

材料

炒熟的黑芝麻150克、炒熟的花生仁80克、核桃仁80克、松子仁40克、冰糖20克、牛奶200毫升

做法

1. 把黑芝麻和所有果仁拌匀，倒入搅拌机中打成果仁黑芝麻碎。
2. 将果仁黑芝麻碎和牛奶倒入锅中，用大火烧沸，改小火慢熬20分钟左右，直至浓稠，加冰糖即可。

育儿专家提醒

黑芝麻、花生仁、核桃仁、松子仁有丰富的蛋白质及各种微量元素，脂肪、热量、钙等多种营养素，高于优质动物性食物，特别是硬果类食物所含的脂肪是由不饱和脂肪酸组成的，是构成脑组织的重要物质，并可为脑组织的活动提供能源，是天然的健脑食品。

豆腐鱼头汤

✓适用宝宝：1.5岁起，生病时遵医嘱，不能随便吃

材料

鲢鱼头1个、豆腐50克

调料

葱末、姜末各1小勺，植物油、盐、料酒各适量

做法

1. 鲢鱼头洗净，去鳃，切成四块；豆腐冲洗后，切成小块。
2. 起油锅，下入葱末、姜末爆香，入鱼头、料酒煸炒后，加入适量水和豆腐，盖上锅盖，大火煮沸后，转小火焖煮15分钟，熟后加盐调味即可。

育儿专家提醒

豆腐含钙量较多，而鲢鱼中含维生素D，二者合吃，可发挥营养素的联动作用，使人体对钙的吸收率提高很多倍。吃点鱼头豆腐汤，能让宝宝健脑养心，补充体力，提高灵活性和适应力。

补铁、锌、钙

铁是血红素的主要成分，因此，如果补铁不足，宝宝6个月至2岁容易发生缺铁性贫血，还会影响指甲的生长。所以在宝宝6个月以后，应添加富含铁质丰富的食物，奶粉中的铁质也可以增加人体铁的吸收。锌是参与体内新陈代谢的众多酶的重要组成部分，一旦缺乏就会影响身体的很多生理功能，会造成宝宝发育不良、免疫力下降等。而钙是一种矿物质，对宝宝身体的生长发育十分重要，特别是对骨骼、肌肉和牙齿的发育。因此，对于0～3岁的宝宝，除了在医生的指导下补充维生素D和钙剂外，还要在饮食上多加注意。

含铁丰富的食物有：牛肉、鸡、动物肝脏、红枣、豆类、红糖、蛋黄、菠菜等。

含锌丰富的食物有：牛肉、猪肉、动物肝脏、禽蛋、鱼虾、香菇、银耳、花生、豆制品等。

含钙丰富的食物有：牛奶、酸奶、豆制品、虾皮、紫菜、蔬菜等。

推荐食谱

金苹果公主

适用宝宝：1岁起

材料

苹果1个、炸蔬菜粉(可用普通面包粉、淀粉代替)适量、鸡蛋1个

调料

植物油、白糖各适量

做法

1. 苹果去皮、核，洗净，切丁；鸡蛋磕入碗中，加入炸蔬菜粉，打成糊，放少许白糖、苹果丁搅拌，做成苹果糊丸子。
2. 起油锅烧至四成热，放入苹果糊丸子，用小火炸至金黄即可。

育儿专家提醒

苹果中含有丰富的锌，有“记忆之果”的美称，对宝宝的生长发育和智力发育皆有好处，可经常食用。

推荐食谱

醋焖酥鱼

适用宝宝：2岁起

材料

鲫鱼2条（中等大小）

调料

植物油、醋、姜片、蒜瓣、盐、大料、生抽、老抽、料酒、面粉、白糖各适量

做法

1 将宰杀好的鲫鱼清洗干净，沥干水，在鱼身上拍些面粉；炒锅烧热，放少量油，将鱼一条条地煎好。

2 将煎好的鱼放在高压锅里，放姜片、蒜瓣、大料，再加入盐、生抽、老抽、料酒、一点点白糖及足量的醋。

3 加水，盖上盖子，加阀，起气后10分钟左右转小火，炖40～60分钟即可。

育儿专家提醒

鲫鱼是营养丰富的鱼类，但小刺较多，不十分适合幼儿食用。但本菜将鱼刺炖酥，可连刺一起吃。既避免了刺多的缺点，酥软的鱼刺还可为孩子增加钙质。最关键的地方是要多放醋，不用担心味道太酸，醋有助于鱼刺酥软。

糖水樱桃

适用宝宝：6个月起

材料

樱桃100克

调料

白糖适量

做法

1 樱桃洗净，去蒂、核，放入锅内，加入适量白糖及水，煮沸后再用小火煮15分钟。

2 捞出锅中樱桃，捣烂，倒入小杯中，加入适量沸水，稍凉后即可。

育儿专家提醒

樱桃含有丰富的铁、钙、胡萝卜素和维生素B、维生素C等多种营养素，含铁量比苹果、橘子高20倍以上，居各种水果之首，是补铁、钙的佳品。

蛋花虾肝面

适用宝宝：10个月起

材料

细面条50克，熟鸡肝、鲜虾、菠菜各10克，鸡蛋1个，鸡汤适量

做法

1 菠菜洗净，在沸水中焯一下，捞出切碎；鸡肝洗净，剁成泥；虾用水浸泡后挑去沙线，去皮、头，洗净，剁成泥。

2 鸡蛋打入碗中，打散搅匀。

3 鸡汤入锅烧沸后下入面条煮熟；把鸡蛋液淋入锅中，再下入鸡肝、虾肉泥、菠菜，边煮边搅拌，煮熟即可关火，捞出，把面条弄成小段后即可喂食。

推荐食谱

豌豆奶酪烘鸡蛋

✓ 适用宝宝：3岁起

材料

鸡蛋1个、洋葱50克、嫩豌豆20克、咸肉5克、溶化的奶酪20克

调料

植物油、盐各适量

做法

1 洋葱洗净，切成片；豌豆用沸水焯过，切成丝；咸肉洗净切成片。

2 将平底锅烧热后放入咸肉小火干炒，至咸肉出油为止，再加少许油，放入洋葱翻炒，待洋葱呈透明色时，加豌豆炒，加盐调味。

3 将上述菜装入耐热的盘中，中间留出凹陷，磕入鸡蛋，鸡蛋周围浇入奶酪，上面用锡纸封口后置于烤面包炉中，将鸡蛋烤成半熟状。

育儿专家提醒

吃较少的奶酪就可以补充较多的钙质，对于饭量相对较小的孩子补钙非常适合。如果孩子不喜欢吃半生的鸡蛋，可以将鸡蛋烤成全熟状。

鸡汤汆牡蛎

✓ 适用宝宝：3岁起

材料

牡蛎肉、鲜牛肉、猪里脊肉各100克，老母鸡半只

调料

料酒、生抽、盐各适量

做法

1 母鸡洗净后，割下鸡脯肉；其余鸡肉切四块，与洗净后切大片的牛肉、猪里脊肉加料酒、生抽、盐，装一盆中，加清水1000毫升，上笼屉用大火蒸3小时取出，去肉取汤，撇浮沫，滤去杂质。

2 鸡脯肉剁成蓉，加适量清水与盐抓匀，捏成几个小圆球，与鸡汤下锅煮5分钟，捞出，鸡汤用净纱布过滤后待用。

3 牡蛎肉洗净，盛入漏勺内，用沸水焯至八成熟取出，装在碗中，加料酒拌匀腌渍后沥干，盛入汤碗，放入鸡蓉球，加入鸡汤稍浸，再将汤汁滗净。

4 将鸡汤下锅煮沸，加生抽调匀，浇在汤碗中的牡蛎鸡蓉球上即可。

育儿专家提醒

牡蛎在常见食物中含锌最为丰富，是补锌的佳品。但牡蛎的味道很多宝宝不能接受，所以，用鸡汤汆过后，可以去除一部分让宝宝不喜欢的味道。

推荐食谱

蛋黄菠菜土豆泥

适用宝宝：7个月起

材料

土豆100克、熟鸡蛋黄10克、菠菜25克

做法

1. 将土豆去皮，洗净，切成小块，放入锅内，加入适量的水煮烂，盛入碗内，用汤勺捣成泥状。
2. 将熟鸡蛋黄捣碎。
3. 菠菜洗净，用沸水焯后，切碎，用纱布过滤其汁。
4. 将土豆泥加入菠菜汁、熟鸡蛋黄，搅拌均匀后即可。

育儿专家提醒

此菜含有丰富的蛋白质、脂肪、糖类、钙、磷、铁、钾及维生素A、维生素B、维生素C等多种营养素。可以将各种颜色的水果屑撒在上面吸引宝宝的食欲！

虾仁鸡蛋粥

适用宝宝：8个月起

材料

鲜虾仁、大米各100克，鸡蛋1个

调料

蔬菜碎、盐、葱花各适量

做法

1. 虾仁去沙线后洗净，用沸水焯一下，去除腥味，用餐巾纸蘸去虾仁上的水。
2. 大米淘洗干净，锅中加适量水，煮至半熟时，加入虾仁和蔬菜碎。
3. 鸡蛋磕入碗中搅匀，待粥全熟时，再淋入鸡蛋液，快速搅匀，放入少许盐和葱花调味即可。

育儿专家提醒

虾仁含有不饱和脂肪酸，有利于促进大脑基质细胞的发育，还可以补充钙、锌等微量元素。给宝宝做虾，最好用鲜虾剥去外壳，不要用市场上的水发虾仁。

增强免疫力

要增强宝宝的免疫力，主要注意以下几个方面：①加强护理，注意个人卫生。妈妈要给宝宝创造一个良好的生活环境。护理要精细，如勤洗澡、换衣、洗手等，保证宝宝的个人卫生；②衣服的增减要适宜。妈妈要根据不同季节、气候的变化为宝宝增减衣服，预防感冒、发烧等疾病的侵袭；③加强体育锻炼。妈妈要带宝宝进行户外活动，多晒太阳，还可以给宝宝按摩、做健身操等；④营养要全面、均衡。全面、均衡的营养是保证宝宝正常发育、健康成长的前提条件，它可以增强宝宝的体质，提高宝宝的免疫力和抗病能力。多吃富含蛋白质、维生素A、维生素C、维生素E、B族维生素及矿物质的食物，是增强宝宝免疫力的营养基础。

◎适当的户外运动不仅可以让宝宝的身体得到锻炼，还可以增强抗病力。

推荐食谱

胡萝卜汁

✓ 适用宝宝：4个月起

材料

胡萝卜1根

调料

香油适量

做法

1. 胡萝卜洗净，去皮，切块。
2. 将胡萝卜块放入榨汁机中榨成汁。
3. 将胡萝卜汁倒入锅中，烧热后加入香油即可。

育儿专家提醒

胡萝卜含大量胡萝卜素，所以呈黄红色。胡萝卜素在人体内可转化为维生素A，维生素A能促进脑发育，如儿童长期缺乏维生素A，可导致智力下降。此汁可增强宝宝机体免疫力，提高宝宝智力水平。

推荐食谱

鸡架杂菜丝汤

适用宝宝：1岁起

材料

鸡架1个，油菜、圆白菜、紫甘蓝各20克

调料

葱、姜、盐各适量

做法

1. 将原料洗净，葱切段，姜切片，各种菜切丝。
2. 鸡架放入锅中，加水淹没鸡架，放入葱段、姜片熬煮，撇去上面的油，加入适量盐，放入菜丝，煮软即可。

育儿专家提醒

圆白菜含有抗氧化的营养素，可以抗衰老，提高人体免疫力，还可增进食欲，促进消化，预防便秘。宝宝吃了可以增进食欲，爸爸、妈妈、爷爷、奶奶吃了可以增强抵抗力，延缓衰老，是全家人都适宜的蔬菜。

虾仁蘑菇粥

适用宝宝：10个月起

材料

虾仁150克，鲜蘑菇100克，红枣2枚，花生仁6粒，小米、大米各50克

调料

盐适量

做法

1. 虾仁洗净，去沙线，用水焯后沥干水，切成细丁；鲜蘑菇去蒂，用水焯后切成碎丁；红枣用水泡涨后去核；大米、小米泡洗净。
2. 小米、大米、花生仁、红枣淘洗干净后，入锅，加适量水，煮至半熟时加虾仁、蘑菇，待全部煮熟时，加入盐即可。

育儿专家提醒

这道粥能补锌、钙、铁及不饱和脂肪酸，有益于增强宝宝机体免疫力。

荠菜米粥

适用宝宝：6个月起

材料

荠菜100克、小米50克

做法

1. 荠菜切除根部后剥开，洗净并切成小段；小米洗净备用。
2. 将小米倒入沸水中煮约10分钟，加入荠菜煮熟即可。

育儿专家提醒

荠菜中富含的钙质，对牙齿和骨骼的生长有促进作用，它还有排毒、防止便秘、减肥轻身的功能，能提高婴幼儿免疫力。

推荐食谱

绿豆地瓜糖水

适用宝宝：2岁起

材料

绿豆20克、地瓜（红薯）50克

调料

白糖少许

做法

1. 绿豆洗净后，入锅加水用大火煮沸，捞去豆皮，然后转小火焖煮。
2. 将地瓜洗净去皮，切成小块，放入绿豆汤中，转中火一起煮10分钟左右。
3. 喝时酌情加白糖即可。

育儿专家提醒

地瓜中含有丰富的维生素A、维生素C和B族维生素，还有大量的纤维素，可以提高宝宝的免疫力，还能防止便秘。此汤最好趁热喝，凉了不仅会破坏味道，而且对胃不好。容易胀气的宝宝也不宜多食。

山药麦片粥

适用宝宝：9个月起

材料

大米50克，山药、麦片各30克，枸杞子少许

做法

1. 大米淘洗干净后，沥干水；山药洗净，去皮，切小丁；枸杞子洗净备用。
2. 锅中加水煮沸，放入大米、山药、麦片、枸杞子续煮至滚时稍搅拌，改中小火熬煮30分钟即成。

育儿专家提醒

枸杞子能补血明目，给宝宝一双明亮的眼睛；山药可促进食欲，提高宝宝的免疫力。

豆腐蒸蛋

适用宝宝：8个月起

材料

内酯豆腐1盒、鸡蛋1个、胡萝卜1/2根、鲜香菇4个

调料

葱、盐、植物油各适量

做法

1. 豆腐洗净，捞出沥干水分，捣成碎末；胡萝卜、香菇和葱分别洗净并切成碎末。
2. 把鸡蛋打入碗中并搅拌均匀。
3. 将豆腐及各种碎末一并放入碗中，再次搅拌均匀后，加入盐、适量植物油，置于锅中清蒸，锅开后15分钟即可起锅食用。

推荐食谱

萝卜排骨汤

✓ 适用宝宝：1岁起

材料

猪肋排、白萝卜各250克

调料

姜片、盐各适量

做法

1. 猪肋排洗净，剁块，用沸水焯烫一下，用水冲洗去浮沫；白萝卜洗净，切滚刀块备用。
2. 锅内倒水，放入排骨块、姜片，烧沸，然后放入白萝卜块，再次烧沸后，转小火煮至汤微沸，炖煮30分钟后，加盐调味即可。

育儿专家提醒

白萝卜含丰富的维生素C和微量元素锌，有助于增强机体的免疫功能，提高宝宝抗病能力。

鸭舌粥

✓ 适用宝宝：3岁起

材料

大米50克、鸭舌5个

调料

盐少许

做法

1. 鸭舌洗净后切碎。
2. 大米洗净后泡1个小时。
3. 锅内加少许水煮沸后，放入大米及浸米的水，然后放入鸭舌末，慢火煲成粥，加盐调味即可。

育儿专家提醒

鸭舌富含蛋白质、B族维生素和磷、铁、硒等微量元素，经常食用可达到增强体质的目的，还能提高宝宝机体的抵抗力和免疫力。

提高记忆力

记忆是知识的宝库，记忆力好，智力才能不断发展，才能更好地学习和获得经验。提高记忆力除靠积极的锻炼和掌握记忆的规律外，关键还在于为大脑提供充足的营养，如优质蛋白质、卵磷脂、氨基酸、维生素、钙、钠、镁矿物质等，从而促进大脑的细胞代谢，提高大脑活力，延缓脑功能衰退，从而达到提高记忆力的目的。据科学试验证明，能够提高记忆力的食物有：橘子、苹果、鱼类、玉米、花生、小米、大米、牛奶等，这些食物能够发展人的智力和记忆力，使人的精神更加集中，思维更加敏捷。

推荐食谱

苹果沙拉

适用宝宝：1.5岁起

材料

苹果50克、葡萄干5克、橙子1瓣、酸奶酪15克

做法

1. 将苹果去皮、核，切成块；葡萄干泡软；橙子去皮、子，然后切小碎丁。
2. 用酸奶酪将各种水果原料拌匀即可。

育儿专家提醒

新鲜的水果富含维生素C，而且味道甜美，是孩子补充维生素C的好食物。苹果不但含有多种维生素、无机盐和糖类等组成大脑所必需的营养成分，而且含有丰富的锌，可增强宝宝的记忆力。因此，常吃这些水果对宝宝的健康和智力大有好处。

推荐食谱

三色鱼丸

✓ 适用宝宝：2岁起

材料

鱼肉100克，胡萝卜、青椒各25克，水发黑木耳5克，鸡蛋清20克

调料

植物油、鲜汤、葱、姜、料酒、盐、干淀粉、水淀粉、香油各适量

做法

1. 将葱、姜洗净拍碎，一部分泡入适量水中成葱姜水；另一部分切成末。
2. 鱼肉洗净，剁成蓉，加入鸡蛋清、盐、葱姜水、部分鲜汤、干淀粉，朝一个方向搅拌均匀，用手挤成小丸子，放入沸水锅内，焯熟捞出；胡萝卜、青椒洗净，切成小方丁；黑木耳洗净，去蒂，撕小朵。
3. 锅放油烧热，放葱末、姜末炝锅，放青椒丁、胡萝卜丁、木耳，加鲜汤、盐、料酒炖至熟时，下入鱼丸，用水淀粉勾芡，淋入香油即可。

大米苹果粥

✓ 适用宝宝：1岁起

材料

苹果、大米各150克

调料

白糖、水淀粉、桂花卤各适量

做法

1. 苹果冲洗干净，削去果皮，对剖成两半，剔去果核，用刀切成丁。
2. 大米洗净，用水浸泡至发涨。
3. 锅中倒水，大火烧沸后加入大米、苹果，再沸后改用小火慢煮。
4. 待大米煮至开花后加入白糖、桂花卤，用水淀粉勾薄芡即可。

橘糊

适用宝宝：6个月起

材料

橘子2个

做法

1 橘子剥去皮，再把内皮剥去。

2 然后放入容器内捣碎即可。

育儿专家提醒

橘子是增强记忆的好食物，它含有大量维生素A、维生素B_1和维生素C，属于典型的碱性食物，可以消除大量酸性食物对神经系统造成的危害。

鲤鱼海带粥

适用宝宝：1岁起

材料

鲤鱼肉100克，海带、豆腐、胡萝卜、小米、大米各50克

调料

葱花、盐各适量

做法

1 鲤鱼肉去刺、皮，洗净，用沸水焯后剁成蓉；海带泡发洗净，上锅蒸10分钟，取出切成碎丁；豆腐洗净，用沸水焯后，捣碎；胡萝卜去皮，洗净，切碎。

2 小米、大米淘洗干净，入锅，加入适量水，放入鲤鱼肉蓉、海带、豆腐、胡萝卜、葱花搅匀，煮熟后，放入少许盐即可。

育儿专家提醒

这道菜可以增加多不饱和脂肪酸、碘、钙、膳食纤维等营养素，有助于宝宝大脑发育，增强记忆力。

推荐食谱

豆腐蛋汤

适用宝宝：1岁起

材料

豆腐200克、番茄1个、鸡蛋1个

调料

鲜汤、盐、香油各适量

做法

1 豆腐洗净，切菱形小片，用沸水焯一下，捞出沥干；番茄洗净，用沸水焯烫，去皮，切小片；鸡蛋磕入碗内，打散。

2 锅内放入鲜汤、豆腐、番茄、盐，烧沸后，将鸡蛋淋入汤内，再淋上香油即可。

育儿专家提醒

豆腐内含有丰富的卵磷脂，能使血管畅通，血液可以毫无阻碍地供给大脑，能帮助宝宝改善记忆力，提高思维、反应速度和联想力。

虾球大米粥

适用宝宝：1岁起

材料

鲜虾150克，大米、糯米各50克

调料

盐、白糖、淀粉、葱粒各适量

做法

1 鲜虾去壳，除去沙线，加适量白糖和盐腌20分钟左右，沥干水，再加淀粉拌匀。

2 大米和糯米洗净，放入水锅中，大火煮沸后用小火继续煮。

3 粥煮熟时，将虾仁入锅，沸后加入适量盐、葱粒即可。

育儿专家提醒

鲜虾中的氨基酸比例合适，适于宝宝的身体吸收，能补充大脑中的多不饱和脂肪酸，提高宝宝记忆力。

开胃消食

一些宝宝长到2～3岁的时候，开始对食物的色彩、味道、形状、温度等有了自我主张，对于食物的喜好也在不断改变，开始表现出挑食、偏食，甚至不爱吃饭的现象。家长对于宝宝吃得太少或不吃很焦虑，主要是担心宝宝营养不良、长得比别的宝宝瘦小。为了让宝宝好好吃饭，家长要在饭菜的制作上下工夫，要通过食物的色彩、味道、形状来吸引宝宝，还一定要培养宝宝良好的饮食习惯。另外，有些宝宝虽然吃得很多，但常常出现消化不良的现象，主要症状为拉黄绿色稀便，有时伴有发烧、腹胀等症状。消化不良与季节、温度、宝宝的情绪等都有很大关系。一旦宝宝出现消化不良的症状，首先要调配好饮食，限制进食的数量，多喝白开水，并在饮食的制作上以开胃消食为原则，让宝宝爱上吃饭，营养好吸收。

◎要让宝宝爱上吃饭，不但要掌握好宝宝的饮食规律，而且要用特殊饮食调养好宝宝的脾胃。

推荐食谱

扁豆枣肉糕

适用宝宝：1岁起

材料

白扁豆、薏米、山药、芡实、莲子、白糖各100克，红枣肉200克，糯米粉700克

做法

1. 将除糯米粉、白糖之外的所有材料焙干，研成粉末。
2. 粉末与糯米粉、白糖加水和匀，蒸糕或做饼食。

育儿专家提醒

白扁豆健脾化湿，和中消食；芡实、莲子补脾止泻；糯米健脾利湿；山药补肺肾，补脾止泻。

推荐食谱

糯米莲子糕

适用宝宝：1岁起

材料

糯米500克、莲子250克、葡萄干50克

调料

白糖适量

做法

1 莲子洗净，用清水泡发，去心；糯米洗净备用；葡萄干洗净。

2 将莲子、糯米放入锅内，加适量水煮至熟烂，捞出后晾凉，捣成泥，加入葡萄干和少量水，入碗中隔水蒸熟。

3 凉后置干净的案板上压平，切成块状，装盘，上面撒上白糖即可。

育儿专家提醒

糯米为温补强壮食品，有补中益气、健脾养胃、止虚汗之功效，对脾胃虚寒、食欲不佳及腹胀、腹泻有一定作用。可将熟莲子嵌入莲糕上，更可增加宝宝食欲。

锅巴健脾散

适用宝宝：1.5岁起

材料

小米锅巴150克、去心莲子100克、去皮山药120克、砂仁10克

做法

1 将莲子、山药洗净，蒸熟焙黄备用。

2 将莲子、山药同小米锅巴、砂仁一起研为粉末，用沸水冲服即可。

育儿专家提醒

小米锅巴含有糖类、脂肪、蛋白质、维生素A、B族维生素及钙、钾、铁、镁等矿物质，营养丰富、香脆可口。本品适宜于郁结壅滞小儿厌食、食积腹痛者食用。

鲤鱼豆豉汤

适用宝宝：1.5岁起

材料

鲤鱼100克、豆豉30克

调料

姜片、陈皮、盐各适量

做法

1 将鲤鱼洗净，去鳞、去内脏，备用。

2 将鲤鱼、豆豉、姜片、陈皮一起放入沙锅内，加入适量水，煮成汤后加盐调味即可。

育儿专家提醒

鲤鱼不仅蛋白质含量高，而且质量也佳，人体消化吸收率可达96%，并能供给人体必需的氨基酸、矿物质、维生素A和维生素D；豆豉中含有多种营养素，可以改善胃肠道菌群，常吃豆豉可帮助消化，预防疾病。

推荐食谱

消食脆饼

适用宝宝：1岁起

材料

鸡内金1~2个、面粉100克

调料

盐、芝麻各适量

做法

1. 将鸡内金洗净晒干或用小火焙干，研末备用。
2. 将鸡内金粉与面粉、盐、芝麻一起和面，擀成薄饼，置锅内烙熟，用小火烤脆即可。

育儿专家提醒

鸡内金是鸡胃的内膜，金黄色，所以叫“鸡内金”，一般中药店都有售。鸡内金主要用于治疗多种饮食积滞、消化不良、小儿疳积发热等症状。

芙蓉鱼羹

适用宝宝：1岁起

材料

鸡蛋2个、去刺鱼肉（鱼中段）1份、核桃仁少许

调料

盐适量

做法

1. 鸡蛋磕破，将蛋清分离出来放进碗内，加入适量盐搅匀；将核桃仁碾碎。
2. 鱼肉剁成泥，倒入鸡蛋清中搅匀，加水上蒸锅蒸20分钟。
3. 出锅后撒上核桃仁碎末即可。

育儿专家提醒

宝宝大多爱吃蛋，但对鱼腥味十分讨厌，所以不爱吃鱼。妈妈可用蛋清中和鱼的腥味，且三种材料都是健脑的佳品，可以让宝宝大开胃口，大吃一顿！

推荐食谱

酸甜丸子

适用宝宝：1.5岁起

材料

肥瘦猪肉末400克、面包屑50克、鸡蛋1个

调料

植物油、水淀粉、番茄酱、盐、醋、香油、料酒、姜末适量

做法

1 肉末放入盆中，磕入鸡蛋，加入适量面包屑、部分番茄酱、部分料酒、盐、水淀粉和姜末拌匀，挤成小丸子，放入温油锅内炸成金黄色后捞出。

2 炒锅内留少许底油，下入番茄酱炒一下，再加入盐、醋、剩余料酒、清水，烧沸后用水淀粉勾芡，倒入炸过的丸子，待丸子沾满芡汁后淋入香油即可。

育儿专家提醒

这道菜色泽红亮，味道鲜美，含有丰富的维生素，当宝宝没有食欲时，可以换个花样吸引宝宝吃饭。

豆芽炒韭黄

适用宝宝：1.5岁起

材料

干香菇40克、绿豆芽120克、韭黄80克

调料

姜丝、蒜蓉、蚝油、水淀粉、酱油、植物油、盐、白糖、香油各适量

做法

1 香菇泡发去蒂，洗净，切丝，加盐拌匀，隔水大火蒸10分钟；韭黄洗净，切段；豆芽择洗干净。

2 将适量蚝油、酱油、水淀粉、白糖、盐兑成料汁。

3 锅内倒植物油烧热，爆香蒜蓉、姜丝，放入香菇、韭黄、绿豆芽，大火快炒，倒入料汁拌匀至熟即可。

皮蛋瘦肉粥

适用宝宝：1.5岁起

材料

皮蛋1个、猪瘦肉50克、大米100克

调料

葱花、盐各适量

做法

1 皮蛋剥皮，切丁；猪瘦肉洗净后切丁，用盐腌渍30分钟；大米淘洗干净。

2 锅置火上，倒入3杯水及大米，大火煮沸后转小火煮20分钟。

3 加入猪肉丁、皮蛋丁、盐煮沸，然后转小火煮20分钟，加葱花调味即可。

控制体重

胖宝宝人见人爱，可是肥胖却对宝宝的身心健康有很大危害，常常会导致皮肤易感染、抵抗力下降、心肺功能低下、引发多种疾病、扼杀表现欲和社会发展力。

已经超重的宝宝，食谱中要减少吃高热量食物的次数，多安排一些粥、汤面、蔬菜等占体积的食物。包饺子和包馅饼时要多放菜、少放油，减少对脂肪的摄入量，而且要皮薄馅大，减少糖类的摄入量，吃得太多要适当限量。超重的宝宝要减少甜食，不吃巧克力，不喝含糖的饮料，冰淇淋也要少吃，下午的小点心可以减少。但食物中的蛋白质一定要保证。

在得当的饮食中，适当的体育锻炼也是控制宝宝体重的必要方法。家长要以身作则，多带宝宝参与适合他的体育活动，以减少脂肪在体内的囤积，协调全身的发育机能。

推荐食谱

碎菜

适用宝宝：7个月起

材料

菠菜(油菜、白菜也可)300克

调料

植物油、葱花、盐各适量

做法

1. 菠菜去根洗净，切碎待用。
2. 锅内倒油烧热后，下入葱花炝锅，随即放入碎菜末，用大火快炒，待菜熟烂时，放入少许盐即可。

育儿专家提醒

蔬菜中的纤维素能刺激胃液分泌和肠道蠕动，增加食物与消化液的接触面积，有助于宝宝排出废物，并防止便秘。

推荐食谱

清蒸凤尾菇

✓ 适用宝宝：2岁起

材料

鲜凤尾菇500克

调料

盐、香油、鸡汤各适量

做法

1 凤尾菇择洗干净，放入沸水中焯一下，用手沿菌褶撕开，使菌褶向上，平放入汤盘内。

2 将盐、鸡汤放入盛有凤尾菇的盘中，放入笼内清蒸，熟后取出，淋上香油即可。

育儿专家提醒

凤尾菇含有较多的蛋白质、氨基酸、维生素等，几乎没有脂肪，能补中益气、降血脂、降血压、降胆固醇，有肥胖病、高血压、高血脂的宝宝多食有益。将凤尾菇摆成漂亮的形状，或在上面加上其他蔬菜，可以激发宝宝对食物的兴趣。

白萝卜粥

✓ 适用宝宝：10个月起

材料

白萝卜、大米各100克，碎白萝卜叶适量

做法

1 大米洗净，放入锅内加水煮成粥。

2 白萝卜洗净，切成小粒，放入碗内，上笼蒸熟，捣成萝卜泥。

3 将稀粥捣烂一些，将白萝卜泥倒入粥内，放入微波炉里加热1分钟左右。

4 取出粥，上面撒些碎白萝卜叶即可。

育儿专家提醒

白萝卜的维生素C含量极高，热量很低，且能帮助消化，减少脂肪在体内的堆积，是宝宝减肥、控制体重的好选择，对小宝宝的健康可是十分有益的哦！

推荐食谱

海米烧冬瓜

✓ 适用宝宝：2岁起

材料

冬瓜250克、海米1小勺

调料

植物油、盐、香葱末各少许

做法

1 冬瓜洗净，去皮、瓤，切成小片；海米用开水泡软洗净。

2 植物油放入锅内烧热，再放入冬瓜片，炒至半熟，加入海米、盐，翻炒均匀，加少许水，烧煮至冬瓜变软入味，盛出后撒香葱末即可。

育儿专家提醒

冬瓜含大量糖类、多种维生素和矿物质。冬瓜中还含有丙醇二酸，对防止人体发胖、增进形体健美有很好的作用，儿童常吃，不仅可以增加营养，还能防止体重过度增长。

煎金瓜酪

✓ 适用宝宝：1岁起

材料

小南瓜200克、鱼露3克

调料

植物油、干淀粉、葱花、盐、白糖各适量

做法

1 南瓜去皮、子，洗净，切成火柴棍粗细的丝，随即加入干淀粉、鱼露、白糖、盐拌匀，用一把大漏勺抖落几下，去掉多余的淀粉。

2 起油锅，烧至五成热，将南瓜丝倒入，半煎半炸，不要搅散，保持成圆饼状，两面煎炸成金黄色，捞起沥油，切块装盘即可。

育儿专家提醒

南瓜颜色金黄，是因为它含有较多的胡萝卜素，可以为宝宝补充维生素A。同时南瓜中含有较多的可溶性膳食纤维，对于调节宝宝的胃肠道功能及利便很有好处。

Part 08

宝宝常见病症护理与食疗

食物是宝宝最好的保健师

感冒◆ 扁桃体炎◆ 鹅口疮◆ 贫血◆ 蛔虫病◆ 哮喘◆ 便秘◆ 腹泻◆ 遗尿◆ 肺炎◆ 流行性腮腺炎

感冒

症状表现

宝宝感冒大致可分为3种：风寒感冒、风热感冒和暑热感冒。风寒感冒：多发于秋冬季，发病较急，宝宝有发热、畏寒、寒战、鼻塞、流清涕、咳嗽、头痛、食欲减退、舌苔薄白等症状；风热感冒：一年四季均有发生，畏寒不明显，鼻子堵塞，流浓涕，咳嗽声重，有黄痰黏稠，大便干，小便黄，舌苔薄黄或黄厚，舌质红；暑热感冒：宝宝头晕胀，身体疲倦无力，口渴喜饮，会有恶心、呕吐、腹泻等症状，多发于夏季。

病症解析

感冒即急性上呼吸道感染，是由病原菌感染引起的鼻、鼻咽和咽部的炎症，是小儿最常见的疾病。预防感冒的关键在于增强抵抗力。增强抵抗力的具体方法有坚持母乳喂养、合理及时添加辅食、养成良好的饮食卫生习惯如避免偏食和挑食等，保证充足而全面的营养以预防佝偻病或营养不良等，加强体格锻炼增强抵御寒冷的能力。

饮食宜忌

患风寒感冒的宝宝，要多补充维生素；患风热感冒的宝宝，要多补充水分，防止脱水；患暑热感冒的宝宝，饮食要清淡，不要大鱼大肉。

妈妈护理经

护理宝宝时要注意个人卫生，避免感冒患者探视以防交叉感染，避免带宝宝到人多的公共场所等。对于已经患有感冒的宝宝，要注意加强护理，如及时保证居室空气新鲜，加强喂水，及时给予降温措施，饮食要给予容易消化的食物等；局部可以给予药物滴鼻缓解鼻堵，同时可给予感冒药、抗病毒药物口服，若合并细菌感染时需给予抗生素治疗，但具体的治疗方案应到医院就诊，由医生确定。

◎妈妈不要让宝宝长时间地光着身子，即使是炎热的夏季也最好加件肚兜给宝宝，不然感冒会很容易找上门来喔！

推荐食谱

熘绿豆芽

适用宝宝：1岁起

材料

绿豆芽300克

调料

植物油、盐、醋、葱花、姜丝、蒜末各适量

做法

1 将绿豆芽择去头尾、豆皮，洗净，捞出沥水备用。

2 锅置大火上，加适量植物油烧热，放入葱花、姜丝、蒜末爆香，放入绿豆芽煸炒至熟，加盐、醋调味即可。

育儿专家提醒

本品可清热解毒、辛散解表，适宜于小儿风热感冒者食用。芽菜中以绿豆芽最为便宜，而且营养丰富。绿豆在发芽的过程中，维生素C增加很多，可达绿豆含量的7倍，所以绿豆芽的营养价值比绿豆更大。

香菜黄豆汤

适用宝宝：1岁起

材料

香菜30克、黄豆10克

调料

香油、盐各适量

做法

1 香菜洗净切段；黄豆洗净，用水浸泡2小时备用。

2 将黄豆放入锅内，加适量水，煎煮15分钟，加入香菜段、盐再煮15分钟，熟后滴入香油即可。

育儿专家提醒

本品可祛邪扶正，适用于小儿风寒感冒者食用。香菜提取液具有显著的发汗、清热、透疹的功能，其特殊香味能刺激汗腺分泌，促使机体发汗、透疹。

西瓜茶

适用宝宝：1岁起

材料

西瓜皮500克、绿茶10克、薄荷叶15克

做法

1 将西瓜皮洗净，去老皮，切碎备用；薄荷叶洗净。

2 锅内加适量水煮沸，放入西瓜皮煎煮，20分钟后加入绿茶、薄荷叶，再煮3分钟，滤出汁液代茶饮。

育儿专家提醒

本品可解表祛暑，适宜于小儿夏季暑湿感冒者食用。新鲜的西瓜皮具有清热解毒、利尿的作用。

扁桃体炎

症状表现

恶寒、发烧，颈部淋巴结肿大，扁桃体红肿，并且有触痛感；宝宝吞咽困难，数小时内会有发热，某些宝宝会发生呕吐及咳嗽。

病症解析

细菌、病毒大量繁殖入侵扁桃体时可发生炎症，称为扁桃体炎，是宝宝的多发性疾病，并具有一定的传染性，又分急性和慢性两种。急性扁桃体炎大多在机体抵抗力降低时感染细菌或病毒所致，起病急，以咽痛为主要症状，伴有畏寒、发热、头痛等症状。慢性扁桃体炎是由于急性扁桃体炎反复发作所致，表现为咽部干燥，有堵塞感，分泌物黏，不易咳出。扁桃体炎多发生于1岁以上的宝宝，这是因为1岁以下的宝宝扁桃体还没有发育完全。

◎有些宝宝吃过某种食物后就会很容易引发扁桃体炎，那就尽量不让宝宝碰那些食物，多补充些她能接受的食物。

饮食宜忌

饮食宜清淡，多吃水分多又易吸收的食物，如米汤、果汁等。慢性期宜多食蔬菜、水果、豆类及滋润的食品。忌吃香燥、煎炸等刺激性食物。

妈妈护理经

扁桃体炎是一种感染性疾病，妈妈尽量不要让宝宝接触其他孩子。要加强宝宝的身体锻炼，多参与户外活动，减少扁桃体发炎的机会。给宝宝多喝水，并保持口腔清洁，多用温水给宝宝漱口。一般可口服磺胺药或注射青霉素（用前要做皮试），在用药过程中，如孩子出现皮疹、体温突然升高、腹痛或出现休克的早期症状，应立即停药去医院救治。

推荐食谱

荷叶莲子粥

适用宝宝：1岁起

材料

鲜荷叶1大张、鲜莲藕1小节、大米50克

调料

白糖适量

做法

1. 荷叶洗净，切成小片；莲藕洗净，切成小粒；大米洗净。
2. 用荷叶煎汤500毫升左右。
3. 将切好的莲藕与大米一起加入荷叶汁中煮成稀粥，加白糖调味后即可。

育儿专家提醒

莲藕能促进胃肠蠕动，从而达到健脾养胃、消胀顺气的作用；荷叶含有莲碱、原荷叶碱等元素，有解毒作用，适用于发热、舌红、面赤、口渴、小儿热毒，还能消暑化湿。

鸭梨川贝炖冰糖

适用宝宝：1岁起

材料

鸭梨1个、川贝3克

调料

冰糖适量

做法

1. 鸭梨洗净，切成四瓣，去核、子，切成月牙块；川贝洗净，用温水泡软备用。
2. 将鸭梨块、川贝放入碗内，加适量冰糖，盖好盖，入蒸锅用沸水蒸20分钟至熟即可。

鲜藕梨汁

适用宝宝：1岁起

材料

新鲜莲藕200克、鸭梨1个

调料

冰糖少许

做法

1. 将莲藕洗净，去皮；鸭梨洗净，去皮、核，二者一起放入搅拌机中搅碎。
2. 用消毒纱布过滤掉食物残渣。
3. 取果汁，加入适量冰糖搅至溶化即可。

育儿专家提醒

此汁具有补虚清热、散淤止血的功效。鸭梨则具有清热解毒、润肺生津、止咳化痰等功效；莲藕具有收敛性和收缩血管的功能，而二者合一，对扁桃体炎有很好的疗效。

鹅口疮

症状表现

颊黏膜、舌、齿龈等处的口腔黏膜上可见白色乳凝块样物，开始时为点状和小片状，有时可逐渐融合成大片，不易拭去。患处不痛，新生婴儿无烦躁、流涎、发热等表现，一般不影响吃奶。偶可累及食管、肠道、喉、气管、肺等，出现呕吐、吞咽困难、声音嘶哑或呼吸困难等症状。

病症解析

鹅口疮又称为“雪口病”，是由白色念珠菌感染后引起的口炎，新生婴儿比较常见。常见的原因是由污染的奶具感染引起，部分新生婴儿为出生时经产道感染。

预防鹅口疮，首先应养成良好的卫生习惯，母亲喂奶前洗净双手，清洁乳房，勤换内衣，保持清洁。奶瓶、奶嘴每次用完后洗净，煮沸消毒。多给婴儿喂水，可达到自然清洁口腔的目的。

饮食宜忌

应选择容易消化吸收、富含优质蛋白质的食物，并适当增加维生素B和维生素C的供给，如动物肝脏、瘦肉、鱼类以及新鲜蔬菜和水果等。

妈妈护理经

若是新生婴儿，可用2%碳酸氢钠溶液在哺乳前后清洁口腔，同时要加强奶具的消毒；病变广泛者可用制霉菌素10万单位／次，加水1～2毫升涂患处，每天3～4次。一般2～3天鹅口疮即可好转，若仍无明显好转，则应到医院就诊以免病情加重。可考虑口服小剂量氟康唑。

◎没有鹅口疮，宝宝可以随意选择自己喜欢吃的东西！

推荐食谱

番茄汁

✓ 适用宝宝：6个月起

材料

番茄2个

做法

1. 将番茄洗净，放入沸水中浸泡，剥皮去子，切小块。
2. 用干净纱布包裹绞汁或放到榨汁机里榨汁即可。

育儿专家提醒

每日含漱数次，可以清热解毒，有效地缓解因鹅口疮而引起的疼痛。

双耳鸡蛋汤

✓ 适用宝宝：1岁起

材料

黑木耳、山楂各10克，银耳15克、鸡蛋1个（取蛋清）

做法

1. 将黑木耳、银耳泡发，去蒂，洗净，撕成小朵；山楂洗净，去子。
2. 将黑木耳、银耳、山楂放入锅中加水煮，煮熟时将鸡蛋清放入调匀，再煮至沸即可。

西瓜汁

✓ 适用宝宝：6个月起

材料

西瓜肉适量

做法

西瓜肉去子，切小块，用干净纱布或者榨汁机榨汁即可。

育儿专家提醒

西瓜汁清甜爽口，又能解毒解渴，对于患鹅口疮的宝宝来说，既是口腔疼痛不愿进食时补充营养的佳品，更是消暑的爽口饮品哦！

贫血

症状表现

面色苍白，嘴唇、指甲颜色变淡等；呼吸、心率增快；食欲下降、恶心、腹胀、便秘；精神不振，注意力不集中，情绪易激动等，年长患儿还会出现头痛、头晕、眼前有黑点等，患病时间长的患儿常常会出现容易疲劳、毛发干枯、生长发育落后等。缺铁性贫血的主要表现除了皮肤黏膜逐渐苍白（嘴唇、指甲颜色表现最明显）、食欲降低、呕吐或腹泻以外，有的孩子还会出现异食癖如喜欢吃泥土、墙皮等；精神委靡或烦躁不安、注意力不集中、智能下降等。

病症解析

贫血是指末梢血液中单位容积内红细胞的数目或血红蛋白的量低于正常值。新生婴儿血红蛋白小于145克/升，1～4个月血红蛋白小于90 克/升，4～6个月血红蛋白小于100克/升，6个月至6岁血红蛋白小于110 克/升者就是贫血。缺铁性贫血是因为体内铁缺乏使血红蛋白的合成减少而引起的一种贫血，是小儿贫血中最常见的一种。缺铁性贫血患儿以6个月至2岁最多见，由于发病比较缓慢而常常被家长忽略。

饮食宜忌

应多食用含蛋白质、铁和维生素C的食物，如肉蛋类、动物肝脏、木耳、海带、虾、西红柿、橘子、红枣等。

妈妈护理经

妈妈最好用母乳喂养宝宝，这样可以降低宝宝患贫血的概率。同时，要在宝宝6个月的时候就为宝宝多补充含铁量高的食物，注意饮食的合理搭配。妈妈要注重培养宝宝良好的进食习惯，不偏食、不挑食，这样可以减少贫血的发生。

推荐食谱

小米红枣粥

适用宝宝：6个月起

材料

小米100克、红枣15克

做法

1 小米洗净，入水中浸泡2小时。
2 红枣洗净，去核，切成碎片。
3 将小米放入锅中，加水煮沸，加入红枣片煮至黏稠即可。

育儿专家提醒

红枣含有维生素A、维生素C、维生素E、维生素P、生物素、胡萝卜素、磷、钾、镁等矿物质，叶酸、泛酸、烟酸等营养也十分丰富，它能提高人体免疫力，防治骨质疏松和贫血；小米有清热解渴、健胃除湿、和胃安眠等功效，还具有滋阴养血的功能。

蜜枣苹果汁

适用宝宝：8个月起

材料

蜜枣150克、红苹果1个

做法

1 蜜枣洗净表皮，在顶端划十字刀口，再放入热水中浸泡片刻，取出蜜枣，切片。
2 苹果洗净，去皮、核，切片。
3 将蜜枣片与苹果片放入榨汁机内榨成汁即可。

育儿专家提醒

本品香甜可口，一定会很受宝宝的欢迎。苹果中的铁和维生素C含量丰富，可以预防缺铁性贫血并改善呼吸系统和心肺功能。

芝麻肝

适用宝宝：1岁起

材料

鲜猪肝50克、鸡蛋1个、芝麻20克、面粉10克

调料

植物油、姜末、盐各适量

做法

1 将鸡蛋打散搅匀；将猪肝去筋膜，洗净，切成小薄片，用盐、姜末腌一下，粘上面粉、鸡蛋液和芝麻。
2 将植物油倒入锅内，烧至七成热时，放入猪肝，炸熟后即可出锅。

育儿专家提醒

这道菜营养比较全面，猪肝含铁丰富，有补血、养血作用，常给宝宝吃，有利于大脑发育，预防贫血。

蛔虫病

症状表现

蛔虫卵进入人体后，经过孵化成为幼虫，之后又进一步发育为成虫。在不同的生长阶段，蛔虫会引起这样几种症状：①幼虫期虫体的异性蛋白引起过敏反应，如荨麻疹、鼻黏膜或咽部瘙痒等。幼虫可以穿破肺部毛细血管进入肺部引起炎症而出现咳嗽、呼吸急促、发热等现象；②成虫会引起食欲不振或容易饥饿、腹泻或便秘。长期大量的蛔虫感染会引起营养不良，影响生长发育，出现精神不安、夜惊、夜间磨牙、异食癖（如喜欢吃石子、泥沙等）、面部白色斑块等。另外，肠蛔虫症会引发胆道蛔虫症、蛔虫性肠梗阻、肠穿孔及腹膜炎等并发症。

病症解析

蛔虫病是蛔虫寄生在人体小肠而引起的疾病，是小儿最常见的寄生虫病之一。其传染源是蛔虫寄生患者，传播途径主要是经口吞入被蛔虫卵污染的蔬菜、水果等；有时也可以是蛔虫卵随着灰尘飞扬，被吸至咽部咽下而感染。如果小儿手上沾上了蛔虫卵，而进食前又没有洗手，就使得蛔虫卵经口进入胃肠，然后在肠道内繁殖、生长为成虫，成虫在肠道内会吸收机体的营养成分而影响孩子的生长发育。而且，蛔虫在体内还会乱钻、乱窜，可以引起许多并发症，甚至造成严重的后果。

饮食宜忌

忌吃生冷、油腻、甜食、油炸等食物；更要忌暴饮暴食，以防引起便秘而影响排虫。

妈妈护理经

蛔虫病关键在于预防，妈妈要保证宝宝食物的清洁，饭前便后要洗手，常剪指甲，不要吸吮手指头，不要随地大、小便等。一旦发现患有肠蛔虫症，应积极进行驱虫治疗，但具体的治疗方案应由医生确定。如果患儿出现腹痛，应进行腹部按摩或用温热毛巾热敷腹部，并要注意观察腹痛情况。如果患儿腹痛剧烈难忍，伴有呕吐，甚至吐出蛔虫，不排大便，不排气，则可能是蛔虫引起了肠梗阻，此时应立即到医院就诊。

◎要想远离讨厌的蛔虫，吃东西前一定要洗手哦！

推荐食谱

鸡金白糖饼

适用宝宝：1岁起

材料

生鸡内金90克、面粉250克

调料

白糖适量

做法

1. 将鸡内金研为细末。
2. 将面粉、鸡内金末加适量白糖一起混合，加适量水调匀，成面糊。
3. 锅置火上，烧热，将面糊烙成小薄饼即可。

育儿专家提醒

鸡内金能消积滞、健脾胃，含胃激素、蛋白质等，有促进胃液分泌、增强胃的消化能力。本品能清虚热、开胃口、驱蛔虫，适用于小儿疳积，脾虚腹大，面黄食少。

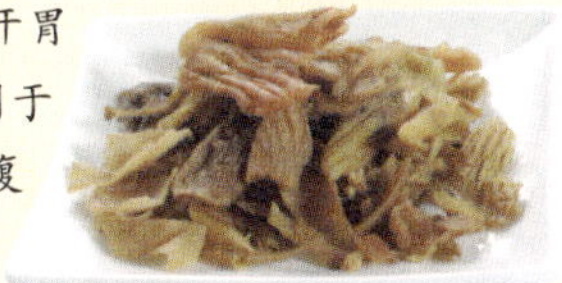

南瓜蜜百合

适用宝宝：1岁起

材料

南瓜300克、鲜百合50克

调料

冰糖、橙汁各30克

做法

1. 将百合去根，掰瓣，洗净，焯烫，捞出过凉备用；冰糖放入橙汁中搅拌。
2. 将南瓜去皮、瓤及子，洗净，切成小块，放入蒸锅中蒸熟，再用搅拌机绞成蓉状，倒入碗中，加入调好的橙汁拌匀。
3. 食用时将南瓜蓉倒入碗中，再撒入百合搅匀即可。

育儿专家提醒

南瓜又名倭瓜、番瓜，性温味甘，具有补中益气、润肺化痰、消炎止痛、解毒杀虫的效用，常用于治疗哮喘、烧伤、烫伤、蛔虫病等。

哮喘

症状表现

早期表现有点类似感冒等上呼吸道感染，例如鼻咽部发痒、打喷嚏、咳嗽、咯痰等，随着病情的继续发展，开始出现胸闷、呼吸困难、口唇青紫、无法平卧等一系列较为典型的支气管哮喘症状。

病症解析

小儿哮喘在1～6岁年龄段发病较高，初发年龄在3岁以下者可占到84.8%，学龄期后发病率开始逐渐下降。导致儿童哮喘多发最主要的原因是呼吸道感染，特别是病毒感染；再加上患儿体质原本就比较过敏，从而导致支气管平滑肌痉挛收缩、黏膜水肿，出现胸闷气喘、呼吸困难，因此哮喘的发生，大多有感染和过敏双重因素作用的痕迹。

饮食宜忌

应注意给宝宝补充足够的水分，以有利于痰液的咳出。饮食应尽量清淡，不要吃油腻、过咸、过甜的食物；应忌食冷、酸、辣食物；花生、瓜子、巧克力等含油脂较多且容易生痰的食品也应少吃。

妈妈护理经

室内要注意通风，保持空气新鲜，温度控制在20～24℃，在干燥的房间中，可以经常洒水，用湿拖布拖地或使用加湿器来增加空气的湿度。不要给孩子使用装有陈旧棉花或羽毛的枕头，不要接触有毛的宠物，避免其吸入而引起哮喘。另外，家人在家中应避免吸烟。

另外，给宝宝穿衣要适宜。咳嗽有痰时，应口服止咳化痰药，或进行雾化治疗，以湿化呼吸道，稀释痰液。在雾化吸入时，可在医生的指导下，加入一些抗生素及支气管解痉药，这样可有助于减轻炎症、扩张支气管，使痰液容易咳出。但不可使用镇咳药，因镇咳药会影响痰液的排出而使病情加重。

◎即使孩子没有哮喘，也不要过多玩毛绒玩具，毛绒玩具的毛被孩子吸入可引起哽咽。

推荐食谱

蒸南瓜

适用宝宝：1岁起

材料

南瓜1个

调料

冰糖适量

做法

1 将南瓜洗净，在瓜顶上开口，挖去一部分瓤和子备用。

2 将冰糖放入南瓜内，盖好，放入小盆内，上锅隔水蒸1小时后取出即可。

育儿专家提醒

本品可补中益气、润肺止咳，适宜于脾虚哮喘患儿食用。南瓜所产生的热量与小麦、玉米相当，蛋白质的含量相当于菜豆、洋菜，维生素A的含量相当于番茄，维生素C的含量高于黄瓜。

凉拌三鲜

适用宝宝：1.5岁起

材料

竹笋30克、荸荠40克、海蜇50克

调料

盐、香油各适量

做法

1 将竹笋去皮，洗净切片，用沸水焯烫后沥干；荸荠去皮，洗净切片；泡好的海蜇洗净切丝，用沸水焯一下备用。

2 将竹笋片、荸荠片、海蜇丝用盐、香油拌匀调味即可。

育儿专家提醒

本品可清热化痰、顺气平喘，适宜痰热引起的热哮患儿食用。荸荠味甘性寒，功效清热化痰、生津开胃，适宜热病烦渴、痰热咳嗽、咽喉疼痛者食用。

蒸柚子鸡

适用宝宝：1.5岁起

材料

青柚子1个、仔鸡1只

做法

1 将仔鸡处理好后，洗净切块；切开柚子顶盖，掏去柚瓤备用。

2 将鸡块塞入柚子皮内，盖上顶盖置碗中，隔水蒸3小时至鸡肉熟烂即可。

育儿专家提醒

本品可止咳，适宜于久喘体虚者食用。柚皮与其他黄酮类药物相似，有抗炎作用。

便秘

症状表现

其主要表现为排便次数减少，大便干硬，排便困难，甚至造成肛裂和排便疼痛等。

病症解析

便秘是新生婴儿及婴幼儿较常见的症状，它是由于粪便在结肠内积聚的时间过长，水分被过量吸收，导致粪便过于干燥，从而造成排便困难。正常新生婴儿每天的排便次数差别可能很大，有的新生婴儿1天排几次大便，个别新生婴儿可能每2～3日排1次大便。只要大便有一定数量，而且既不十分干燥又不稀，同时宝宝没有其他不良症状，就属于正常。如果大便干燥，量少又较难排出，虽然1天排数次，也应视为便秘。如果宝宝平时排便较规律，突然两天以上不解大便，同时伴有腹痛或腹胀，也应视为便秘。婴儿便秘的常见原因有食物中纤维素少而蛋白质成分较高、没有形成定时排便的习惯、先天性肠狭窄、肠功能不正常、营养不良等。

◎给宝宝准备1个造型漂亮的坐便器，能吸引宝宝的注意力和亲近感，能够更好地让宝宝养成按时排便的好习惯，减少便秘的发生。

饮食宜忌

母乳喂养期间一般不会发生便秘，如果出现便秘，可以加喂白开水或少量水果汁和菜汁，特别是白菜汁、白萝卜汁等；在添加辅食后，可适当添加蔬菜类食物，以增加膳食纤维，减轻便秘症状。

妈妈护理经

便秘会让宝宝对排便产生恐惧心理，进而造成恶性循环，时间久了，可引起腹胀、食欲减退和营养不良等症状，影响宝宝的正常发育，因此需要及时进行护理。定时让宝宝排便。建立排便的条件反射，有利于养成良好的排便习惯。多让宝宝活动或用手掌顺时针轻轻按摩宝宝的腹部，促进肠蠕动，有利于大便的排出。如果出现排便困难，可以用儿童开塞露或将肥皂切成圆柱状塞入肛门，保留5分钟，可暂时缓解症状。对于由于疾病引发的便秘或便秘症状严重时，要及时到医院就诊治疗。

推荐食谱

红薯木耳粥

适用宝宝：1岁起

材料

红薯50～100克、海参20克、黑木耳30克、大米15克

调料

白糖适量

做法

1 将海参、黑木耳分别用温开水泡软，洗净，黑木耳撕成小朵；红薯洗净刮皮，切成小块；大米洗净备用。

2 将海参、黑木耳、红薯、大米一起放入锅内煮熟，放入白糖调匀即可。

育儿专家提醒

此粥应趁热服用，因为冷后再吃易引起胃部泛酸。常吃可起到健脾益胃、通大便的作用。红薯经过蒸煮后，部分淀粉发生变化，与生食相比可增加40%左右的食物纤维，能有效刺激肠道的蠕动，促进排便。切红薯时，红薯皮下会渗出一种白色的液体，含有紫茉莉甙，可用于治疗习惯性便秘。

菠菜粥

适用宝宝：1岁起

材料

菠菜100克、大米50～100克

调料

盐、香油各适量

做法

1 将菠菜洗净，置沸水中烫至半熟，捞出，切成小段备用。

2 大米置锅内，加水煮成稀粥，加入菠菜再煮沸，加入香油、盐调味即可。

育儿专家提醒

菠菜含有大量的粗纤维，具有促进肠道蠕动的作用，利于排便，对于宝宝的便秘有很好的预防和治疗作用。对于成人来说，对痔疮、慢性胰腺炎、便秘、肛裂等病症也有治疗作用。

杏仁芝麻粥

适用宝宝：1岁起

材料

杏仁10克、黑芝麻20克、大米50克

调料

冰糖适量

做法

1 将黑芝麻、杏仁、大米洗净，放入水中浸泡，泡涨后捞出入碗，捣烂成糊。

2 将糊糊放入沙锅，加水煨烂成粥，加冰糖即可。

育儿专家提醒

本品对气血亏虚引起的便秘疗效显著。黑芝麻能滋养肝肾、润燥滑肠；杏仁能止咳、平喘、润肠、通便。

腹泻

症状表现

宝宝常常腹痛，上厕所很匆忙；大便粪质稀薄，水分增加，呈稀水状，不成形；常伴有排便急迫感、肛门不适、失禁等症状；偶见发热和呕吐现象。

病症解析

小儿腹泻的发病率很高，患儿大多数是2岁以下的宝宝，6～11个月的婴儿尤为高发。有些母乳喂养的新生婴儿出生后不久就出现腹泻，表现为大便次数多，每天在4次以上，黄色、较稀、无黏液和脓血。但小儿食欲、精神均好，没有异常表现，这种腹泻称为生理性腹泻。生理性腹泻不需要给予特殊处理，一般到添加辅食后，大便的次数就会逐渐转至正常。一般婴儿腹泻的常见原因有：①饮食不洁。由于奶具或餐具受到细菌等的污染，引起胃肠道感染而引起腹泻；②季节性因素。有的婴儿在第1次经历夏、秋季节时，由于此时饮食中的病菌较多，而体内对一些病菌还没有产生抗体，因此极容易被感染而导致腹泻；③喂养不当。喂养不定时，胃肠道不能形成定时分泌消化液的条件反射，使机体消化功能降低等引起腹泻；④其他疾病诱发。婴儿患感冒、肝炎等疾病时，也可诱发腹泻；⑤大人传染。如果大人自己腹泻，也容易传染给孩子。

饮食宜忌

不满6个月者，如为母乳喂养，可继续用母乳；6个月以上的腹泻患儿，可遵循以前的饮食搭配，如粥、面条、烂饭加些蔬菜，饮食以清淡为原则，切忌生、冷、硬食品。不宜喝糖分较多的糖水、果汁、饮料，以免加重脱水。

妈妈护理经

护理婴儿腹泻要做好以下几点：①腹泻时不应禁食。腹泻时，在继续母乳喂养的同时，饮食要清淡，在腹泻症状缓解后，可给孩子适当地添加一些牛奶、鸡蛋等补充营养；②腹泻时要注意补充水分，以防脱水发生。应给宝宝多喂水，或者给宝宝喂糖盐水、淡盐水等，在服用时要少量多次；③注意保暖。腹泻时要注意腹部保暖，可以用毛巾裹腹部或热水袋敷腹部。同时让婴儿多休息，排便后可用温水清洗臀部，防止臀红发生。如果小儿腹泻严重，伴有呕吐、发烧、眼窝和囟门凹陷、口唇发干、尿少，就说明已经引起脱水了，或者在家已经治疗了2～3天，但病情仍不见好转，都应该及时去医院治疗。

推荐食谱

酱烧四季豆

适用宝宝：1.5岁起

材料

四季豆300克

调料

豆瓣酱、白糖、植物油各适量

做法

1. 将四季豆洗净，切成段备用。
2. 炒锅内放油烧热，将四季豆下锅炒至变色，加入适量水，烧至半熟时，放入豆瓣酱，烧至豆角熟透，再加白糖烧至汤汁浓稠，待四季豆入味即可。

育儿专家提醒

本品可益气和中、化湿利水，适宜于宝宝腹泻者食用。烹调前应将豆筋择掉，否则既影响口感，又不易消化。烹煮时间宜长不宜短，要保证四季豆熟透。

胡萝卜山楂饮

适用宝宝：1岁起

材料

鲜胡萝卜2根、炒山楂15克

调料

红糖适量

做法

1. 将胡萝卜洗净，切块备用。
2. 将胡萝卜块、炒山楂一起加适量水煮，煎熬至熟，加红糖调味即可。

育儿专家提醒

每天服数次，连服2～3天，对宝宝伤食腹泻有疗效。但山楂有破气作用，吃多了会耗气，影响孕妇的健康和胎儿的发育。

茶叶乌梅汁

适用宝宝：1岁起

材料

乌梅12克、茶叶6克

调料

白糖适量

做法

将乌梅加适量水煎煮取汤，加入茶叶冲泡，放入适量白糖调味即可。

育儿专家提醒

本品可涩肠固脱、生津止渴，适宜于宝宝泻下稀水、烦渴少尿、阴液耗伤时食用。乌梅可作为药用，酸性较强，对葡萄球菌、肺炎球菌、大肠杆菌有抑制作用。

遗尿

症状表现

患儿平时易动，多汗，身体多有偏瘦，注意力不集中，缺乏耐心，情绪不稳定。尿床前睡眠昏沉，难叫醒，常在梦中遗尿，尿量多，色清或黄，也有甚者会影响精神状态和智力发育。

病症解析

5岁以上小儿经常在睡眠中不知不觉地排尿，称为遗尿症，轻者隔数夜一次，重者每夜一次或一夜数次。遗尿多发生在深夜，尿后能继续熟睡。随着年龄的增长，大部分患儿可自愈，也有持续几年到成年的。长期遗尿会出现面色苍白或灰暗、记忆力减退、精神不振、肢体疲乏等症状。本病多因膀胱炎、包茎、龟头炎、蛲虫病刺激局部或中枢神经系统而引起。但很多小儿是因日间过度疲劳、父母经常训责、精神过度紧张、傍晚大量饮水等引起。本病可分为器质性和功能性两大类。

饮食宜忌

器质性病症引起的遗尿需要就诊，而功能性遗尿可以采用饮食治愈。妈妈可以控制宝宝晚上六时以后尽量少吃西瓜、橘子、生梨等含水分较多的水果及牛奶，以减少夜里膀胱的贮尿量。不宜让宝宝多吃盐和糖。适当进食一些补益肾虚的食物，如狗肉、猪肝等，也能起到一定的食疗作用。

妈妈护理经

对遗尿患儿，妈妈要采取正确的态度，不要训责孩子，而是要鼓励患儿消除难为情、精神紧张等消极因素，配合治疗。夜间遗尿一般在宝宝入睡后的1～2小时出现，妈妈可在此期间唤醒孩子，让孩子醒来排尿。晚饭后至临睡前要让宝宝少喝水，尽量少吃含水分较多的食物，并培养宝宝良好的排尿习惯。密切观察宝宝的情况，若发现患儿有尿色改变、腹痛、尿痛、消瘦等症状，应去医院就诊。

◎良好的排尿习惯及饮食习惯，可以让宝宝免受遗尿的尴尬，都可以笑着醒哦！

推荐食谱

核桃鸡米

适用宝宝：1.5岁起

材料

鸡脯肉、核桃仁各50克

调料

植物油、鸡蛋清、盐、淀粉各适量

做法

1. 鸡脯肉洗净，切成细丁，加入鸡蛋清、淀粉、盐拌匀。
2. 油锅烧至四成热，加入核桃仁炸熟，捞出沥油；倒入鸡丁，炒半熟后，加入核桃仁翻炒均匀即可。

育儿专家提醒

本品可温中补虚，适宜于宝宝遗尿者食用。如果有内热盛及痰湿重者忌食核桃，常人也不宜一次进食过多，以免生热和生湿痰。

黑豆糯米饭

适用宝宝：1岁起

材料

黑豆30克、糯米100克

调料

红糖适量

做法

1. 将黑豆洗净浸透；糯米洗净，沥水备用。
2. 锅内倒水烧沸，加入糯米、黑豆煮沸，用小火焖至熟烂，加入红糖拌匀即可。

育儿专家提醒

每日晚餐后进食1次，连食10天。

韭菜蛋面饼

适用宝宝：1岁起

材料

韭菜子6克、鸡蛋1个(取蛋液)、面粉50克

调料

盐、植物油各适量

做法

1. 将韭菜子烘干，研成末备用。
2. 将鸡蛋液、面粉、韭菜子、盐一起调匀，制成两个饼。
3. 锅置小火上，倒入油烧热，放入面饼，小火煎烙至熟即可。

育儿专家提醒

本品可益脾肾、止遗尿，适宜于宝宝遗尿者或小便频数者食用。阴虚火旺者忌食。

肺炎

症状表现

肺炎是婴幼儿呼吸道感染的一种常见多发病。轻症肺炎只累及呼吸系统，发病较急，主要表现是发热（高热或低热）、咳嗽（开始为干咳，以后咳嗽有痰）、呼吸急促（频率为每分钟40～80次）。严重时的肺炎可累及其他系统而显示不同症状：累及神经系统出现烦躁、嗜睡、抽风、昏迷等症状；累及循环系统出现面色苍白、心率加快等症状；累及消化系统可出现食欲下降、呕吐、腹泻、腹胀等。

病症解析

肺炎是由细菌、病毒、支原体等不同病原体或其他因素引起的肺部炎症，按照解剖部位不同，可以分为支气管肺炎、大叶性肺炎和间质性肺炎，其中支气管肺炎是小儿最常见的肺炎类型。肺炎是由多种细菌和病毒引起的炎症，多发于冬春寒冷季节及气候骤变时。

饮食宜忌

宝宝要多喝水，多吃含维生素C的水果蔬菜，如番茄、黄瓜、橙子等，少吃橘子、猪牛肉、鱼肉等生痰食物，如果伴有咳嗽，可以喝冰糖鸭梨水。忌食辛辣油腻食物。

妈妈护理经

①保证宝宝充足的睡眠，呼吸困难时可用枕头垫背部抬高上身，以利呼吸；②衣着要宽松，不宜盖太厚的被子，室内保持清洁，空气流通、新鲜，温度和湿度要适中，防止干燥空气刺激气管；③每日测体温、呼吸、脉搏，密切关注病情的发展；④加强预防和免疫，适当让宝宝到户外运动，接触新鲜阳光和空气，增加饮食营养，做好衣服的增减，少与感冒、发烧等患儿接触。

推荐食谱

银耳冰糖雪梨水

适用宝宝：10个月起

材料

银耳1朵、雪梨1个

调料

冰糖15克

做法

1 将雪梨洗净，去皮、核，切成块状；银耳用水洗净，去除杂质撕块备用。

2 将雪梨、银耳一起放入沙锅内，用小火煮汤，汤好后加入冰糖煮化即可。

育儿专家提醒

本品可养阴清热、润肺止咳，对于肺炎咳嗽有一定的缓解作用。银耳是一种重要的保健食品，含有17种氨基酸及酸性异多糖、有机磷、有机铁等化合物，对人体十分有益。

空心菜萝卜汁

适用宝宝：10个月起

材料

空心菜、白萝卜各100克

做法

将空心菜、白萝卜一同洗净，捣烂或放入榨汁机里榨汁，取汁1杯饮用即可。

育儿专家提醒

本品可清肺平喘，适宜于肺热咳嗽、发热有汗、口干欲饮、伴喘息的患儿食用。

萝卜排骨汤

适用宝宝：1岁起

材料

猪肋排、白萝卜各250克

调料

姜片、盐各适量

做法

1 猪肋排洗净，剁块，用沸水焯烫一下，用水冲洗去浮沫；白萝卜洗净，切滚刀块备用。

2 锅内倒水，放入排骨块、姜片、少量盐，烧沸，放入白萝卜块，再次沸后转小火煮，炖煮30分钟后即可。

育儿专家提醒

本品可清热解毒、顺气止咳、利尿发汗，适宜于肺炎初愈咳喘无力、自汗、四肢欠温者食用。

流行性腮腺炎

症状表现

发病很急，开始有发热、头痛、咽痛、全身无力、食欲不振等症状，1～3天后腮腺逐渐肿大起来。一般情况为以耳垂为中心，腮的一边先发病，然后是另一侧，用手按压有肿痛感，张口、吞咽、咀嚼时会有明显的痛感，3～4天后达到发病高峰，4～5天后开始消退，正常情况下，整个病程会持续1～2周的时间。

病症解析

流行性腮腺炎也叫“痄腮”、“蛤蟆瘟”，俗称“大嘴巴”，是由腮腺炎病毒引起的急性呼吸道传染病，多在冬春季发病，学龄前儿童较常见，2岁以下宝宝较少。临床特征为发热及腮腺非化脓性肿痛，并可侵犯各种腺体组织或神经系统及肝、肾、心脏、关节等器官。

饮食宜忌

多给宝宝进食软和易消化的食物或者流食，避免吃生、硬、油炸及酸性食物。

妈妈护理经

①经常开窗通风，保持室内空气清新，要卧床休息，不要带宝宝到公共场所和有患儿的家里去；②要对宝宝用过的餐具、毛巾等及时消毒，要多让宝宝喝水，有利于排毒退热；③如果宝宝发热温度较高，可用冷敷或温水、酒精擦浴，饭后和睡觉前后要用淡盐水漱口或刷牙，防止继发细菌感染；④预防腮腺炎的最好办法是及时给宝宝注射免疫疫苗。

◎小朋友们在一起玩耍时，做好对于流行性疾病的防范是十分必要的。

推荐食谱

橘姜鲫鱼汤

适用宝宝：1.5岁起

材料

橘皮4克、鲫鱼1条、枸杞菜梗350克

调料

盐、味精、姜片、香油各适量

做法

1. 将枸杞菜梗洗净切段；鲫鱼宰杀，处理好后洗净备用；橘皮洗净切块。
2. 将枸杞菜、鲫鱼一起放入沙锅内，加适量清水，用大火烧沸，加入橘皮、姜片、盐，转用小火煮至鱼熟，加味精调味，淋入香油搅匀即可。

育儿专家提醒

本品适宜于两腮红肿热痛、风热头痛、肝热火眼的宝宝食用。

万寿菊银花粥

适用宝宝：1岁起

材料

万寿菊、金银花各15克，大米50克

调料

白糖适量

做法

1. 将万寿菊、金银花分别洗净备用。
2. 锅内加水，放入万寿菊、金银花浓煎取汁，加入淘洗干净的大米，用小火熬成稀粥，待粥熟后加入适量白糖调味即可。

育儿专家提醒

金银花性寒味甘、甘寒清热而不伤胃口，芳香透达可以祛邪。本品既能宣散风热，又善清解血毒，可治疗各种热性病，如腮腺炎、咽喉肿痛及热毒血痢等症，效果显著。

绿黑二豆粥

适用宝宝：1岁起

材料

绿豆、黑豆、大米各50克

调料

白糖适量

做法

1. 将绿豆、黑豆、大米淘洗干净备用。
2. 锅内倒水，烧沸，放入绿豆、黑豆、大米熬成粥，待粥成后加适量白糖调味即可。

育儿专家提醒

本品可清热解毒，消肿止痛。绿豆不宜煮得过烂，以免使有机酸和维生素遭到破坏，降低清热解毒功效。

推荐食谱

凉拌龙须菜

适用宝宝：1岁起

材料

龙须菜150克

调料

酱油、盐、香油、蒜泥各适量

做法

1. 将龙须菜洗净备用，入沸水中焯熟，捞出沥干。
2. 龙须菜加上酱油、盐、香油、蒜泥拌匀即可。

育儿专家提醒

龙须菜性味甘寒，有散结清热的功效，生食或熟食皆可。

芹菜叶蛋羹

适用宝宝：8个月起

材料

芹菜叶50克、鸡蛋1个

调料

盐、香油、水淀粉各适量

做法

1. 芹菜叶洗净，切碎；鸡蛋磕入碗中，打散。
2. 锅置火上，倒入适量水煮沸，下入芹菜叶、盐再煮沸，淋入鸡蛋液搅匀，用水淀粉勾芡，滴入香油即可。

黄花菜粥

适用宝宝：10个月起

材料

黄花菜20克、大米100克

调料

盐适量

做法

1. 将干黄花菜泡发洗净；大米洗净备用。
2. 将黄花菜加适量水熬煮，与大米一起煮成粥，再加入适量盐调味即可。

育儿专家提醒

本品可清热消肿、利尿养血、平肝，适宜流行性腮腺炎患儿食用。

Part 09

0~6岁

宝宝智能开发同步方案

智能多元，个性化发展

0~12个月宝宝智能开发◆1~3岁宝宝智能开发◆4~6岁宝宝智能开发

0~12个月宝宝智能开发

开发要点

*宝宝出生之后的母乳喂养、拥抱、抚摸、语言乃至花花绿绿的玩具等，都是良好的信息刺激，有利于宝宝大脑潜能的开发。

1~2个月宝宝的智能有什么特点

1~2个月的宝宝头已经能抬起来大约30秒钟。眼睛能够清楚地看东西，并能追随活动的东西，能够注视眼前的玩具和人脸，表情渐渐丰富起来。如果有人逗他，他会对其有所反应，或者兴奋地挥动双臂双腿；或者微笑并且伴有咯咯的笑声。听见自己熟悉的声音后会停止哭泣，并能够将高兴与不高兴明确地表示出来，不高兴时就会大声哭泣。

3个月宝宝有什么能力

3个月的宝宝头能挺立，能稳定地俯卧，前臂不仅能支撑头部，而且能支撑体重，挺起胸来。此时给他看图片或玩具时，会表示出很高兴的样子，同时还会发出“哦”、“呵”、“嗳”等声音，会长声尖叫。当熟悉的亲人逗弄他时，会发出相当大的咕咕声，甚至是咯咯的笑声。此时的宝宝强烈地想要抓东西。虽然还抓不好，但像哗啷棒之类的小而轻的玩具，如果帮助他，他能够拿一会儿。

4个月宝宝有什么能力

4个月的宝宝手已能够准确抓住能摸到的东西，如果把玩具放在他能够拿到的地方，他就会伸手去抓。此时的婴儿头部已能很好地竖直，也能随意地左右转动。当他呈俯卧位时，头会向两边转动，并可从一侧翻滚向另一侧。有些孩子能从俯卧位或侧卧位翻成仰卧位。少数甚至会翻身，能从仰卧位翻成俯卧位。同时，4个月的宝宝能放声大笑，能明显地表示出喜怒之类的情感，还会对着镜子微笑。

5个月宝宝有什么能力

5个月的宝宝头能自由随意地活动，还能用手去抓想要的东西，但还不能及时地扔下抓住的东西。手中拿到的东西，可以从一只手换到另一只手里。当他趴下时，胳膊能支撑上身，抬起头注视前方，扶着时能在大人的腿上一蹿一蹿地跳，抱起时，腿支撑着，身体能保持直立的姿势，但还不能独坐。能从俯卧位翻成仰卧位。这段时期的宝宝可以准确地辨别出自己的父母，而且表情更加丰富，能明确地表现喜欢和厌恶的情感。一不高兴时就大声啼哭，高兴时就大声地笑，并能看着镜中的自己发笑。

6个月宝宝有什么能力

6个月的婴儿能够自己翻身，睡眠时能不自觉地改变体位。手的活动也多起来，能准确地抓取东西并摇晃。他们可以保持坐的姿势，并开始认生，见到陌生人感到害怕，甚至哭泣，但也有不认生的宝宝。

7～8个月宝宝的智能有什么特点

7～8个月宝宝的智能特点：①到7个月左右开始认人，宝宝见到熟悉的人就绽开笑脸，见到那些不认识的人就盯着看或哭闹，这表明宝宝已具备认人的能力；②这个时期萌发自我意识，宝宝的好奇心非常强，见到周围的东西就想去抓。一抓到手就努力不让别人拿走，如果硬是拿走他会哭闹起来，这就说明宝宝的自我意识萌芽了；③这个时期宝宝能抬头，能坐，会翻身，还能抓住扶手等站起来，由于视线比坐着更开阔，所以，婴儿非常高兴；④这个时期宝宝处于模仿阶段，如果妈妈敲东西给他看，宝宝马上就能模仿着做同样的动作，则表明智能发育正常；⑤这个时期宝宝开始有记忆力了，但只能记些极简单的动作。比如玩具从床上掉到地上，能够稍微找一找了。但是当大人拿来其他玩具，马上就把刚才发生的事忘记了。

游戏时间

小猫捉老鼠

玩法 先准备好彩色绳子，并用布或硬纸做成几只老鼠。妈妈给宝宝戴上小猫头饰，扮成小猫。游戏开始时，妈妈用彩色绳子拴住一只用布或硬纸做成的老鼠，然后拖着它在场地四周跑，宝宝去捉老鼠，用脚踩到它视为捉住了。每捉到一只老鼠，妈妈要大声表扬宝宝，并换一只老鼠继续游戏，视宝宝的兴趣和体力情况决定游戏时间。

游戏目的 这个游戏适合1岁的宝宝玩，能发展宝宝的追跑动作。

9~10个月宝宝的智能有什么特点

9～10个月的宝宝已可以灵活地爬行，并且有时可以扶着东西站立，手的动作也更加灵活，能把纸撕碎放进嘴里，把玩具从这只手传到另一只手，会用手拍打桌面，还能用手指尖捡起桌上的东西，如饭粒、小糖丸等。在语言方面，小儿逐渐懂得语言是人与人用以联系的工具，呼唤他的名字时，会循声转头，对他说再见时，会摆手或点头示意。词句对宝宝来说不仅是音调的刺激，他已能听懂词句的意思，并且已能懂得很多话。

11~12个月宝宝会些什么

11个月大的宝宝能扶着东西行走。牵着手让他迈步时，他会交替出脚。宝宝能够独立站立，会下蹲、弯腰等。吃东西时，会握住小勺吃力地往嘴里送。如果你把皮球投给他，他会投回来，虽然投得不准。他们喜欢用笔乱戳乱画。大多数宝宝这个月还不会讲话，但对语言的理解能力已经很强了，有的宝宝能模仿大人说话，但只能学会1～2个字的词，如“爸爸”、“妈妈”、“嘀嘀”等。12个月的宝宝能够一只手被人领着走路，有的已能独自走几步了，但还走不稳。他们会从玩具箱里把玩具拿出来和放进去；爱乱扔东西；穿衣时会合作。他们会有意识地叫“妈妈”、“爸爸”，会用简单的动作或手势表达自己的要求。语言发展好的婴儿已会说几个词了，喜欢“拒绝”成人对自己的要求。

新生婴儿手脚乱动有什么意义

活动是身体内部需要和外界刺激的结果，只要不加以束缚，宝宝会自发地活动。打开“蜡烛包”，我们可以看到新生婴儿会舒展小

身体，伸伸懒腰，用力将小手高举，把小腿伸直，逐渐有节奏地蹬踢。这种手脚乱动是小婴儿最早的肢体活动，也可以看作是最初的体操。当小婴儿看到有鲜艳色彩的玩具或对他微笑的面孔及听到悦耳的乐曲、歌声时，也会手舞足蹈地表示他的兴奋和欢乐。这种带有全身性的运动，不仅发展了身体的运动能力，活动了四肢关节肌肉，促进了新陈代谢，而且也有利于保持情绪愉快，促进心理健康发展。

育儿专家在线

婴儿何时能真正听懂成人的话?

据心理学家的研究，虽然婴儿在出生后5～6个月起开始牙牙学语，与成人“交谈”，但在实验中当问一个6个月大的婴儿“灯在哪儿”时，那个婴儿竟然能抬起头看着天花板。人们也许会认为他能听懂成人的话。其实不然，心理学家发现，不管天花板上有没有灯管他都会抬头去看，且即使天花板上没有灯管他也不感到困惑，而且还很乐于一次一次地抬头。如果成人以同样的姿势抱他、在同一个位置、用相同的语调和音高说另一句话：“宝宝在哪儿”，他也会抬头。由此可见，这个年龄的婴儿还听不懂成人所说的话，他的行为只是一种条件反射。婴儿真正理解语言的意义要到9个月左右，而且理解语言要先于说出语言。

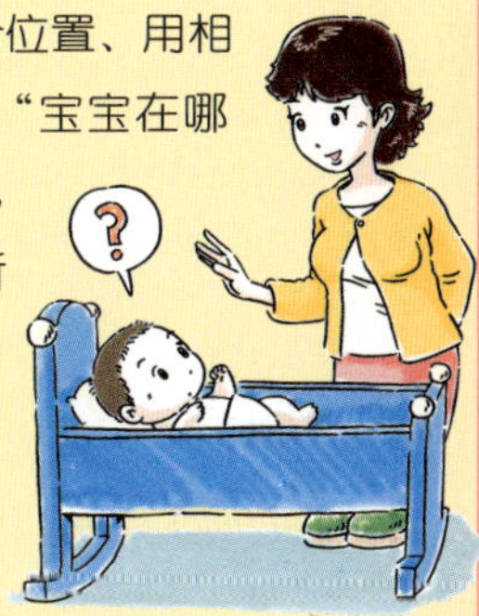

哭与语言发展有什么关系

哭是一种浅语言水平的交际方式，它除了具有一定的交际作用外，对语言发展的另一个意义在于训练了发音器官。人发出语言需要各种发音器官的协调，口、舌、上下腭、喉、声带、肺等部位都与语言有关，缺一不可。这些部位的功能正常与否将直接影响语言是否能顺利地产生。婴儿刚出生时，这些部位的功能都较弱，而哭恰好起到了锻炼的作用，所以哭是有积极意义的。有的孩子很少听到他哭，妈妈说他很乖，长大后却发现语言有障碍。有的妈妈心疼孩子，孩子一哭便把他抱起来，这同样不利于他们的语言发展。完全“剥夺”孩子哭的权力，不仅会影响孩子的运动，也影响他们的发声练习。适量的哭有益无害。当然这不是说任由孩子长时间地哭而不去理睬他，过多的啼哭对其心理方面的发展会产生不良的影响。哭是孩子交流方式的一种，但过多的啼哭应该引起爸爸妈妈的注意。

婴儿是如何学习表达的

对于婴儿来讲，他们发出的最初的声音就是哭泣。当他们稍大之后，就能尝试着以自己的方式来表达情绪。3～6个月的婴儿，能够用嘴来感觉周围的事物，并能喃喃自语。假如成人模仿他们的发音，他们就会表现出愉悦的情绪。同时，这个时期的婴儿也会仔细倾听成人所说的话，并努力把成人所说的词和这个词所指的物体相对应。婴儿需要有人和他进行交流，并不断鼓励他。假如把一个婴儿放在电视机前面，虽然电视里传出的声音能给他一定的刺激，但对于婴儿而言，这是一个被动的语言学习过程。婴儿学习语言必须是在与人积极的交流、互动的过程中获得，并积累起经验。

◎与妈妈交流，是婴儿学习表达的良好途径。

如何教宝宝学会翻身

翻身是宝宝出生后第一个全身性的动作，主要是指宝宝从仰卧到侧卧再到俯卧，然后再从俯卧到侧卧再到仰卧的过程，这要求头、颈、腰、四肢等部位的密切配合，难度较大，可以循序渐进地进行。学会翻身可以使宝宝自由改变身体的姿势，从不同的角度、不同距离看到周围的人和物。宝宝学习翻身的前提是能俯卧抬头，一般从3个月左右就可以开始练习了。先训练由仰卧位到侧卧位，具体方法是：先将宝宝双脚交叉，成人一手拉着宝宝的左右手臂放在其胸前，另一只手伸到孩子身后轻推颈背部，帮助他从仰卧到侧卧（向左或向右翻身应交替进行）。5个月左右就可以练习从侧卧到俯卧，然后再由俯卧到仰卧，具体方法是：成人用玩具在宝宝身体的一侧加以逗引，让宝宝情绪愉快产生翻身的欲望。同时一只手拉着宝宝左手臂或右手臂贴着床往上举，另一只手推动宝宝的身体，帮助其翻身。一般来说，每天训练2～3次，翻身的床要硬一点、平滑点，还要有一定的空间，若是冬天应注意让宝宝少穿些衣服，室内保持一定的温度，这样宝宝就会很容易学会。每当宝宝顺利地完成此动作后，家长应把他抱起来，亲一亲，玩一玩，以示鼓励。

怎样教宝宝学走路

走路，对宝宝来说是大动作发展的标志，大多数宝宝在1岁左右就开始学习走路，作为家长，怎样让宝宝尽快地从独站自如到迈步走路呢？首先，要为宝宝准备一双大小合适的软底鞋或学步袜，放在平坦地面上训练，训练前要排尿。训练时家

游戏时间

捉迷藏

玩法① 妈妈拿一张纸或一条毛巾、手绢，遮住自己脸部的同时喊宝宝的名字，引起他的注意，然后突然露出脸，同时轻轻地“喵”一声。

玩法② “宝宝，妈妈呢？”引起孩子注意后，躲起来，然后发出声音逗引他寻找，最后突然出现在孩子面前。

游戏目的 玩这个游戏时需要宝宝用眼看、用耳朵听，同时促使全身运动，是对宝宝感觉器官的综合训练。还可以使宝宝认识到物体的恒常性（即看不到的东西并没有消失），并使宝宝降低分离的焦虑水平。

注意 父母不要藏得太久、太远，以免宝宝长时间找不到而失去兴趣。

长站到宝宝身后，两手扶住他的腋下，帮助他行走，不要牵着宝宝的两只手，因为一旦他摔倒，家长就会不由自主地猛拽他一下，这样极易把宝宝的关节拉脱臼。其次，家长也可借助推动的小车、学步车让宝宝学走，但借助学步车学走路的时间不宜长，并且呆在车里的时间也不宜过长，否则易形成不正确的走姿。家长应在旁边看着，防止车翻倒而使宝宝摔痛。

怎样训练宝宝的手眼协调能力

宝宝的手和眼，开始时是各自为政、分开活动的，经过一段时间后，才逐渐协调起来，这是智能发展到一个新水平的标志。作为家长，应尽早给宝宝提供各种机会，进行这方面的训练。训练的方法有：❶利用玩具进行训练。2～3个月的宝宝常常注视自己的手或眼前的物体，这时家长可摇动或弄响玩具，引起他的注意，再抓住他的手臂伸向玩具，使他能够抓握和触摸；4～5个月时宝宝已能自如地抓取摆在眼前的玩具，这时可拿出机动玩具摆在他略够不到的地方，吸引他手眼追踪；5～6个月时可让他拿着玩具进行敲打练习，并训练其两手同时握两个玩具；7～8个月时可训练他撕纸，照镜子指认五官，拿取小糖丸等；10个月左右可训练他玩套环玩具，把小球放进盒子里或从盒子里拿出来，旋转瓶盖；❷在日常生活中有意进行训练。比如：宝宝吃奶时，可让宝宝扶着妈妈的乳房或奶瓶；练习用杯子喝水；1岁左右让他自己拿小匙送饭菜入口，自己学脱鞋，拿着钥匙插锁眼，拉开、关上家具抽屉等。在生活中进行训练是“举手投足皆学问”，只是看家长是否留心让宝宝进行这方面的动作练习。

◎看，宝宝对手中的摇铃多感兴趣！

怎样训练宝宝手的摇动敲打动作

宝宝动作的发展是从整体到局部，从不随意到随意，从不准确到准确。手的摇动敲打动作能使宝宝知觉的完整性和具体思维能力得到发展，同时也有利于培养宝宝的注意力和观察力，促进模仿能力的提高。一般来说，父母在宝宝5个月左右的时候，在其掌握抓握能力的基础上，拿一个能发声的、带柄的玩具，如拨浪鼓、摇铃等，吸引宝宝去拿。待宝宝拿到后，握住宝宝的手一起做摇动动作，使宝宝感到有趣，引起他主动拿物摇动。等到两只手都会摇动后，父母可先让宝宝双手各拿一个玩具，抓住他的双手互相对敲，也可示范给宝宝看，让宝宝模仿，还可教宝宝用一只手敲打玩具。开始时手把手教，以后可用示范让宝宝慢慢地掌握。另外，也可买市场上专门训练敲打的玩具，如木制的螺丝钉子进行敲，让宝宝进行有趣的练习。所有这些训练都要随时随地进行，让宝宝慢慢地模仿学会，以促使宝宝注意力的稳定。

新生婴儿肺炎会影响小儿智能吗

新生婴儿肺炎分为吸入性肺炎和感染性肺炎两大类。吸入性肺炎多由于胎儿在子宫内缺氧，呼吸时吸入羊水或胎粪而引起。一部分吸入性肺炎是由于喂养不当或消化道畸形引起乳汁吸入性肺炎；感染性肺炎的病因可能是由于羊膜早破，生产时小儿咽下被细菌污染的羊水，或母亲妊娠期有细菌或病毒感染，或由于生后护理人员患呼吸道感染传染给小儿，或小儿皮肤感染、脐炎等引起败血症向全身扩散而引起。吸入羊水或胎粪引起吸入性肺炎和在母亲体内感染肺炎的小儿出生时多有窒息，经过复苏抢救后仍面色差、青紫，呼吸急促或减慢或不规则，新生婴儿常有呻吟，肺部可听到杂音。出生时或生后感染引起的肺炎或乳汁吸入性肺炎，多在出生三天以后发病，症状为新生婴儿呼吸急促，口周发青，口吐白沫，呛奶，并有体温降低（35℃以下）或发热，两周以上的新生婴儿还可伴有咳嗽，同时还可出现腹部胀气、呕吐和腹泻等症状，肺部呼吸音时有时无，心率常增快。细菌感染时血象表现为白细胞增高，病毒感染时白细胞正常或降低，胸部拍片有肺炎的改变。无论何种原因引起的新生婴儿肺炎，新生婴儿均有明显缺氧存在，如果不能及时供氧，使缺氧改善，可致新生婴儿长期严重的脑缺氧，从而会对小儿的智能发育产生不良的影响。

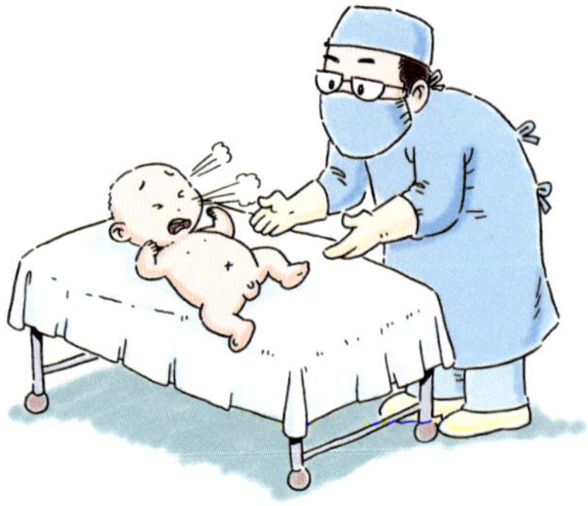

过期产儿智能会受影响吗

凡是怀孕时间超过42周以上出生的小儿，无论体重多少，都称为过期产儿。因为自怀孕35周起胎盘通透性逐渐下降，氧气和营养的通过已开始受到影响。到42周时，由于胎盘的梗塞区和钙化区逐渐增多，胎盘功能进一步下降，母亲与小儿之间的气体、血液交换受阻，向胎儿供应的氧和营养物质也减少。如果缺氧严重可致死产或发生严重的神经系统后遗症，包括智能障碍。因此，我们不能错误地认为胎儿在母亲体内时间越长，得到的营养越多。当怀孕超过40周后，应到医院对产妇及胎儿密切观察，可通过查血或做B超了解胎盘功能。如果表现为胎盘功能老化，说明胎儿不能通过胎盘得到充足的氧气和足够的营养物质，如果继续妊娠可导致胎儿长期严重的缺氧，可引起死产，存活产儿可能留有神经系统的后遗症智能障碍等，此时应尽早中止妊娠。

早产儿的智能发育会受影响吗

早产儿是指怀孕超过28周而不到37周出生的新生婴儿。多数体重不足2500克，身长不到46厘米，各脏器的形态和功能都不成熟，生命力较弱。早产的原因有孕妇患有流感、肺炎、痢疾等发热性疾病，或孕妇有外伤及手术史、精神紧张、高血压、生殖器异常等。另外，胎盘异常、双胎、胎儿畸形及脐带过粗、过短、扭转、打结等均可引起早产。由于早产儿体温调节功能差，呼吸中枢发育不成熟，易出现呼吸功能紊乱，表现为呼吸浅表、呼吸节律不整齐、呼吸暂停、皮肤青紫，并可导致脑缺氧。另外，肺泡表面活性物质缺乏，易形成肺透明膜病，使缺氧加重。早产儿吞咽和消化功能差，易呕吐、呛奶，引起吸入性肺炎，也可加重缺氧。早产儿肝脏功能不完善，可使退黄的酶及蛋白均缺乏，使黄疸不能快速消退而出现高胆红素血症。此外，早产儿凝血功能差，加上缺氧，易产生颅内出血。呼吸暂停和吸入性肺炎、肺透明膜病、高胆红素血症、颅内出血等严重疾病均可导致早产儿脑细胞缺氧、坏死，影响小儿的智能发育。还有，早产儿易发生低血糖、低血钙，引起惊厥，造成脑细胞损害，引起脑发育障碍，智能低下。因此，孕妇应做好产前检查，避免重体力劳动，防止早产。

婴儿孤独症会影响小儿智能发育吗

婴儿孤独症是一种年幼时起病的精神障碍，与先天性风疹有关，常伴有癫痫。

孤独症患儿大多智能落后，但可在音乐、记数字方面有特殊的才能。本病的表现常见有：言语困难和社会交往困难；出生后2个月还不见笑；4个月在母亲拥抱之下不感快慰；与人没有眼神的对视；不能与周围人保持良好的社会交往；遇环境改变不能很好适应；多有刻板动作；智能落后占75%以上，仅1/3的患儿可勉强独立自主，有些伴有癫痫或其他神经系统显著异常。因此，当家长发现小儿出生后2个月还不会笑，对周围事物反应差时，要密切观察小儿成长情况，如不愿与小朋友一起玩耍，不愿参加集体游戏，不喜欢模仿大人的动作，语言单调，经常说重复语言、刻板语言或自造词句，社交活动中面部表情、身体姿势或手势运用不当等，就要高度怀疑本病，送医院诊治。

育儿专家在线

婴儿的模仿有什么意义？

模仿行为在婴儿半岁后有了明显的发展，而且成为学习的主要方法。7～8个月的婴儿就能注意到周围人的举动，而且开始模仿。如试图模仿一些发音和连贯的词，叫“爸爸”、“妈妈”，学做“小眼睛”，敲打玩具。10个月的婴儿会模仿“拍手”、“再见”、“挥手”等动作。11个月的婴儿不仅直接模仿成人的动作，而且会模仿一些人和物的特征，如爸爸生气，小狗、小猫叫等。我们要利用婴儿好模仿的心理特点，有意识、有目的地进行教育，教他发音、说话、认识事物。孩子模仿得好要表扬，如果他做得不对要用摇头、摆手来表示否定，并要重复教他练习直到学会，最后加以肯定、表扬。

1~3岁宝宝智能开发

开发要点

*智能是由观察能力、记忆能力、想象能力、语言能力、思维能力、操作技能这六种基本要素构成的，其中，思维是智能的核心要素。但是，智能不是这些基本要素的简单相加，而是这些要素的有机结合而形成的整体。因此，不能过分强调其中的某一方面而忽视其他方面。

15个月宝宝的运动机能应达到什么水平

此时宝宝已经有1岁3个月了，可以独自站稳，并逐步学会走路，但还走不稳，容易跌倒；宝宝在大人的牵引下，可以走路和上、下楼梯，但是他更愿意独自爬楼梯。在精细动作方面，如果父母以前进行过有意识的训练，此时宝宝可以用杯子喝水、用勺子吃饭，但动作的协调性和平衡能力都不够，宝宝会把水洒得满地都是，但他还是喜欢自己吃，如果大人要喂，他就会抢勺子。此时，宝宝还会学着翻书，但由于动作不熟练，常常一翻就是好几页，还会用手指在书纸上戳洞。

15个月宝宝的体格发育水平

	男宝宝	女宝宝
体重	约为10.4千克	约为9.8千克
身高	约为79.2厘米	约为77.9厘米
头围	约为46.8厘米	约为45.8厘米
胸围	约为47.1厘米	约为45.9厘米
坐高	约为49.3厘米	约为48.3厘米

◎1岁多的宝宝，运动机能开始迅速发展，他们爬上爬下，十分活跃。

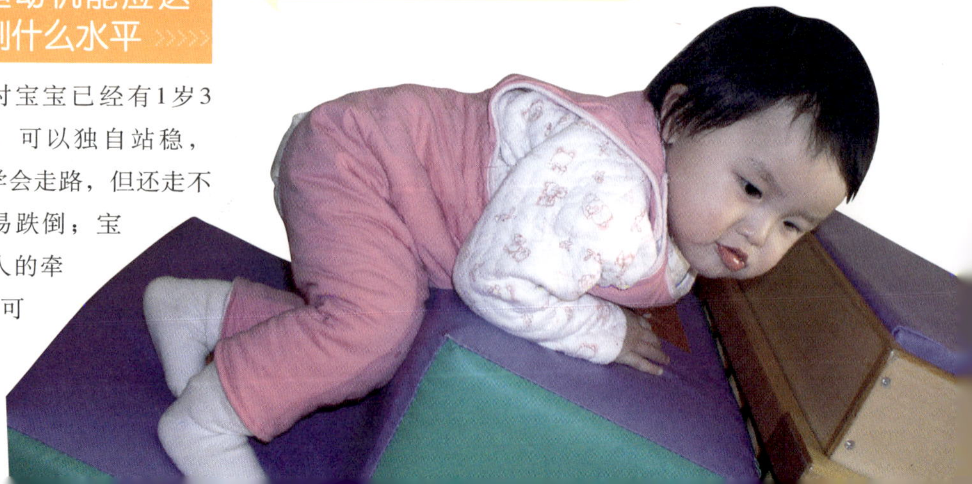

18个月宝宝的体格发育水平

	男宝宝	女宝宝
体重	约为10.9千克	约为10.3千克
身高	约为81.6厘米	约为80.4厘米
头围	约为47.4厘米	约为46.2厘米
胸围	约为47.8厘米	约为46.7厘米
坐高	约为50.4厘米	约为49.6厘米

18个月宝宝的运动机能应发育到什么水平

1岁半的宝宝已经能够独自走得很稳，常喜欢牵引着玩具行走，走路过程中还可以绕过障碍物。在行走过程中，开始学跑，有时会摔倒，但大多数情况下可以自己爬起来。宝宝可以用手扶着栏杆一级一级上楼梯，但是通常还是喜欢快速地往上爬，因此需要特别注意安全。在精细动作方面，宝宝可以用杯子喝水，而且往外洒的水很少，能够比较好地用勺子吃饭，开始自己独立进食。此时宝宝白天可以控制小便，一旦尿湿裤子会主动向父母示意。另外，此时的宝宝总是在不停地运动，在寻找新的东西，表现出强烈的“探险精神”。

21个月宝宝的运动机能应发育到什么水平

此时，宝宝可以自己用手扶着栏杆、双脚熟练地交替上、下楼梯；可以拉着玩具快速地往前跑。在前进过程中，遇到过低的障碍物时，可以一脚跨过去。由于幼儿运动发育有先向前、后向后的规律，所以此时宝宝在后退过程中，动作协调起来还比较困难。父母可以通过游戏锻炼他向后退的能力，培养宝宝运动的稳定性和协调性。在精细动作方面，宝宝此时可以把东西熟练地放到杯子里，能够玩2～3块的积木游戏，还会在纸上画一些简单的线条。

21个月宝宝的体格发育水平

	男宝宝	女宝宝
体重	约为11.4千克	约为10.9千克
身高	约为84.4厘米	约为83.1厘米
头围	约为47.8厘米	约为46.7厘米
胸围	约为48.4厘米	约为47.3厘米
坐高	约为51.7厘米	约为50.8厘米

21个月宝宝的智能一般应发育到什么水平

21个月时，宝宝的词汇量已经比较丰富，可以用简单的词句来表达出自己的想法，如表示要吃饭、喝水以及大小便等；能够很快说出自己熟悉物品的名称，而且说话时开始有语调的变化。此时，宝宝的好奇心非常强，会主动要求父母带他去看自己感兴趣的东西，开始学会问问题，而且对物体的大小、远近能进行初步的辨别，但对事物之间的空间关系还不十分理解。

2岁半宝宝的智能一般应发育到什么水平

2岁以后宝宝语言能力的发展非常迅速，到2岁半的时候，已经能够说出4～6个字的句子，在语言沟通中开始会用“我”，例如在向别人介绍自己时可以说出：“我叫×××”，并且在交往中开始思考问题并提出疑问，如：“我们到哪儿玩”？此时宝宝不再像以前那么听话了，开始有自己的习惯和主张，表现出强烈的反抗意识。宝宝还能够分辨出各种物体的颜色；能够数出两位数以上的数字；能背几首简单的古诗和唱一些简单的儿歌；可以按照要求搭出简单的积木形状；还可以把铅笔握在手中，画出十字线。

◎玩积木，既是孩子喜欢的游戏，也是亲子游戏的重要组成部分。

玩积木对宝宝智能发展的影响

积木可以说是一种既古老又现代的游戏。我们说积木是一个古老的游戏，是因为在遥远的古代，我们的先辈就已经开始玩这种游戏；说它现代，是因为它也是在随着时代的前进而不断更新，充满了时代气息。积木最大优点就在于它的“多变”，宝宝可以用它来堆砌各种各样的东西，如房子、床、桥梁、火车等。玩积木最大的好处就是可以培养宝宝的想象力和创造力，而这两种能力对宝宝的智能以及未来的成长都是相当重要的。教宝宝玩积木可以按以下步骤进行：❶开始时，父母需要对宝宝进行启发和引导，培养他对积木的兴趣，例如可以对宝宝说：“宝宝听话，妈妈教你盖房子”，其后手把手教他玩；❷在宝宝熟悉以后，可以让他照着图形进行模仿；❸接下来，可以让宝宝根据自己的想象堆砌自己喜欢的东西。同时，在玩积木的过程中，还可以培养宝宝的计数能力，例如可以让宝宝数一数他用了多少块积木。总之，小小的积木可以在宝宝的手中变换出无穷无尽的花样，构造出一个充满天真和幻想的童话世界。

3岁宝宝的记忆力有何特点

3岁宝宝的记忆活动有如下特点：❶记忆活动依赖于具体事物。鉴于这一阶段儿童的语言、思维还处于比较低的发展阶段，最好利用形象鲜明和有兴趣的物品来促进其记忆的发展；❷记忆以无意记忆、机械记忆为主。幼儿只能根据材料的外部联系或表现形式，采取简单的方式进行识记。记忆活动缺乏一定的目的性，也没有意志努力参与。虽然以无意记忆为主，但已经开始了有意识记忆的萌芽，可以根据成人提出的一些最简单的要求进行识记；❸记忆保持的时间短，而且准确性比较低，随着年龄的增长，幼儿记忆再现的时间越来越长，如2～3岁的幼儿和照料者分开几个月后仍能认识；❹记忆与情绪紧密相连。2～3岁幼儿的记忆富有情绪色彩，特别容易记住那些使他们愉快的事物或者是能引起强烈消极情绪的事物。注意培养积极的情绪记忆，退化消极的情绪记忆。

根据以上特点，父母可以有计划地训练宝宝的记忆；可有计划地让宝宝学习看一些图片，了解不同的物体，过了一两天后，问宝宝是否看过这些图片，让他们回答是或否；也可以将学过的图片和未学过的图片混在一起，让宝宝找出学过的图片。在人际交往中，观察宝宝是否能够辨认出以前曾看到过的人，如问宝宝“以前阿姨带你荡秋千，还记得吗”，提供部分线索促使其回忆。比如，宝宝出去玩了一天，晚上问宝宝今天玩了什么，如果已经进入托儿所或幼儿园，问他老师今天教了什么儿歌，中午在幼儿园吃了什么，今天和幼儿园的小朋友做了什么游戏等。这样达到引导宝宝正确回忆的目的。有的时候，宝宝如果受到老师的表扬，会很高兴地向家长汇报。这时候你要注意听宝宝的讲话，鼓励他继续讲下去。2岁半时宝宝能记住儿歌和童谣。父母最好将有关知识编成朗朗上口的儿歌便于宝宝记忆。

◎3岁左右的宝宝还不能准确地分析、记忆外界环境发生的事情，需要周围人给他提供回忆的线索。

育儿专家在线

游戏对幼儿智能的发展有何意义？

幼儿生来好动，以游戏为乐趣。游戏对于幼儿来说意义并不在游戏本身，通过游戏，幼儿各方面的能力得以锻炼发展，在游戏中学习探索。游戏是幼儿未来生活的演练和准备。幼儿的游戏丰富多彩，每个幼儿都会有自己非常喜爱的项目。从成长过程来看，游戏又随其能力发展呈现出共性特征。开始时幼儿的游戏主要是感官性的游戏，比如喜欢看色彩鲜艳的小球，爱听优美的音乐以及爱看漂亮的图画书等。

走、跑、跳、攀、掷的标准是什么

一般家长比较重视对宝宝的智能投资，而对如何发展宝宝的运动能力想得很少。当宝宝学会走路以后，父母对宝宝的动作发育就不甚关心，而把精力倾注到智能发展上。其实，对儿童来说，智能是通过运动能力的发展而发展起来的。宝宝学会走路以后，有了基本平衡自己的能力，这时可以培养宝宝跑、跳、攀爬、投掷等动作，要求在30个月龄内完成。训练宝宝的跑、跳、钻：❶跑。能向指定的目标跑和沿着圆圈跑。能连续跑10～15秒，较快的能跑4～8米；❷跳。能双脚原地跳，双脚向前随意跳，从10～15厘米的高处跳下；❸钻。会上体前屈、手不着地钻过障碍物（如钻过悬高30厘米左右的绳子）。

如何训练宝宝双手的协调能力

一般宝宝1岁半以后双手精细运动能力有了进一步的发展，这时父母可以指导宝宝做一些需要双手协同的活动。协调双手的活动：❶需要两手同时进行的动作。如找一些五颜六色的纸，让宝宝用双手撕成条形，等宝宝略大些时，要求宝宝撕得更为细小些。也可以与宝宝玩抛球的游戏，让宝宝学会用两只手接球，然后学会用两只手将球抛出去。练习拍手的动作对双手协调发展也会有一定的效果；❷物体在两手间的转换。先抓着宝宝的手，将左手的玩具放到右手掌心，再将右手的玩具放到左手的掌心。接着可以让宝宝自己独立左右手交换玩具；❸需要两手协同的精细动作。如串项链，家长可将吸管剪成一个一个的小段，然后让宝宝将他们串起来，将串好的各种颜色的项链分别系在宝宝、父母以及其他家庭成员的脖子上，让宝宝有成就感。如果想进一步训练这一技能，可以让宝宝串一些更细小的项链，一方面可训练宝宝双手的协调能力，另一方面还可培养其手眼协调能力。扣扣子也是比较好的训练方法。另外，搭积木可训练宝宝运用双手平衡控制积木的能力，并能提高宝宝手指的灵活性。画一条线，让宝宝在上面走或横着走，不过宝宝最喜欢玩的还是倒着走。一开始他会小心谨慎地一面走一面回头看。妈妈可以陪他玩，看谁先走到终点。

左右手应该同时受训吗

有的人习惯使用左手，俗称“左撇子”，这并非病态。科学研究告诉我们，遗传基因在左撇子形成过程中起着主导作用，绝不是因为左手使用得多。当宝宝刚会伸手拿饼干、糖块时，父母注意到他总是先伸出左手，从此，他们就特别注意加以纠正。当宝宝左手抓勺时，急切地帮他换到右手，可一转身，勺又“跑”到左手去了。宝宝用左手搭积木，父母想办法把他的左手塞进小口袋，强制性地让他使用右手，可搭不上几块，就推倒积木玩别的去了。为什么呢？只要仔细观察，是不难找出答案来的。原来他右手的拇指、食指的掌控功能较差，动作不灵活。宝宝因左手比右手灵活，所以就养成了用左手的习惯。大脑优势学说对此是这样论述的：习惯于使用左手的人，其大脑占优势地位的是右半球，习惯于使用右手的人，其占优势的大脑是左半球。这种优势一旦受到干扰，就会造成语言混乱、阅读困难等现象。既然“左撇子”的大脑优势在右半球，所以右手就难于运用自如。再加上父母经常强制性地破坏宝宝的习惯，这就使他灵巧的左手失去许多锻炼的机会，结果造成左右手都发育迟缓。有些乒乓球、网球、击剑等运动员就是利用左手的优势大显身手，取得辉煌的成绩。我们主张左右手同等受到训练，既发挥长处，又弥补短处，使大脑两个半球都得到发展。

怎样训练宝宝的身体平衡能力

在宝宝会走路之前就可以训练平衡能力了。父母可以抱着宝宝，一会儿向上，一会儿向下，或左或右，如同荡秋千一般，宝宝会很开心地感受身体位置的变化。也可以让宝宝坐在毯子的一端，父母面对着宝宝，拉动毯子，告诉宝宝“汽车开动了”，刚开始练习时最好有大人在宝宝的后面保护着。通过这个游戏宝宝可练习控制自己的身体，不至于摔倒，等宝宝能基本掌握平衡后提高毯子前进的速度，进一步加强训练。在宝宝学习走路的时候，就已经开始发展身体平衡能力了。在行走训练的基础上，让宝宝练习跳，可以是原地跳，等到年龄稍大些练习跳远，这些动作都需要手臂、腿等身体部位的协同活动，以及对整个身体平衡的控制。当然，也可以练习双脚跳、单脚跳，最好将这些跳的动作穿插在游戏之中，这样便会提高宝宝训练的兴致。在平地行走后，可以让宝宝在一定的坡度上行走，如父母将席梦思床垫按一定的坡度摆放，让宝宝练习从高处走向低处，以后也可以练习从低处走向高处。在练习初期父母可用手搀扶着他，以后逐渐放开手，让宝宝学会自我控制并平稳地走过“山坡”。两岁以后，可训练宝宝完成有节奏感的动作。宝宝会非常喜欢随着音乐摇摆舞动，父母抱着宝宝或者拉着宝宝的手，带着宝宝在音乐声中“翩翩起舞”。随着音乐的节奏，动动宝宝的小手臂、小腿，让宝宝学会如何控制自己四肢的活动。还可训练宝宝手脚并用以及平衡控制的能力，如让宝宝双手端水杯行走，一方面，要求宝宝能端好水杯，不要将水洒出；另一方面还要同时完成行走任务。若宝宝能熟练完成这一活动，可考虑增加行走的难度，如在他行走的路径中增设障碍物，让他学会绕过障碍物的同时控制身体的平衡。也可以让宝宝踢罐子，对宝宝来说，一只脚支撑着体重且维持平衡，另一只脚抬高踢东西的确非常困难。妈妈可先扶住他的脚，从踢的动作开始，再一步步进展到站着踢，边走边踢。

◎孩子学说话的兴趣，是从他所感兴趣的事物开始的。

学说话的最佳期在什么时候

许多心理学家研究证明：在某一特定年龄时期，儿童学习某种知识和行为经验比较容易，这就是所谓最佳期。1～4岁是学习口语的最佳年龄期。这是为什么呢？儿童学说话的必然过程是：语音——理解——表达。模仿成人语音是一个较复杂的过程，而不是像其他动作那样，可以由成人把着手教。宝宝只能通过视觉（看口形）、听觉（注意发音）和言语动觉（自己的声带、唇、舌等发音器官）的协调活动来进行。因此，6个月左右的宝宝，虽然也能发出“爸——妈——”等语音，那是因为这两个音最容易发，而且父母亲又是最亲近的人，不是有意识地模仿发音。真正开始发出语音是在1岁左右。1岁至1岁半是宝宝理解词义的迅速发展时期。开始是“再见”，摆摆小手；“谢谢”，握双手作揖。这时能说出的词很少，一般是用动作替代语言。1岁半开始是真正掌握词、说出词的阶段。此时他已学会了独立行走，在儿童生理发展上出现了一个转折点。随着视野不断向外扩大，接触事物日益增多，与成人语言交往频繁，外界丰富的环境刺激大脑迅速发展，机能分化日趋成熟，从而提高了对语言的理解力和表达能力。超过了学说话的最佳期，学起来就比较困难了。许多实例和科学研究都表明，人的能力具有各自不同的发展期，口语发展与年龄增长成反比。一切能力若在发展期得到训练，就会收到加倍的效果。

如何提高宝宝的语言水平

语言是人类特有的生理现象，但并不是所有的人都一定能够学习语言。宝宝在1岁半以后，随着宝宝发音器官的逐渐成熟，宝宝说话的积极性也越来越高，他能听懂的词也多了。一般在宝宝18～21个月能记住50多个词语，到2岁时掌握130个左

育儿专家在线

为什么不要随便打断宝宝的说话？

在宝宝1～3岁时，家长可通过很多活动鼓励宝宝学习语言。如每天在固定的时间里和他一起读书，听故事录音，或是互相讲故事等。也可以让他看一些幼儿节目，不过这需要家长的帮助和讲解。家长也可以多跟他进行语言的交流，在和他交流时，要学会和他轮换地听和说，不能只是家长说或只是他说，而要学会倾听对方用语言表达。有很多家长总是爱打断宝宝的谈话，这种做法非常不可取。即使宝宝说得不对或是发音有错误，也要等他说完以后再纠正。因为这是对他的基本尊重．也是对他的示范性教育，否则，将来宝宝也会随便打断别人的谈话的。

右。有时在游戏、交流中，你还能听到宝宝说出一个你从未专门教过的词。这个词可能是他对你说话的模仿，也可能是从其他地方学来的。宝宝的语言能力从会说一个词，逐渐出现两个词的叠加，甚至三四个词的组合，渐渐地发生着质的飞跃，如会说“宝宝要睡觉”“妈妈抱”等。宝宝开始逐步从成人的言语习惯中来掌握语言的语法结构，逐步学会使用一些基本句型。此外在发音上，宝宝也逐步准确，并且宝宝这时喜欢模仿大人发音，比如一首押韵的儿歌，你只要给他唱几遍，他就会跟随你唱出最后押韵的字。说话的积极性是发展宝宝语言能力的契机，父母应抓住这一机会，将语言练习自然地穿插到日常生活中和游戏中。比如早上给宝宝穿衣时就可以教给他几个词或一两句话，边穿衣服边练习，充分利用时间。或在和宝宝游戏活动中或外出时比如逛动物园，可告诉他老虎狮子等有什么样的特征，结合具体动物给宝宝留下较深的、具体的印象。

如何丰富宝宝在触觉、嗅觉、味觉方面的经验

当宝宝呱呱落地后，他就开始探索这个世界了。这种探索是全方位的，除了视觉、听觉方面的探索外，家长还要发展宝宝触觉、嗅觉和味觉等感觉能力。宝宝对物体的触觉探索，最初是通过口腔的活动进行的。我们经常看到，婴儿不论抓到什么物体，都会将它放到嘴里，其实他并不是想吃东西，而是想用嘴巴“看看”这是什么东西，满足一下自己的好奇心。这时候，父母需要注意的是宝宝的安全问题，以防宝宝将东西吞进肚子里去。同时，手也在触觉中起到一定的作用。为了丰富宝宝的触觉感受，父母要为他们提供足够的触觉刺激。比如，让宝宝的小手摸一摸毛茸茸的狗熊玩具、光滑的金属表面、粗糙的石头等，这样可以产生不同的皮肤感觉；夏天让宝宝摸一摸冰块，感受一下冰凉的感觉，冬天让宝宝摸一摸热水袋（温度不宜过高），感受一下温暖；让宝宝揉一揉海绵，再摸一下其他硬的物品，让其感受软与硬。触觉对宝宝认识事物具有重要的作用。嗅觉为宝宝提供外界的信息，指导宝宝了解周围的人和物。如通过嗅觉了解不同花朵、不同水果的气味，这些都有助于宝宝更全面地认识事物。让宝宝了解不同的味道是一种味觉的训练，如给他吃西瓜，说“又红又甜的西瓜，西瓜是甜甜的”，并重复说几次。通过食物，让宝宝了解到不同的味道，丰富宝宝的味觉感受。

◎给宝宝一个可爱的毛绒玩具，可以很好地丰富她的触觉感受。

1~3岁幼儿思维有什么特征

此年龄段幼儿思维活动出现了最初的概括和推理，但思维仍比较具体，需依赖一定的动作。这时候动作表现出一定的目的性，如家长将宝宝喜欢的玩具放在毛毯上，宝宝却够不着，但宝宝偶尔会拉动毛毯，拿到玩具。宝宝依赖拉毛毯这一动作达到了目的，这标志着幼儿的动作中蕴涵有一定的智慧成分，他们学会运用身体和外部的动作寻找解决问题的途径。家长可设计一些游戏，看看宝宝能否借助一些动作达到自己的目的。例如，在宝宝喜欢的球上系一根飘带，宝宝拿不到球，看他能否拉动飘带从而得到喜爱之物。1岁左右的宝宝概念比较模糊，如果你拿玩具车教他学说“车”，他只认为玩具车才是车而其他车则不是车。宝宝2岁以后能够按照物体的一些比较稳定的主要特征进行概括，认识到不同形状、颜色的车都是车，思维活动出现了最初的概括特点。此时，家长可让宝宝进行一些初步而简单的分类活动。另外，宝宝也能运用一些象征性符号进行思维。用一些物体代替其他一些物体，尤其在宝宝的“过家家”游戏中这一特点更为明显。这一阶段也通过词语来进行一些思维活动，但宝宝还不能认识到事物的本质特征。他们所用的概念与成人的概念并不完全相同，且由于词汇还是比较贫乏，他们只能运用有限的词语来表达自己的意思，作一些简单的分类与推理。

幼儿思维的发展过程是怎样的

幼儿的思维是从1岁以后开始产生的，3岁以前的思维是人类的初级思维，即直觉行动性思维。这时期幼儿进行思维是与对事物的感知及自身的行动分不开的，他们只能思考直觉的或所接触的事物，离开了直接感知或接触的物体，离开了动作，思维就中断。他们的思维概括只是根据事物的外部特征如颜色、形状、大小等加以分类，而不能概括出事物的本质特征，因而常常发生错误。3岁以后的幼儿跟3岁以前的比起来，知识、经验更加丰富而深刻；同时，幼儿的认识兴趣也日益发展起来，表现得很好奇，爱提问；另外，幼儿语言表述能力的提高也给幼儿思维能力的发展提供了直接的前提。这样，3岁以后幼儿的思维就在3岁前思维水平的基础上由低级向较高级水平发展，即具体形象性思维。这时幼儿的思维主要是凭借事物的具体形象或表象联想来进行的，这时他们可以通过图片或实物来理解事物间的关系，如通过不同高度的桌椅理解“高”、“低”等词，通过不同厚度的书本理解“厚”、“薄”等词。而如果离开实物或图片只是口头上讲解，他们就无法理解什么叫“高”、“低”，什么叫“厚”、“薄”。因此，在这一阶段，成人可以利用画册、图片或实物给他们讲故事，说明简单的道理，他们是能够接受和理解的。

◎3岁左右的宝宝，在够不到小车时，能够借用拖拉车下的布来得到想要的车，这说明他具有了初步的概括和推理能力。

◎利用家里的一些简单常见的器具，就能够很好地教会宝宝认识大小。

如何增强宝宝对物体大小的识别能力

有实验表明，如果让1岁半到3岁的宝宝区分大皮球与小皮球，1岁半的宝宝中有20%的能够正确加以区分，2岁宝宝为60%，2岁4个月则达到88%。可见，识别能力发展比较早的宝宝在1岁半的时候就能区分出物体的大小。有些宝宝虽然能区分出大小，但不能用语言表达大与小，这是因为宝宝表达大小的能力要比区分大小能力出现得晚一些。1岁10个月的宝宝能表达大小者占28%，2岁为40%，2岁4个月为80%，3岁宝宝能够完全正确地区分并说出大和小。从1岁半起，成人可以找出形状、颜色等完全一样但大小不同的玩具，让宝宝比较这些玩具。如可以用一些塑料杯子作为工具，这些杯子外形、颜色都一样，而仅仅在大小上有差异。告诉宝宝小的杯子可以放在大的杯子里，让宝宝区分出不同的杯子；也可以在大的杯子里放些水，问宝宝“大的杯子里有水，还是小的杯子里有水？”还可利用家里鞋柜中的鞋，帮助宝宝区分出大小概念，问宝宝谁的鞋子大、谁的鞋子小；或在纸上画些大小不同的物体，让宝宝作出区分，帮助他真正掌握大小概念。在宝宝能区分大小时，及时地教宝宝学会说“大”、“小”。

游戏时间

对比游戏

玩法 在容器里放大、小两种蛋糕，妈妈拿起大的蛋糕给宝宝看，告诉他“这是大的”，接着再拿一块小的蛋糕给宝宝，同时说“这是小的”，经过几次训练后，妈妈可以向宝宝发出“拿一块大的蛋糕”的要求，看他能否拿对，如拿对了，可给他鼓励；接着再向宝宝发出“拿一块小的蛋糕给我”的要求，观察他是否能拿对，如拿得正确也要给予鼓励。通过这种练习，宝宝很快就能学会分辨大和小。

游戏目的 通过辨认大小物体的练习，培养宝宝形成对比的概念。

如何增强宝宝对物体形状的识别能力

到了3岁左右，宝宝能够认出圆形、方形和三角形等简单的图形。不同的几何图形，辨别难度有所不同，由易到难的顺序是：圆形、正方形、半圆形、长方形、三角形、多边形等。可结合宝宝平时所吃的饼干、蛋糕与面包，告诉宝宝各种形状的名称。也可以买几块大的蛋糕，将其切成不同的形状，一边切一边告诉宝宝这是圆形、正方形等，然后让宝宝找出你所要的蛋糕，看宝宝是否能真正辨别出不同的形状。宝宝玩具积木更是训练其对物体形状辨认的有效工具。在3岁之前，父母就可以准备一些各种形状的积木逐渐让宝宝去熟悉、辨认，并有意识地教他们识别各种形状。我们在日常生活中所看的物体实际上就具有不同的形状，如太阳是圆的、门是长方形的、梯子是梯形的等。也可以用牙签或小木棍拼成各种图形，让宝宝区分，也可以让宝宝自己拼出相应的图形。

如何增强宝宝对物体颜色的识别能力

1岁半以后，宝宝能说出各种颜色。快满3岁时，开始能够正确辨别各种基本颜色，如红、黄、蓝、绿，最容易掌握红色，其次是黄、绿等色，但对其他混合色如橙色、紫色以及不同色度的颜色如墨绿色、淡绿色等，还不能作出正确的区分。对颜色识别能力的训练可分为以下阶段：第一阶段，让宝宝了解什么是红色、绿色、黄色等基本颜色，可以结合具体的实物与图片，如苹果是红的、香蕉是黄的、小草是绿的等；第二阶段，在宝宝能辨别不同颜色的基础上，让宝宝从五颜六色的积木中选出蓝色的积木，或者选黄色的积木；第三阶段，给宝宝准备好颜料，让宝宝在无色彩的图片上，给不同的物体涂上不同的颜色。

如何使宝宝感受到简单的空间概念

宝宝的空间知觉最初是通过动觉和触觉发展起来，即通过实际的行走和触摸，才能辨别物体的方位和距离，逐渐掌握一些空间概念。空间知觉能力的发展，可以帮助宝宝更好地了解空间关系，丰富宝宝抽象的思维能力，促进其空间思维能力的发展。空间知觉的发展相对较慢，大约在2岁半以后才知道上下概念，3岁以后知道前后概念，而分辨左右的能力比较差。空间知觉的发展需依赖训练，如通过传统的捉迷藏游戏，让宝宝寻找某个玩具藏在哪里。如果宝宝找到，则告诉宝宝玩具在哪一物件的上面或下面；如果宝宝没有找到，则告诉宝宝答案，并带着宝宝一起寻找玩具。也可以准备一个沙盘，同时准备一些房子、桌椅、树木、花草、布娃娃、猫、狗等物品的小模型，然后与宝宝一起摆设，父母可以一边说“小狗在房子的旁边，布娃娃在桌子上……”，一边安排物体的摆设。让宝宝在自由的玩耍过程中了解一些基本的空间概念。实际生活中的空间关系是教育宝宝的最好教材，家长可带宝宝一起出去郊游或者逛公园，让宝宝在大自然中学习空间概念，促进其空间知觉的发展。

育儿专家在线

要教宝宝记住父母单位和家庭的住址

自从宝宝会作自我介绍以来，随着认识的事物不断增加，介绍也会逐渐详细，他通过家庭相册知道爸爸在什么单位做什么工作。平时，这种教育是十分必要的，万一遇到走失、被拐骗、火警、水灾等意外情况时，宝宝能自己说清楚父母的姓名、单位和家庭住址，人们可以帮助他找到失散的亲人和家庭。只要宝宝学会了背诵儿歌和唐诗，就有能力背诵父母姓名、单位和家庭住址。由于地址不容易背诵，所以要经常重复才能记住。

宝宝何时获得“多”与“少”的概念

1岁半至2岁的宝宝已经知道物体多与少的差别。3岁前宝宝对数的认识主要处于知觉阶段，只能说出现了数概念的萌芽，数概念在3岁以后才开始形成。3岁前宝宝虽然能够口头数10以内的数，但只是机械地说出数的顺序，并不会真正运用数字数物体的个数。父母可在游戏过程中让宝宝直观地感受到多与少的数量关系，如为宝宝准备一些大棋子和小棋子，拿出2个大棋子和8个小棋子，分别摆成2堆，先给宝宝数大棋子的个数，一边拿起棋子，一边数“1、2，大棋子只有2个”，再数小棋子的个数“1、2、3……，共有8个”，最后告诉宝宝大棋子少、小棋子多，让宝宝自己感受到多和少的差异。

3~6岁宝宝智能开发

开发要点

*对于学龄前儿童的教育绝对不能采取灌输的方式，许多家长在这个问题的观念上都存在一定的误区。现在提倡的是一种游戏式教育，即在做游戏的过程中培养宝宝的兴趣、爱好、性格和品质等。

宝宝的潜能优势表现在哪些方面

在宝宝成长的过程中，存在一些“关键期”或“敏感期”，在这一时期，宝宝进行的某项技能的学习，会取得比较好的效果。以美国心理学家布鲁姆的研究为例，他认为把17岁时所达到的普通智能水平看作是100%，那么从出生到4岁就已经获得其中的50%，4~8岁又获得30%的智能。从幼儿自身的发展以及这个数字比例可以看出，对3~6岁幼儿进行潜能发掘是很重要的。根据美国心理学家加德纳的理论，智能是多元的。观察宝宝的潜能优势表现，父母可以从以下方面进行：①语言文字：说话比一般孩子早，喜欢自言自语；能灵活运用别人的妙语或纠正别人的错词；会绘声绘色地讲故事；很早就喜欢读书；②数理逻辑：好奇多问；喜欢下棋、打牌；善于对物品进行分类；能很快学会等量交换，如1元等于100分；③音乐：学歌快，且不跑调；喜欢听乐器演奏，能分辨不同乐器的声音；从小喜欢摸乐器，稍大一些能识别一些乐曲；④空间想象：观察力强，能发现事物的细枝末节；想象力丰富，擅长画地图、立体图画；能记住走过的路标和地方，很少迷路；很少不知所措；⑤身体动觉：能掌握各种工具器械；容易学会翻跟斗、游泳、骑车；善于拆装收音机、钟表；擅长模仿他人的动作，喜欢舞蹈、体操；⑥人际关系：能体察到别人的忧伤、高兴；看电影、电视能够很快看出谁是“坏蛋”；喜欢扮演角色，做游戏；很快能够与陌生人熟识，一起游戏；⑦自我认识：做事情有自己的主见，有自信；喜欢自己选择与安排自己的事情。

育儿专家在线

怎样简单判断宝宝是否智能落后?

父母可以通过观察宝宝的运动、语言、情绪、感知觉等各种能力的发展情况，初步判断宝宝的智能状况。宝宝的几种落后表现：❶运动发育落后：表现在大运动和精细运动（如手的运动）比正常孩子差。无目的地多动、动作笨拙、幼稚，有强迫行为或刻板动作；❷语言发育落后：表现在开口晚，大多有拼音障碍或表达不完整，语言贫乏，甚至不能使用语言；❸情绪异常：表现为不稳定性，常有莫名其妙的不安、暴躁，对事物反应迟钝；❹感知觉障碍：表现在注意力、记忆力和思维能力的损害，分析能力较差，缺乏自我保护意识。轻度智能落后的患儿，在婴幼儿时期常常无明显异常表现，被视为正常儿童，多数是上学后因学习成绩不佳才引起注意。这类患儿接受能力差，但仍有教育的可能，也可独立完成简单的劳动。

社会环境对宝宝智能发育的影响

宝宝在较好的家庭环境中享受着父母和家庭其他成员的关心和爱护，对其智能发育有着极大的作用。随着年龄的增长，宝宝需要逐渐地离开父母到各种各样的环境中生活、观察、思考，去探索人生的奥秘。环境的影响，决定宝宝的成长发育、性格塑造及智能的发育，甚至影响终生。因此随着年龄的增长，进一步开发智能，增强日后适应、认识、理解社会的能力，创造良好的社会适应能力，对宝宝是十分重要的。宝宝世界观还没有形成，还不具备改变环境的能力，从精神智能方面讲，好的环境促使其健康成长，坏的环境有碍健康成长。有研究表明：同样营养状况下的两组幼儿，一组附加良好的环境刺激，智能明显高于没有良好刺激的一组。有人研究发现，生活在贫穷环境中的幼儿，由于恶劣环境的影响，做事注意力不集中，缺乏自我保护的能力，常出事故，缺乏学习能力。他们对书和故事毫无兴趣，语言发育落后，词汇较同龄人少得多。由此可见，良好的社会环境可促进幼儿智能发育。

正确看待宝宝的智商测定

首先，要认清智商高不等同于智能高。智商是指个人的智能测验成绩和同年龄被测试成绩相比的指数，即智能商数。美国斯坦福大学心理学家推曼提出计算智商的公式是：智能年龄／生理年龄×100，正常儿童的智商为90～110，而智能则是一种随年龄增长而发展或变化的注意力、记忆力、观察力、想象力、思维力和实际操作能力的综合能力。评价儿童的智能应包括智能测定（即智商测定）、社会适应能力评定（个人生活、个人卫生习惯）和学习能力的鉴定等三方面。因此，不能单纯把智商误解为智能。其次，要明确智商测定的利和弊。智商测定作为一种鉴别手段，可以发现儿童在发展过程中的变化，并实施适时的教育方法；也可以使成人对超常儿童或弱智儿童实施因材施教。但如果单凭测智商的方法来衡量儿童，会使被测出智商较低儿童的自我评价受到影响，产生心理障碍，不利于他们的发展。

如何给宝宝的右脑"充电"，促进智能发展

学龄前期是开发宝宝右脑的黄金时期，父母需要随时给宝宝的右脑"充电"。人体的每一块肌肉在大脑皮质中都有着相应的"代表区"，其中手指运动中枢在大脑皮质中所占的区域最广泛，所以手的动作，特别是手指的动作越复杂、越精巧、越娴熟，就越能在大脑皮质建立更多的神经联系，从而使大脑变得更聪明。因此，训练宝宝手的技能，对于开发智能十分重要。玩沙子、石子等，可以锻炼宝宝手的神经反射，促进大脑的发育。伸屈手指，闭上眼扣纽扣，练习写字、绘画，均可以增强手指的柔韧性，提高大脑的活动效率；摆弄智能玩具、拍球投篮、学打算盘、做手指操等精细的活动，可以锻炼手指的灵活性，增强大脑和手指间的信息传递；玩积木、橡皮泥有利于动手能力的培养，经常让孩子交替使用左右手，可以更好地开发大脑两半球的智能。爬行也是一种有益的智能训练方式，尤其在婴幼儿期。要刺激右脑，最好的方式就是从小就训练爬行，这对宝宝的平衡感及运动都有帮助。右脑在运动中获得的鲜明形象和细胞激发比静止时来得快，在打拳或做操时有意识地让左手多重复几个动作，可以刺激右脑，激发灵感。

怎样培养宝宝积极的情绪记忆

情绪记忆是记忆内容的一个重要方面，积极的情绪记忆常伴有愉快、满足、喜悦等情绪体验，而消极的情绪记忆常伴有恐惧不安、痛苦、孤独等情绪体验。幼儿由于情绪的丰富性，他们的记忆大多和当时的情绪体验有关，有时记忆的内容忘了，可当时的情绪效果却一直保留在记忆中。所以，父母可以利用情绪记忆，主要是积极的情绪记忆促进宝宝记忆的发展。

那么，如何培养宝宝积极的情绪记忆呢？首先，温馨祥和的家庭生活能使宝宝产生愉快安全的体验，从而使宝宝敢于探索，获得知识，促进情绪记忆的发展；相反，一个充满压抑和吵闹、缺乏温暖的家庭环境，会使宝宝变得自卑、孤僻、畏缩而导致探索行为减少，影响宝宝积极情绪记忆的发展。其次，要尽量少让宝宝接触暴力的影视节目和图书。当宝宝出现害怕不安时，家长要及时地给予爱抚和安慰，排除消极的情绪记忆。当宝宝对黑暗、恐怖的音响感到害怕时，家长可以把这些事物与愉快、甜蜜的刺激联系起来，逐渐消除其消极的影响。再次，家长可以通过设置一种情景帮助宝宝记忆。在环境安全、气氛祥和、人物熟悉的情景中宝宝可以进行积极的情绪记忆。最后，要通过各种方式调动宝宝的积极情绪，使其思维处于激活状态，有利于宝宝的积极情绪记忆。

◎宝宝学背古诗，家长也要尽可能地给他提供一个形象的意境，单纯地死记硬背，并不能真正有利于智力的发展。

◎发展宝宝的观察力，可以从身边的一花一草、一物一体开始，慢慢地让宝宝的心思变得细腻。

怎样发展宝宝的观察力

幼儿时期是智能发展十分迅速的时期，观察是发展宝宝智能的主要途径。没有观察，不可能积极思维，也不可能产生丰富的想象。通过观察，宝宝才可能对事物有明确的认识。宝宝观察事物，主要依靠各感觉器官，即用眼看、耳听、鼻闻、口尝、手触。他观察一朵花，知道这朵花是红的；闻一闻，知道这朵花是香的；摸一摸，知道花瓣很细软。家长不仅要引导宝宝多观察，还要教会他观察的方法。例如，观察一条游动着的鲫鱼，要从整体到局部、从头到尾或从上到下按次序进行。从整体看，鲫鱼的身体是扁扁的，两头小，中间稍大，全身披着闪亮的小鳞片。从头到尾看，头部两侧面各有一只眼睛，口位于头的前端，一张一张地不时吐出水泡，尾上有鳍。家长可要求4～5岁宝宝，把观察到的简单内容能用语言表达出来。5～6岁的宝宝，观察的内容可以加深一些，如鲫鱼头上有鳃盖，鲫鱼是用鳃呼吸的，它是依靠尾上鳍的摆动，在水里转弯游动。为了使宝宝感知清楚，还可运用比较观察的方法，如把两种不同的鱼放在一起，找出它们的相同点和不同点，这样，宝宝的印象就更深刻了。

游戏时间

跳砖块

玩法 爸爸妈妈先教宝宝学会单足站稳，在此基础上，教宝宝单足跳跃，然后教宝宝从一个地板块跳到相邻的地板块，等宝宝对这种活动十分熟练后，爸爸妈妈就可以陪宝宝玩跳砖块的游戏。

游戏目的 可以培养宝宝的精细动作和平衡能力。

怎样给宝宝解释词义

在日常谈话和讲述故事时，对宝宝不懂的词句，家长应当给予解释。需要解释的词包括宝宝较少接触的名词，如“文化”、“道德”等；动词如“搀扶”、“逮捕”、“相信”等；形容词如“粗糙”“急躁”、“流行”等。给宝宝解释词义时，要深入浅出，易于理解。如果宝宝确实无法理解，那么就告诉他：长大了就会懂了。当宝宝问“道德是什么意思呀？”可以这样回答：道德是大家应该遵守的规则，在公共场所随地吐痰、不尊敬老人、偷东西，这些行为都是不道德的行为，没有道德心是不好的。给宝宝解释词义时要尽量形象一些，尽可能让宝宝能够用感官去感知一下。例如，要想让宝宝了解“松树”的意思，就带宝宝亲自看一看松树，并启发他仔细看看松树的树干是什么样的，树叶是什么样的，有了感知印象以后，就能牢牢地记住了。又如动词“搀扶”，家长用动作示范一下，宝宝就会立刻明白意思了。再如形容词“茂密”，意思是：树叶、草等长得很密、很多。带宝宝散步时，让宝宝抬头看看很密的树叶，问他现在能看得见太阳吗？宝宝会说“看不见”。又问“为什么看不见？”“因为树叶茂密”。这样通过具体的情景，宝宝就掌握了词的意思了。

如何培养宝宝的初步分类能力

4岁宝宝思维的发展正处于由直觉行动思维过渡到具体形象思维的阶段。这时候，有意识地训练宝宝对物体进行分组分类是锻炼宝宝对事物性质认识的一种有效途径，有利于促进宝宝的思维向抽象逻辑发展。分类的训练平时在日常生活中就可以进行，比如在家庭中对有关物品以及宝宝的玩具以类别进行整理，并告诉宝宝这样摆放的原因，使宝宝很早就具有分类的意识。例如让宝宝根据用途、属谁所有、收藏地点、颜色等归类，让宝宝看看你已经分好的几堆衣物：妈妈一堆、爸爸一堆、宝宝一堆。每次再拿一件衣物，让宝宝辨认应该放在哪一堆，并让宝宝去放好。当然对物体加以分类要以对事物准确的认识为前提，所以让宝宝有尽可能丰富的知识是很重要的。在游戏的过程中也可以训练宝宝的分类能力，例如游戏“我到哪儿去买？”妈妈扮售货员角色，宝宝扮顾客。通过对话或谜语的形式，使宝宝能了解商店的分类系统，知道不同类的东西应该到相应的商店去买，也有一些东西，可以同时在几类商店买到。要宝宝学会分类还要根据宝宝自身的发展水平。宝宝的分类能力是随着年龄增长而逐步提高的。

如何训练宝宝思维的独特性

◎孩子的奇思妙想、异想天开是其具有创造力和想象力的重要表现，千万不要将其扼杀。

从儿童心理学角度来看，每个宝宝都有其思维的方式，有的宝宝较多的是“归纳思维”、“求同思维”，有的宝宝较多的是“求异思维”。一个有独特看法和想法的宝宝，不会盲从于他人，思维极其活跃，能大胆地发表自己的意见。针对宝宝思维的不同特点，父母尤其要注重训练宝宝形成自己的独特思维，发展宝宝的“求异思维”：❶营造民主的家庭氛围。父母要有耐心倾听宝宝的意见，鼓励宝宝质疑，允许宝宝在某一问题上的“争论”，让宝宝畅所欲言，给他尝试的机会；❷支持宝宝的异想天开。思维的独特性是与丰富的想象力分不开的。有的宝宝常常会冒出一些特别的做法或想法，父母不要认为其不合情理而断然否定，而应该肯定、鼓励他的这种思维活跃的表现。父母的欣赏态度是宝宝求异思维的激活剂，能得到鼓励的宝宝，才会大胆发表自己的意见，才会有与众不同的思维；❸鼓励宝宝与众不同。父母不要以为宝宝事事依从成人、听成人的话是一件好事。常听父母说：“你要像××一样”、“我做什么，你也做什么”，这样的宝宝是谈不上有什么创造性的。父母要多说：“你的办法要和他的不一样”、“你有什么好办法”来鼓励宝宝，要让宝宝具有“别跟着他人走”的意识；❹训练宝宝的“求异思维”。生活中，父母可以经常向宝宝提出一些问题，引导宝宝从不同角度进行思考，如报纸有什么用？砖头有什么用？在思维训练中使宝宝敢于有“求异思维”。

育儿专家在线

“大灰狼”的教育后果有多严重？

“大灰狼”的故事是父母经常讲的，不信回忆一下家长是否对宝宝讲过如下之类的话：“你不听话，大灰狼来咬你。”“你不睡觉，大灰狼来捉你。”“你再哭，叫医生来打针。”……结果，使宝宝害怕晚上一个人在房间，不敢独卧；或要开灯睡觉，关灯被惊醒；甚至于做噩梦。这对宝宝来说是严重的精神创伤。更为可虑的是还可引起神经官能症、遗尿、智能发育迟缓等，还会影响宝宝心理的正常发育，造成宝宝胆小怕事、懦弱无能、缺乏独立性等不良性格。父母千万别采用“大灰狼”的方法，不要给宝宝制造心理障碍，否则后果堪忧。

如何引发宝宝的好奇心

4岁左右的宝宝随着自我意识的增加，他们对外界事物表现出了浓厚的好奇心，父母合理引导宝宝好奇心的发展，可以保护宝宝的学习兴趣，增加宝宝的自信心，使幼儿在好奇、好问、思考、探索中发展智能。父母应保护和引发宝宝的好奇心，对宝宝出于好奇的提问与思考给予认真的回答或引导，在父母真正的关注和鼓励下，宝宝的好奇心会被充分挖掘出来，宝宝的智慧潜能也会得到充分的发挥。例如，父母可经常询问宝宝：“你正在做什么，能告诉妈妈吗？”或者对宝宝的好奇表现给予肯定与鼓励：“真聪明，我怎么没有想到呢，让我们一起来找找答案吧!”

宝宝的好奇心是在活动中，尤其在与外界环境接触中产生的，而不是异想天开，所以，父母要多带宝宝到大自然中去，通过宝宝的观察、体验，自然地表现出好奇心。例如，宝宝在草地上玩耍，对蝴蝶产生了兴趣，然后问：“蝴蝶的妈妈在哪儿呢？”这时妈妈就可以告诉宝宝蝴蝶的由来、种类及习性等知识。在家长正确引导下，由这一个问题，宝宝可能逐渐探索、了解了整个蝴蝶的生活史，并对生物产生浓厚的兴趣。父母的幽默感可以使宝宝在轻松愉快的气氛中，对事物或问题产生兴趣、好奇和探索的欲望，从而通过智能活动去解决问题。另外，父母也要注意将宝宝对事物的好奇，引导转化为对事物的深入探索。宝宝的好奇，往往停留在事物的表层，家长要进行深入的引导，如宝宝只对小飞机感兴趣，家长可以从这一点出发，给他讲航天的故事，进而扩大到有关科学方面的知识，逐渐引导宝宝进行更深、更广的探索。

学习乐器的最佳时期是4岁

4岁左右是开始学习乐器的最佳时期。如果家里有条件的话，让宝宝学习一种乐器是有益处的。不仅可以培养宝宝掌握一种音乐技能，而且还能促进宝宝的想象力、注意力、坚持性、记忆力等各方面的发展。学习乐器并不是为了把宝宝培养成音乐家，虽然有极少数的宝宝将来可能会成为音乐家，但家长不能期望宝宝一定要成名成家，而是为了促进宝宝的全面发展。

对宝宝进行运动训练时的注意事项

有关运动机能的训练，希望父母能注意以下几点：❶不要怕麻烦。这时期的宝宝非常好动，不睡觉的时间几乎都在运动。但是，一般父母对此现象似乎不太重视，而且巴不得宝宝能安静下来。不管你的宝宝情形如何，希望你能够准备一个场所，让他能在一天中至少尽情活动2～3个小时；❷配合发达的程度。运动能力的发育规律，是由上向下、由中心向末端伸展，并有相当大的个人差异。因此，父母应该细心观察宝宝的发育水平，再加以适当的指导。如果一心拿自己的宝宝和别人比，而勉强宝宝做不适合的运动，实在是愚不可及的事；❸通过游戏来训练。促进宝宝运动能力发展最简单的方法，就是在游戏和日常生活中加以训练。只要让他觉得有趣，他就会高高兴兴地接受训练，并反复练习。这样一来，不但能达到训练的目的，还可以培养宝宝的毅力；④配合安全教育。具有较强生活能力及运动机能的宝宝，保护自己的能力也较高。因此，在这个时期，大人要时常作具体的指导，让宝宝明白应如何行动、如何利用道具和玩具，才能够保护自身的安全。如果只是在口头上叮咛："那样做太危险"，这只能徒然给孩子增加恐惧感。

如何对小肌肉进行动作的训练

学龄前儿童小肌肉动作，主要是指手的动作。家长不要小看孩子的这双小手，它也是发展智能的重要手段。因为手受大脑的支配，手的动作又促进大脑的发展，孩子在进行精细动手的活动中，需要看、听等多方面感觉信息的综合，这就调动了眼睛、耳朵等各种感觉器官，大脑以及身体各器官的机能都得到进一步完善、协调。手还是孩子认识世界的工具。在孩子最初的游戏、学习、劳动中，手帮助他们认识物体的性质，加深对物体的认识。孩子在进行游戏活动时，往往没有明确的目的性，他们只满足于活动的过程，并且从过程中得到快乐。我们常常看到，孩子在搭积木、绘画时边玩、边说、边唱，十分高兴，完全忘了周围的世界，这就是小肌肉运动对孩子情绪的调节作用。同时，孩子每完成一件美术作品，如美丽的画、精巧的纸工，都会感到成功的喜悦，也发展了他们的美感。孩子的小肌肉动作发展了，手巧了，独立生活能力必然增强。孩子从小养成不依赖别人的好习惯，自信心提高了，这对以后的生活都有好处。

动手动脑与早期智能开发的关系

现在的父母很注重孩子早期智能的开发，古人主张"学训始稚"，在现今这个时代被充分体现无遗。不过有许多的早期教育仍然是注重知识的灌输，而忽视了动手能力的培养。有许多科学家，其理论知识虽扎实渊博，可对做科学实验却束手无策，所以从小就应该让孩子多做些既要动脑，又要动手的游戏。动手动脑的游戏好处很多，最重要的有三点：其一，有利于孩子操作能力的发展；其二，有助于知识的掌握，比如"物体的沉与浮"，与其告诉他"什么东西会沉下去，什么东西会浮上来"，还不如让他自己摆弄一下，操作一下，然后得出结论；其三，有利于开发孩子的创造能力。有的孩子在玩"物体沉浮"的游戏时，忽然发现一块塑料积木会浮于水面之上，可当这些积木搭在一起就会沉入水底，这样一个发现与通常被认为的"塑料积木会上浮"这一概念是不同的。其实，动手动脑的游戏就是让孩子在玩中学，在游戏中学，使孩子将动手动脑结合起来，孩子乐在其中，学在其中。而强硬呆板的"填鸭式灌输"，只会让孩子对此失去兴趣，久而久之，其求知与创造的热情也会慢慢减退。

Tisheng baobao qingshang

提升宝宝情商的6大关键

01 让宝宝多说“谢谢”

据心理学家研究，经常说“谢谢”的孩子情商更高，他们往往机灵、热情、细致且做事有毅力，成年后对生活会有很高的积极性，也很容易与人相处，患抑郁症的概率也会有所降低。在日常生活中，妈妈可引导宝宝多对家人或陌生人说谢谢，对情商发展很有好处。

02 让孩子懂得爱和同情

现在很多家庭都是以孩子为中心，孩子集万千宠爱于一身，根本没有机会也不知道如何表现出自己的爱心。父母要首先教会孩子爱身边的花草树木、昆虫动物，要让他认识到自然中的一切植物和动物都是美好的生命，都应该付出自己的爱心去对待。

03 学会感恩

感恩并不只是说“谢谢”这么简单的事。经常让孩子回忆让他们感激的人和事，是让孩子学会感恩的最好方法之一。在你的引导下，孩子会想起曾经帮助过自己的人。即使孩子收到不喜欢的礼物，也要表达自己的感激之情，感谢他人对自己的心意。

04 尊重别人

让宝宝学会尊重别人的最好的老师就是父母。父母的一言一行直接影响着在旁边的宝宝，如果父母粗暴地拒绝别人的请求，对陌生人的态度不友好或者对街上的乞讨者、残疾人表现出厌恶、避而远之的神情，这一切都会让宝宝看在眼里，记在心里，在合适的机会付之于行动。

05 拒绝说谎，诚实待人

首先，家庭中的每一位成员都要以诚相待，诚恳待人，诚实守信，这样才能为宝宝提供一个诚实的环境。其次，要让宝宝与诚实、有好习惯的小伙伴一起玩耍，这样也能影响孩子诚实的好品德。

06 责任心

妈妈是宝宝最贴近的人，是宝宝最爱模仿的榜样，所以在日常生活中，妈妈更应以身作则，严格要求自己，勇于承担责任。妈妈可以在做家务的时候，分配给宝宝一部分力所能及的任务，比如让宝宝帮妈妈给花浇水、帮妈妈拿扫帚等，都可以培养宝宝的责任心。

0~6岁

Part 10

宝宝抚触按摩课堂

用双手给宝宝温暖的呵护

小儿抚触按摩基础知识 ◆ 保健按摩及常见疾病按摩治疗

小儿抚触按摩基础知识

小提示 TIP

小儿按摩是中国传统医学的重要组成部分。预防小儿疾病，除饮食调养、卫生保健外，一定的母子、父子的身体及情感交流极其重要。小儿按摩，正是通过父母对小儿的触摸，起到刺激触觉、交流情感、调节内在脏腑功能的作用。

早在中国晋代（约公元300年）就有了捏积的记载。唐代药王孙思邈（约公元600～900年）在当时就提出小儿保健，防止感冒的按摩方法：“小儿虽无病，早起常以膏摩囟上及手足心，甚避风寒。”小儿按摩在明代颇为流行，形成专门的小儿推拿体系，留下多部小儿推拿书籍。

小儿按摩的一些准备工作及注意事项

1.按摩环境要安静，室温要适宜

室内应保持适宜的温度，避免室温过热、过低或有贼风。室温过高，小儿治疗部位和施术者的手部易出汗，影响手法操作；室温过低或有贼风，则易使患儿受凉。

2.体位合适

选择的体位以便于手法操作和使小儿舒适为原则。一般3岁以下由别人或施术者自己抱着按摩，3岁以上小儿可单独采取坐位、仰卧位、俯卧位等。

3.施术者应态度可亲，施术温柔

施术者的情绪很重要，儿童可直接感受到施术者的情绪状态，施术者的情绪和态度可影响到儿童的情绪。因此，施术者的态度要和蔼可亲，亲近发自内心，以博取情感的良性交流，防止产生恐惧心理，影响效果。

另外，施术者的双手要温暖，以免因凉手突然刺激，引起儿童的哭闹与不配合。施术者应该修短指甲，保持手部清洁，以免刺破小儿皮肤。

按摩介质

小儿肌肤娇嫩，在按摩时为了减少对皮肤的损伤，或借助某些药物的辅助作用增强疗效，常在手上或按摩部位涂一点类似润滑油的物质，这就是通常所说的按摩介质。

下面介绍几种常用的按摩介质，有的市场有售，有的可家庭制作，在按摩时可根据病情灵活选用。

●滑石粉 医用滑石粉或爽身粉均可。本品有润滑皮肤、干燥除湿的作用。对于婴幼儿及皮肤娇嫩者，一年四季均可使用。特别是夏季出汗多时，用滑石粉易于手法操作。

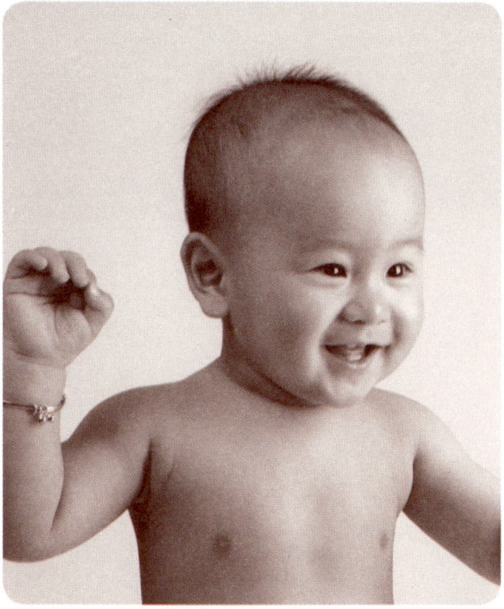

生姜汁 取鲜生姜适量切碎、捣烂，取汁液应用。小儿在冬春季节，常用姜汁，取其辛温，能发汗解表，温中健胃，帮助消化。既可用于风寒感冒，又可用于胃寒呕吐及腹痛、腹泻等症。

葱白汁 取葱白适量切碎、捣烂，取汁液应用。葱白能祛除体表的风寒，有发汗解表、散寒通阳的作用。对于感冒风寒的轻症，常用葱白汁作介质，此外，对于因寒凝气滞所导致的小便不利，也可使用。

薄荷水 取鲜薄荷叶或干薄荷叶（鲜者最好），浸泡于适量的开水中，容器加盖存放2小时后，去渣取汁液应用。小儿在夏天炎热季节常用，有疏散风热、清利头目、透疹的作用，故对于风热感冒或风热上犯所致的头痛、目赤、咽痛等，或痘疹初期隐隐不透，或麻疹将出之际，均可用薄荷水作介质。

凉水 普通自来水或凉开水，主要用于热性病症，有利于退热。

风油精 市场有售。用于风热感冒引起的头痛、头晕、发热、呕吐等。

鸡蛋清 把生鸡蛋打一小洞，然后倒置，取渗出的蛋清使用。有清热除烦，消积导滞的功效，用于消化不良、热性病，或久病后期烦躁失眠、手足心热等病症。

白酒 采用市场出售的普通白酒或药酒。具有活血、通络、止痛之功效。用于麻木、手足拘挛、局部淤血等病症。

冬青膏 以冬绿油（水杨酸甲酯）与凡士林按1：5混合调匀而成。具有消肿止痛、祛风散寒之功效，适用于一切跌打损伤的肿胀、疼痛以及陈旧性损伤和寒性痛症等。

红花油 市场有售。有活血祛淤、温阳散寒的功效。用于穴位按摩及四肢酸痛。

按摩乳 市场有售。有活血祛淤、消肿止痛的功效，用于四肢肌肉疼痛。

药酒或药油 可根据小儿病症，选取适当中药泡入高度白酒或碾粉后浸入芝麻油，2～4周后去渣取液使用。相对来说，运用起来更对症。如大黄、厚朴药油可用于小儿便秘；肉桂药酒可用于秋冬季小儿畏寒、腹痛、体虚等。

小儿按摩基本方法

说简单一点，小儿按摩很容易。只要用手在小儿的体表进行按揉就可以了。

一般来说，应该首先弄懂常用的穴位与手的操作方法，并且选用适当的按摩介质，以便取得较好的效果。从理论上讲，小儿按摩应该辨证施法，即必须严格按照中医辨证施治原则来运用手法和选取穴位。小儿按摩手法的基本要求是轻快柔和、平稳着实。手法多作用在皮肤、皮下肌肉层，故操作时用力不能过大，频率一般较快。施术者精力要集中，手法要认真。开始手法不宜过重，应轻快柔和，逐渐加大力度，由浅入深，以便使患儿逐步适应，争取患儿的积极配合。

整体操作顺序 一般是先上肢，其次头面，再次胸腹腰背，最后是下肢。

在身体的每个部位，应先用推、运、

揉、摩等轻快手法；其次是搓、摇等活动类手法；最后用力量大的、刺激大的掐、拿、捏脊等手法；重手法后应再用揉法，缓解重手法引起的疼痛不适。

按摩次数 通常每天按摩1次，重症患儿可酌情增加按摩次数，1周为1疗程。如进行两三个疗程，未见一点效果者，应到医院就诊，以免贻误治疗时机。

小儿按摩的宜忌

◆小儿按摩的适应症 小儿按摩的适应症相当广泛，凡小儿内科、外科疾病都可应用，且有良好的效果。特别是对小儿消化、呼吸、神经系统疾病的疗效显著。另外，小儿保健按摩对健康无病儿童有增进食欲、提高机体免疫力和抗病能力的作用。

◆小儿按摩禁忌症 1.皮肤发生烧伤、烫伤、擦伤、裂伤及生有疮疖等，局部不宜按摩。2.局部红、肿、热、痛的皮肤下的感染性疾病，如脓肿、丹毒、骨结核、骨髓炎等不宜按摩。3.损伤后引起的各种骨折、脱位等，按摩前应排除。4.高热、惊厥等危重症候应去医院就医，避免单独按摩治疗。

常用手法及操作

1 推法

用手掌、拇指指面或者食中二指指面在一定部位或穴位上，做单方向的直线或环旋推动。

直推法

以手掌、拇指指面或食中二指指面（剑指）沿线性穴位做单方向的直线推动。

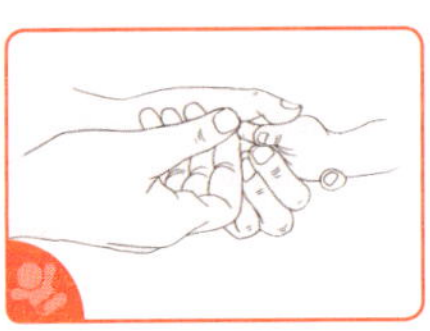

分推法

用两手拇指桡侧或指面，自穴位中间向两旁分向推动。

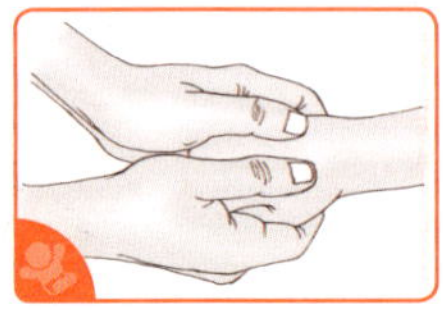

旋推法

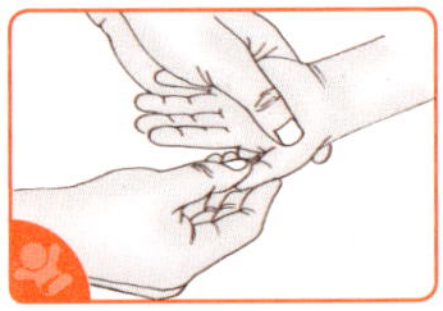

用拇指指面在穴位或一定部位上作连续的顺时针环旋推动。与指摩法比较，是用拇指操作，用力稍重。

推法的操作次数宜多，通常每穴操作100～500次，频率200次／分，做到轻快柔和。

2 运法

用拇指指面或中指指端在穴位或一定部位上，由此往彼作弧形或环形运转。

运法宜轻不宜重，宜缓不宜急。一般操作100～300次，频率100次／分。

3 揉法

用掌根、大鱼际或拇指、中指指面，吸定于一定部位或穴位上，做顺时针或逆时针方向的环旋揉动。

揉法操作时，施术者的着力部位不要离开接触的皮肤，与皮肤之间没有摩擦。

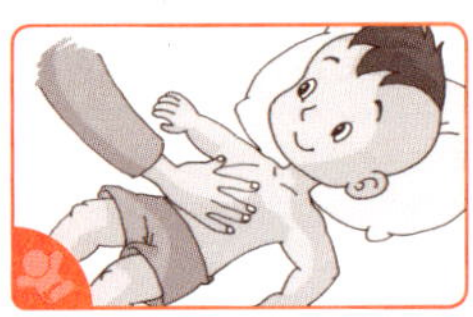

揉法的操作次数应该多一些，一般100～200次，频率100～200次／分。

4 按法

用掌根或拇指指腹在一定部位或穴位上面，逐渐用力向下按压，并且持续几秒至半分钟。可以连续操作3～5次。

掌按法常用于背、腹等较大部位；

指按法常用于穴位。

按法常与揉法结合，在按压的基础上揉动，称为按揉法。

5 摩法

以手掌或食指、中指、无名指三指指面附着于一定部位或穴位上，做连续的顺时针或逆时针方向的环形移动摩擦。

掌摩法常用于腹部，按胃脘部→上腹→脐→小腹→右下腹→右上腹→左上腹→左下腹的方向移动。指摩法是以食指、中指、无名指三指指面着力，常用于胸部、头顶或某些穴位。摩法操作时间较长，通常操作2～5分钟。

6 搓法

用双手掌心相对用力，挟住上肢、下肢或胸胁部两侧，然后双手交替或同时用力快速搓动，并同时作上下往返的移动。

7 摇法

用一手托住被摇关节，另一手握住肢体远端进行肢体关节的屈伸活动或环转摇动。

摇法可用于上肢、下肢、头颈等各部可活动部位，属于小儿的被动体操。

8 掐法

用拇指甲用力掐入穴位。可掐3～5次。掐法应逐渐用力，达深透为止，不要掐破皮肤。

掐法常与揉法配合应用，即掐后可轻揉局部，以缓解局部疼痛及不适之感，称掐揉法。

9 拿法

用拇指指端和食中二指指端，或用拇指指端与其余四指指端相对用力提捏筋腱。

10 捏脊法

二指捏脊法

两手食指屈曲，分置于脊柱棘突两旁，用食指中节桡侧横抵于皮肤，拇指置于食指前方的皮肤处。拇指与食指共同捏拿皮肤，两手交替捻动向前。

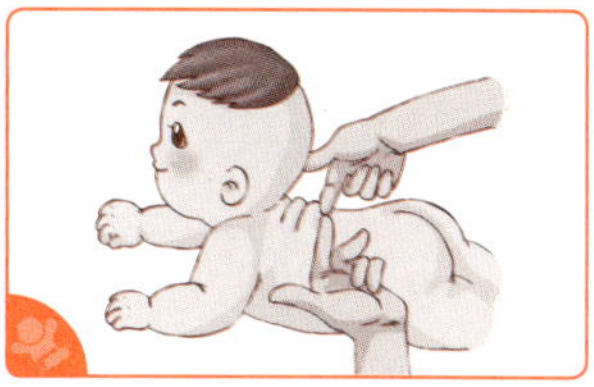

三指捏脊法

两手的拇指分置于脊柱棘突两旁，以拇指桡侧横抵于皮肤，食指中指置于拇指前方的皮肤处。三手指共同捏拿肌肤，两手交替捻动向前。

捏脊方向为自下而上，一般自腰骶部开始至颈部大椎穴，沿脊柱交替向前捏捻皮肤；一般捏3～5遍，以皮肤微微发红为度。在捏最后一遍时，常常捏三下，向上提一次，称为“捏三提一”，目的在于加大刺激量。

捏脊前后可做揉法，以减少不适感。

在操作时，所提皮肤多少和用力大小要适当，而且要直线向前，不可歪斜。

掐、拿、捏脊等重刺激手法应放在最后操作，以免引起小儿哭闹，影响手法操作。

11 捻法

用拇指、食指面捏住一定部位，做对称的用力捻动，称为捻法。

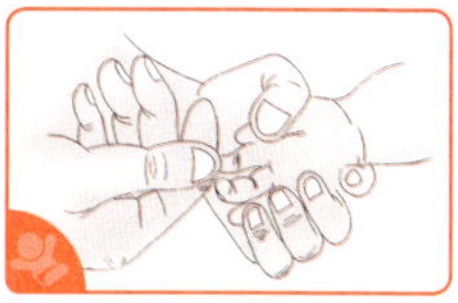

常用穴位及操作

运用小儿按摩疗法治疗小儿疾病，除应掌握小儿按摩常用的几种手法外，还应熟悉小儿常用的按摩穴位。小儿按摩操作就是在穴位上运用手法，可以说是穴位和手法的结合。

在小儿按摩穴位中，除有属于中医经络学说中的十四经穴和经外奇穴外，还有许多特定的穴位。这些特定的穴位称小儿特定穴。

小儿特定穴多分布在手、前臂，小儿按摩有“百脉皆汇于掌”的说法，上肢的特定穴往往与脏腑有特定联系。

另外穴位的形状不仅有“点”，而且还有“线”和“面”。如三关、六腑、天河水等穴都是线状穴位，八卦、板门等穴位都是面状穴位。

在进行小儿按摩时，要了解每个穴位的名称、所在部位、常用按摩手法以及作用主治，根据小儿情况，灵活选用。

下面分部位介绍小儿按摩的常用穴位及操作，包括常用的特定穴及十四经穴。

上肢部

常用的有脾经穴、肝经穴、心经穴、肺经穴、肾经穴、胃经穴、大肠穴、小肠穴、肾顶、板门、四横纹、掌小横纹、内劳宫、内八卦、小天心、神门、二扇门、外劳宫、合谷、三关、天河水、六腑。

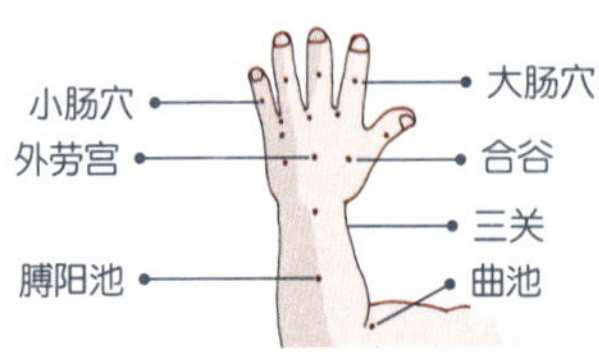

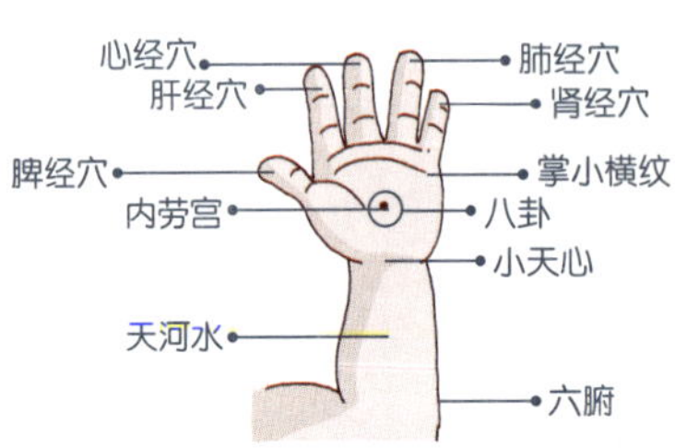

● 穴位 脾经穴（脾土）

【位置】拇指末节指腹（小儿按摩称罗纹面）。

【操作】常用推法，称推脾经。约推 100 ~ 300 次。

根据推的方法及方向不同，又分为补脾经和清脾经。一般来说，旋推为补，直推为泻。补脾经即旋推拇指末节指腹；清脾经即沿手指方向直推小儿拇指罗纹面。

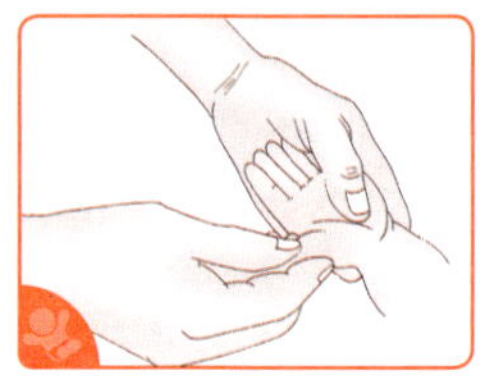

由于小儿大多脾虚，所以操作时常用补脾经。

【作用主治】消化不良，食欲不振，疳积，腹泻，便秘，呕吐，四肢无力等脾的功能失调。

● 穴位 肝经穴（肝木）

【位置】食指末节罗纹面。

【操作】常用推法，称推肝经。推 100 ～ 300 次。

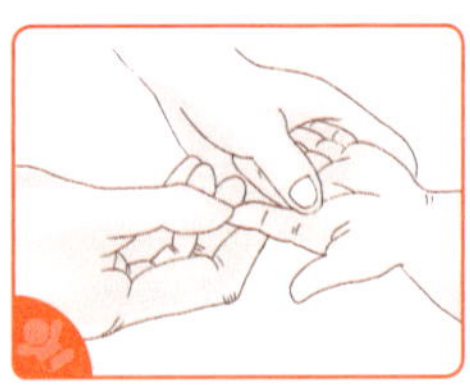

根据推的方法及方向不同，又分为补肝经和清肝经。补肝经即旋推小儿食指面；清肝经即沿手指方向直推小儿食指罗纹面。

由于小儿大多肝经有热，多实证，所以操作时常用清肝经。

【作用主治】烦躁不安，惊风抽搐，目赤，口苦，咽干，脾虚泄泻等。

● 穴位 心经穴（心火）

【位置】中指末节罗纹面。

【操作】常用推法，称推心经。推 100 ～ 300 次。

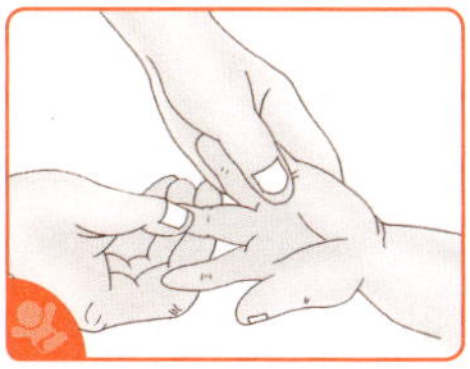

根据推的方法及方向不同，又分为补心经和清心经。补心经即旋推小儿中指面；清心经即沿手指方向直推小儿中指罗纹面。

由于小儿大多心经有热，多实证，所以操作时常用清心经。

【作用主治】高热神昏，烦躁，夜啼，惊悸不安，口舌生疮，小便短赤，五心烦热等。

● 穴位 肺经（肺金）

【位置】无名指末节罗纹面。

【操作】常用推法，称推肺经。推 100 ~ 300 次。

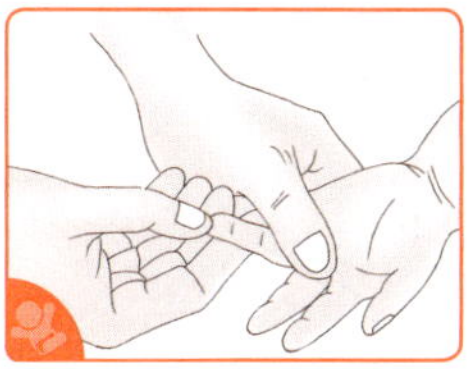

根据推的方法及方向不同，又分为补肺经和清肺经。补肺经即旋推小儿无名指面；清肺经即沿手指方向直推小儿无名指罗纹面。

小儿咳嗽属急性，有痰，常用清肺经；慢性咳嗽，属虚，常用补肺经。

【作用主治】感冒，发热，咳嗽，气喘，胸闷，咽喉肿痛，虚汗，脱肛等。

● 穴位 肾经穴（肾水）

【位置】小指末节罗纹面。

【操作】常用推法，称推肾经。推 100 ~ 300 次。

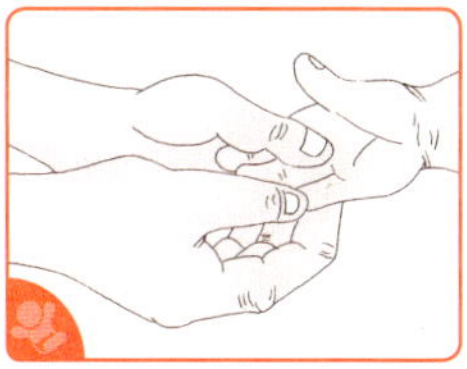

根据推的方法及方向不同，又分为补肾经和清肾经。补肾经即旋推小儿小指面；清肾经即沿手指方向直推小儿小指罗纹面。

由于小儿肾经多虚，所以操作时常用补肾经。

【作用主治】先天不足，久病体虚，肾虚腹泻，遗尿，尿频，虚喘，膀胱蕴热，小便淋沥刺痛。

● 穴位 胃经穴

【位置】拇指掌面第一节。

【操作】常用推法，称推胃经。推 100 ~ 300 次。

根据推的方法及方向不同，又分为补胃经和清胃经。旋推为补胃经，直推为清胃经。

【作用主治】呕吐，恶心，嗳气，吐乳，食欲不振，泄泻，烦渴善饥，吐血衄血等。

● 穴位 大肠穴

【位置】食指桡侧缘，自指尖至虎口成一直线。

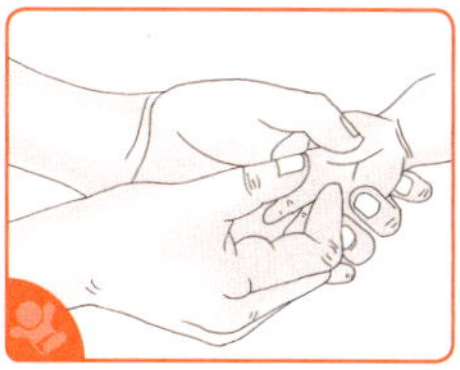

【操作】常用推法，沿食指桡侧缘推称推大肠。推 100 ~ 300 次。

【作用主治】食积，泄泻，痢疾，便秘，腹痛，脱肛等。

● 穴位 小肠穴

【位置】小指尺侧缘，自指尖至指根成一直线。

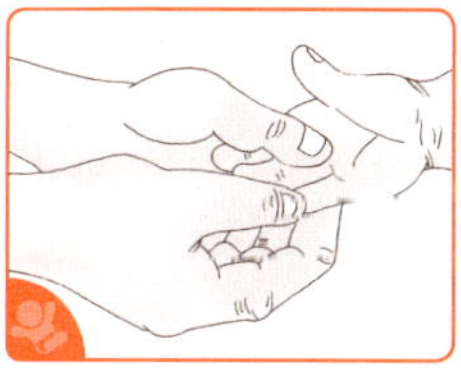

【操作】常用推法，称推小肠。约推 100 ~ 300 次。

【作用主治】小便赤涩不利，泄泻，遗尿，尿闭等。

● 穴位 肾顶

【位置】小指指端。

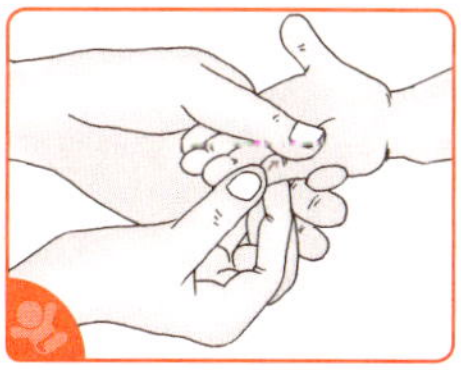

【操作】常用揉法。以拇指在小儿小指端按揉称揉肾顶。揉 100 ~ 300 次。

【作用主治】自汗，盗汗，解颅（囟门迟闭）等。

● 穴位 板门

【位置】手掌大鱼际部。

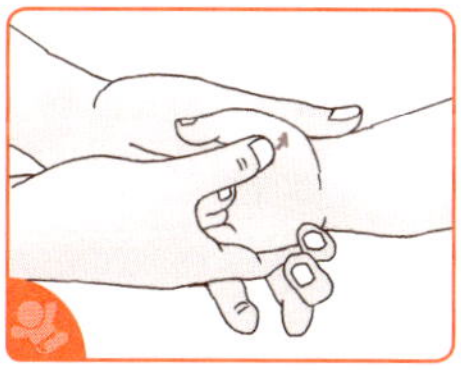

【操作】常用揉法。用拇指端在大鱼际处按揉，称揉板门；也可用推法，沿指根与腕横纹方向使用推法，称推板门。揉或推 100 ~ 300 次。

【作用主治】食积，腹胀，食欲不振，嗳气，呕吐，腹泻，气喘，四肢乏力等。

● 穴位 四横纹

【位置】食指、中指、无名指、小指掌侧第一指间关节横纹处。

【操作】常用掐揉法，用拇指甲依次掐揉食指、中指、无名指、小指掌侧第一指间关节横纹处，称掐揉四横纹。各掐 5 ～ 7 次，揉 100 次。

也可用推法，小儿四指并拢，用拇指从食指第一指间关节横纹处推向小指第一指间关节横纹处，称推四横纹。推 100 ～ 300 次。

【作用主治】食积，食欲不振，腹胀，腹痛，消化不良，气血不和，惊风，气喘，口唇破裂等。

● 穴位 掌小横纹

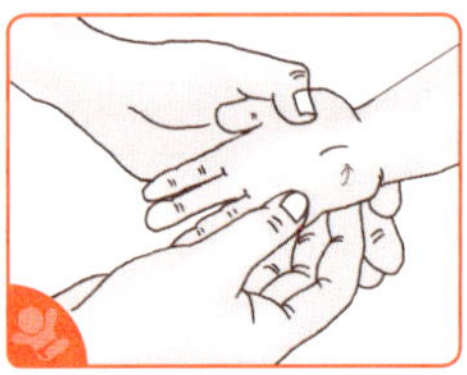

【位置】在掌面小指根下掌纹尺侧头。

【操作】常用揉法。用拇指或中指端按揉，称揉掌小横纹。约揉 100 ～ 300 次。

【作用主治】咳嗽，气管炎，百日咳，肺炎等。

● 穴位 内劳宫

【位置】在掌心中央，屈指时中指、无名二指所指处中间。

【操作】常用揉法和运法。用中指端或拇指按揉称揉内劳宫，揉 100 ～ 300 次；用拇指指腹从小指根部经小鱼际、大小鱼际交接处到内劳宫，弧形推动称运内劳宫。运 30 ～ 50 次。

【作用主治】发热，口干，口渴，口疮，牙龈糜烂，虚烦内热等。

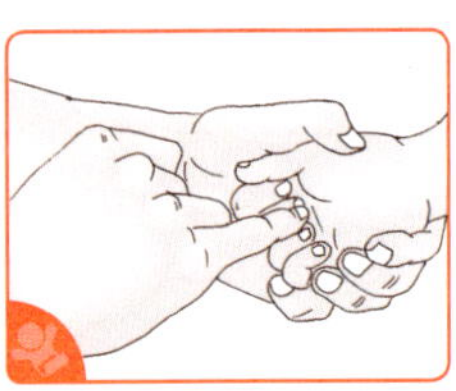

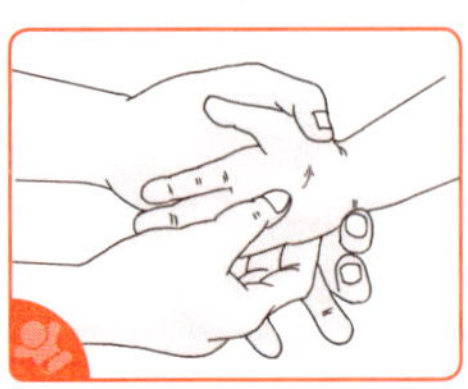

● 穴位 内八卦

【位置】在手掌面，以掌心为圆心，以从掌心到中指掌指关节横纹距离的2／3为半径所做的圆。

【操作】用拇指或中指指腹作顺时针方向运转，称运内八卦或运八卦，运 50 ～ 100 次。

【作用主治】胸闷，腹胀，呕吐，讷呆，食欲不振，咳嗽痰喘等。

● 穴位 小天心

【位置】大小鱼际交接处凹陷中。

【操作】常用掐揉法或捣法。用拇指先掐后揉称掐揉小天心，掐 5 次揉 100 ～ 300 次；用中指尖或屈曲的指间关节敲打，称捣小天心，捣 20 次。

【作用主治】惊风，抽搐，烦躁不安，夜啼，小便赤涩等。

● 穴位 神门

【位置】在掌侧腕横纹上，屈腕时小指侧肌腱的内侧即是。

【操作】常用按揉法，先按再揉 1 分钟。

【作用主治】心脏疾患，失眠，健忘，腕关节疼痛等。

● 穴位 二扇门

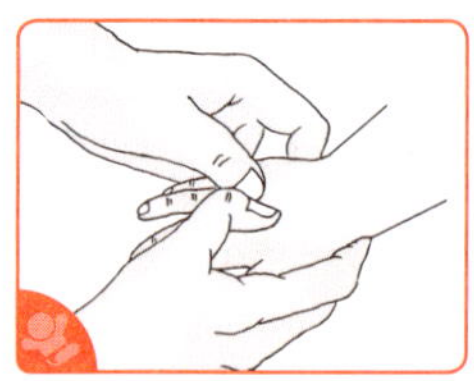

【位置】手背第三掌指关节近端两侧凹陷处（中指）。

【操作】用两拇指甲掐，称掐二扇门；用拇指偏峰按揉，称揉二扇门。掐 5 ～ 10 次，揉 100 ～ 300 次。

【作用主治】惊风抽搐，昏厥，身热无汗。

● 穴位 外劳宫（外劳）

【位置】手背中央与内劳宫相对处。

【操作】用拇指或中指端揉之，称揉外劳宫，揉 50 ～ 100 次。

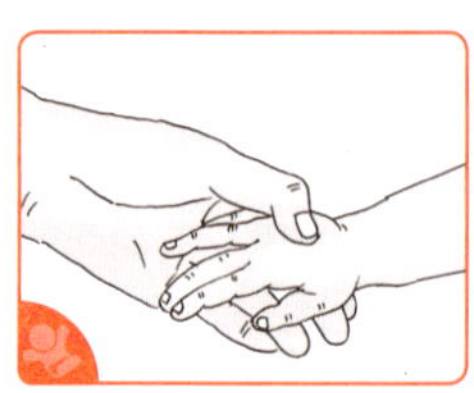

【作用主治】风寒感冒，腹痛，腹胀，腹泻，肠鸣，脱肛，遗尿，疝气等。

● 穴位 合谷

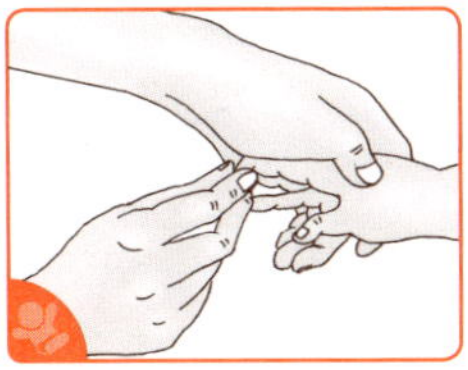

【位置】第一、二掌骨之间，第二掌骨中点边缘处。

【操作】用拇指按揉或拇、食二指对称拿之。拿 3 ～ 5 次，揉 100 ～ 300 次。

【作用主治】风寒感冒，口眼歪斜，牙痛等。

● 穴位 膊阳池

【位置】在前臂背侧桡骨与尺骨之间，手背腕横纹上 3 寸。从手背腕横纹到肘尖是 12 寸。

【操作】常用揉法。用指端揉，称揉膊阳池。揉 100 ～ 300 次。

【作用主治】便秘，溲赤，头痛等。

● 穴位 三关

【位置】在前臂桡侧，自腕横纹至肘横纹成一条直线。

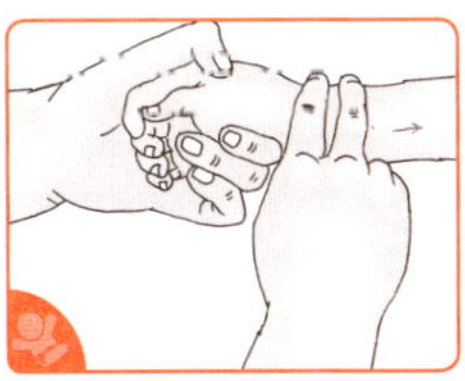

【操作】用拇指桡侧面或食、中二指指面自腕横纹推向肘横纹，称推三关。约推 100 ～ 300 次。

【作用主治】气血虚弱，病后体弱，阳虚肢冷，腹痛，腹泻，斑疹白痦，疹出不透，感冒风寒等一切虚寒病证。

● 穴位 天河水

【位置】前臂内侧正中，自腕横纹至肘横纹呈一直线。

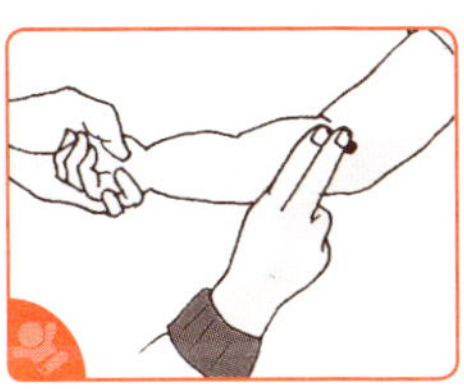

【操作】用食、中二指腹自腕横纹直推向肘横纹，称清天河水，推 100 ～ 500 次。用食中指沾水自腕横纹处，一起一落弹打如弹琴状，直至肘横纹，同时一面用口吹气随之，称打马过天河。

【作用主治】外感发热，潮热，内热，烦躁不安，口渴，口舌生疮，吐舌弄舌，惊风等一切热证。

● 穴位 六腑

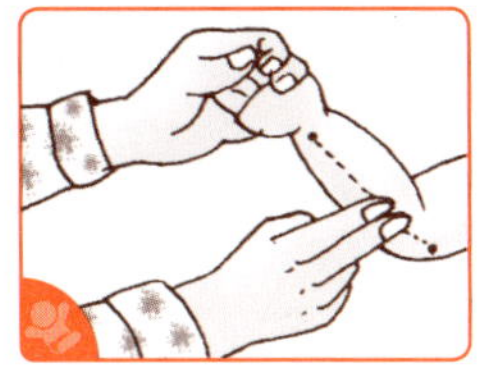

【位置】前臂尺侧，自肘关节至腕横纹呈一直线。

【操作】用拇指面或食、中二指面自肘推向腕，称退六腑或推六腑。推 100 ～ 500 次。

【作用主治】一切实热证。高热，烦躁，口渴，咽喉肿痛，大便干燥，鹅口疮，腮腺炎，惊风等。

头面部

常用的有天门、坎宫、太阳、睛明、四白、迎香、百会、囟门、风池、天柱骨。

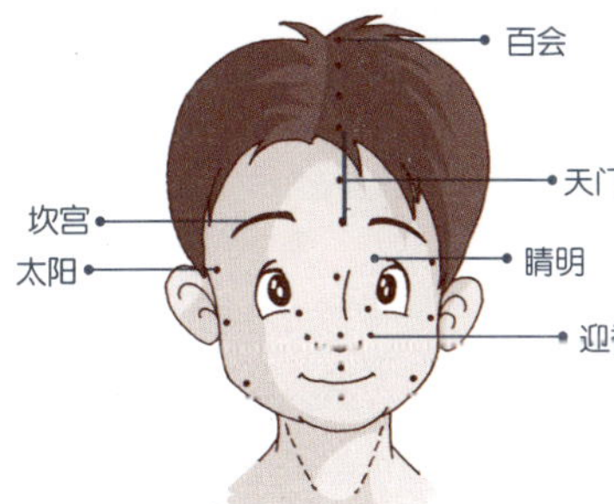

● 穴位 天门（攒竹）

【位置】自两眉中间至前发际呈一条直线。

【操作】常用推法。用两拇指面自眉心起，交替向上直推至前发际，称开天门或推攒竹。推 30 ～ 50 次。

【作用主治】感冒，发热，头痛，精神委靡，惊悸不安，惊风等。

● 穴位 坎宫

【位置】自眉头起沿眉向眉梢成一直线。

【操作】常用推法。用两拇指桡侧自眉心向眉梢做分推，称推坎宫或分推坎宫。分推 30 ～ 50 次。

【作用主治】外感发热、惊风、头痛、目赤痛等。

● 穴位 太阳

【位置】在两眉梢后凹陷处。

【操作】常用揉法或运法。两拇指或两中指端分别在左右两太阳穴上揉动或推运，称揉太阳或运太阳。揉30～50次。

【作用主治】外感发热，头痛，头晕，惊风等。

● 穴位 睛明

【位置】眼眶内上角的凹陷处。

【操作】常用揉法，用拇指按揉，称揉睛明。揉20～30次。

【作用主治】近视，头痛，鼻塞等。

● 穴位 四白

【位置】目正视，瞳孔直下，下眼眶下凹陷处。

【操作】常用揉法，用中指或食指按揉，称揉四白。揉20～30次。

【作用主治】近视，头痛，鼻塞等。

● 穴位 迎香

【位置】鼻翼外侧，旁开5分。

【操作】常用揉法，用食、中二指按揉，称揉迎香。揉20～30次。也可用中指或食指指腹上下擦动，称擦迎香。以局部发热为度。

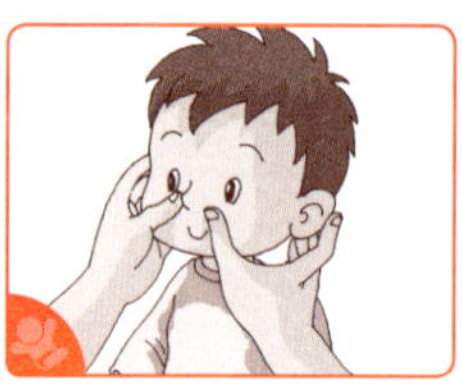

【作用主治】外感，鼻塞流涕，口眼歪斜等。

● 穴位 百会

【位置】头顶，两耳尖连线的中点，触之有凹陷。

【操作】常用揉法、摩法。用拇指按揉，或用掌摩，称揉百会或摩百会。揉或摩100～200次。

【作用主治】外感，头痛，惊风，目眩，惊痫，遗尿，脱肛等。

● 穴位 囟门

【位置】前发际正中直上2寸，百会前凹陷中。

【操作】常用摩法或揉法。用掌心覆盖囟门部位，摩动或揉动，称摩囟门或揉囟门。揉摩50～100次。正常前囟门在出生后12～18个月才闭合，故操作时不可用力按压。

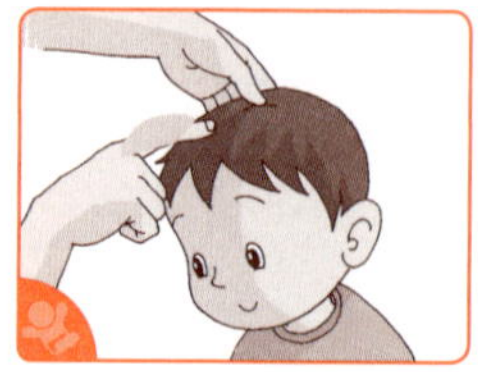

【作用主治】头痛，惊风，神昏烦躁，惊痫，脑瘫，鼻塞等。

● 穴位 风池

【位置】后脑勺正中凹陷旁，两筋之间的凹陷处。

【操作】常用拿法或揉法。用一手拇指指腹与食中指指腹相对用力，捏而提起称拿风池；用拇指指腹揉，称揉风池。拿揉10～20次。

【作用主治】感冒，头痛，发热，惊风，目眩，颈项强痛等。

● 穴位 天柱骨

【位置】颈后发际正中至大椎成一直线。

【操作】常用推法。用食、中两指或拇指自上向下直推称推天柱。可推100～500次。

【作用主治】恶心，呕吐，颈项强痛，发热，惊风，咽痛等。

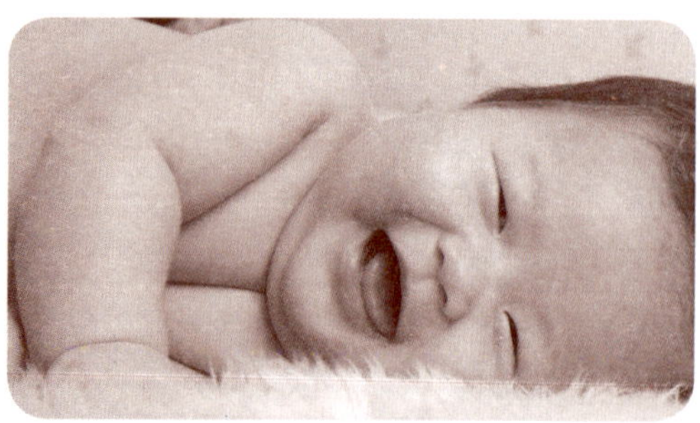

胸腹部

常用的有天突、膻中、中脘、脐、腹、天枢、丹田。

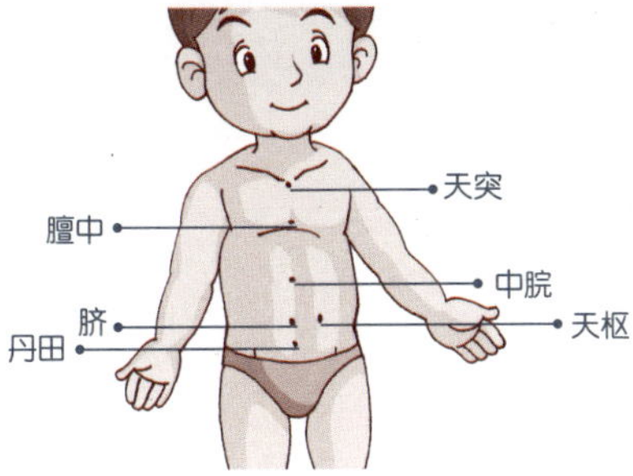

● 穴位 天突

【位置】 胸骨上窝正中。

【操作】 常用点揉法。用拇指或中指按揉胸骨上窝正中，称揉天突。揉15 ～ 30 次。

【作用主治】 痰壅气急，咳嗽，气喘，胸闷，恶心，呕吐等。

● 穴位 膻中

【位置】 两乳头连线之中点。

【操作】 常用揉法和推法。用中指端揉称揉膻中，揉 50 ～ 100 次；用双手拇指腹自膻中穴向两旁分推至乳头称分推膻中，用食中指自胸骨上端向下推至剑突称直推膻中，推50 ～ 100 次。

【作用主治】 胸闷，咳喘，痰鸣，吐逆，心悸等。

● 穴位 中脘

【位置】 脐上 4 寸（胸骨下端至脐连线之中点）。

【操作】 常用揉法与摩法。用指端或掌根揉称揉中脘，约揉 50 ～ 100 次。用掌心或四指摩称摩中脘，约摩 5 分钟。

【作用主治】 食欲不振，嗳气，呕吐，腹痛，腹胀，泄泻等。

● 穴位 脐（神阙）

【位置】 肚脐正中。

【操作】 可用中指端或掌根揉，称揉脐。约揉100 ～ 300 次。

【作用主治】 腹胀，腹痛，便秘，泄泻，食积等。

● 穴位 腹

【位置】 整个腹部。

【操作】 常用推法或摩法。用两拇指自剑突沿肋弓角边缘向两旁分推，或自中脘至脐（腹部正中线）向两旁分推，称分推腹阴阳。用掌心或四指在腹部作顺时针方向摩动称摩腹。一般分推腹阴阳 30 ～ 50 次，摩腹 5 分钟。

【作用主治】 恶心，呕吐，腹胀，腹痛，腹泻，消化不良等。

● 穴位 天枢

【位置】 脐旁 2 寸。

【操作】 常用点揉法。可用拇指或食、中二指端，先用力下按，然后揉动，称揉天枢。揉50 ～ 100 次。

【作用主治】 腹泻，便秘，腹胀，痢疾等。

● 穴位 丹田

【位置】 小腹部（脐下 2 ～ 3 寸）。从肚脐到耻骨是 5 寸。

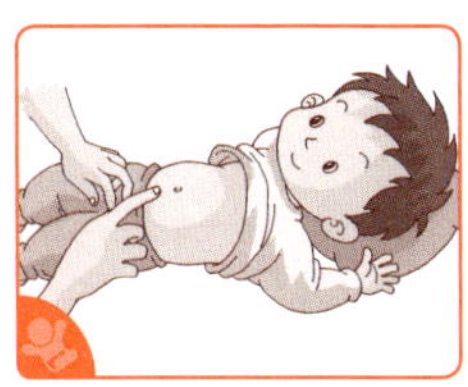

【操作】 常用揉法或摩法。用指端先按后揉称揉丹田，揉50 ～ 100 次；用掌心或指面摩动称摩丹田，摩 5 分钟。

【作用主治】 腹痛，腹泻，遗尿，脱肛，疝气，小便不利等。

腰背部

常用的有脊柱、肩井、大椎、肺俞、脾俞、胃俞、命门、肾俞、大肠俞、七节骨、龟尾。

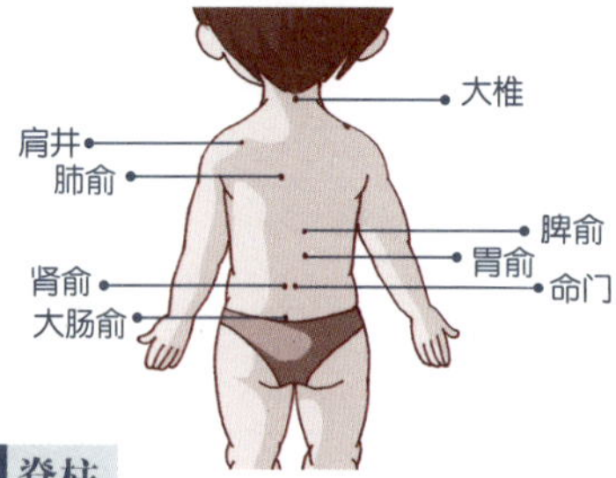

穴位 脊柱

【位置】从患儿低头时颈项部凸起的高骨（大椎）至尾椎成一直线。

【操作】常用捏法或推法。用捏法从下而上，称捏脊；用食、中二指腹自上向下直推，称推脊。捏脊3～5次，推脊100～300次。

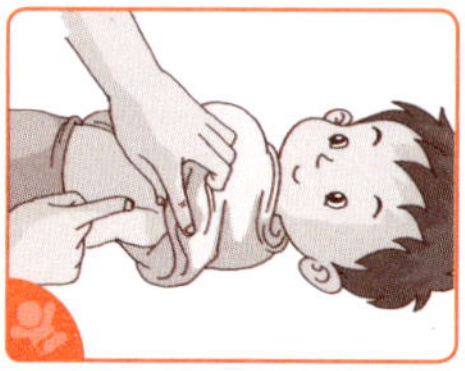

【作用主治】发热，惊风，夜啼，疳积，恶心，呕吐，腹泻，腹痛，便秘等。

穴位 肩井

【位置】在大椎与肩峰连线中点，肩部筋肉处。

【操作】用两手拇指与食指相对用力捏拿肩上大筋，称拿肩井，捏拿5～10次。

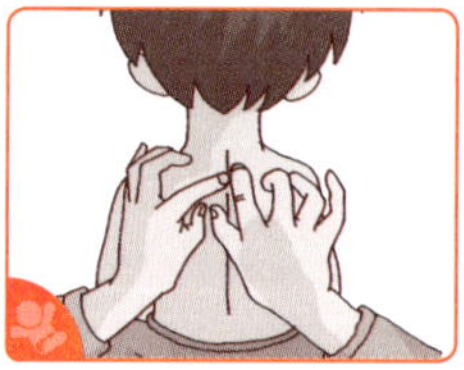

【作用主治】感冒，惊厥，肩背部疼痛。

穴位 大椎

【位置】在第7颈椎与第1胸椎棘突之间。

【操作】以中指端按揉，或用拇指与食、中、无名等指作对称用力，捏挤大椎。按揉100～300次，捏挤10～15次。

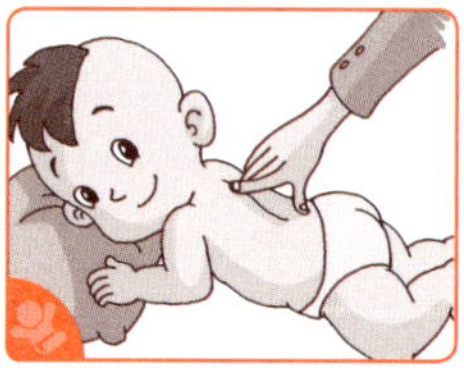

【作用主治】感冒，发热，咳嗽，气喘，头颈强痛，惊风等。

穴位 肺俞

【位置】第3胸椎棘突下旁开1.5寸。小儿低头颈项部最突出的棘突是第7颈椎棘突。向下数依次是第1、2、3…。从棘突到肩胛骨内缘是3寸，中间点即是1.5寸。

【操作】常用按揉法。用食、中二指端在穴上按揉称揉肺俞，揉50～100次。用两手大拇指自肺俞穴沿肩胛骨内缘向下分推，称推肺俞或分推肩胛骨，推100～300次。

【作用主治】发热，咳嗽，气喘，痰鸣，胸闷等。

穴位 脾俞

【位置】第11胸椎棘突下旁开1.5寸。

【操作】用两拇指在两侧脾俞穴上按揉。按揉50～100次。

【作用主治】腹泻，疳积，食欲不振，呕吐，四肢乏力等。

穴位 胃俞

【位置】第12胸椎棘突下，旁开1.5寸处。

【操作】用两拇指在两侧胃俞穴上按揉。按揉50～100次。

【作用主治】胃脘痛，腹胀，呕吐，肠鸣，泄泻，消化不良等。

穴位 命门

【位置】第2腰椎棘突下凹陷中取穴。两侧骨盆最高处连线与背部正中脊柱的交点是第4腰椎棘突下凹陷。

【操作】常用揉法或擦法。用拇指或中指指腹揉，称揉命门，揉50～100次；用小鱼际或掌面横行擦，称擦命门。擦1分钟左右。

【作用主治】遗尿，尿频，泄泻，头晕，耳鸣，惊恐等。

穴位 肾俞

【位置】第2腰椎棘突下旁开1.5寸。

【操作】常用揉法或擦法。用两拇指在两侧肾俞穴上按揉，称揉肾俞。揉50～100次。用小鱼际或掌面横行擦双侧肾俞穴，称擦肾俞。擦1分钟左右。

【作用主治】遗尿，尿频，腹泻，腰酸乏力等。

● 穴位 大肠俞

【位置】第4腰椎棘突下，旁开1.5寸取穴。

【操作】用两拇指在两侧脾俞穴上按揉。按揉50～100次。

【作用主治】腹痛，腹胀，肠鸣，泄泻，便秘，腰背痛等。

● 穴位 七节骨（七节）

【位置】自第4腰椎至尾椎骨端成一直线。

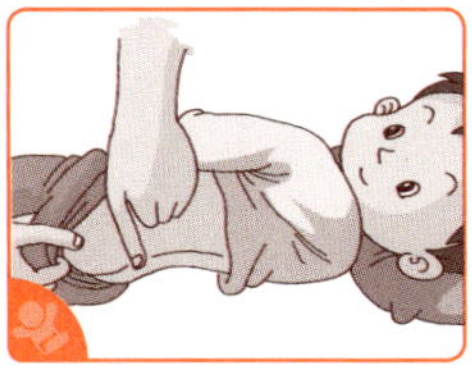

【操作】常用推法。用拇指或食、中二指腹自下向上直推，称推上七节骨，多用于止泻；自上向下直推，称推下七节骨，多用于便秘。均推100～500次。

【作用主治】泄泻，便秘，脱肛等。

● 穴位 龟尾

【位置】在尾骨端。

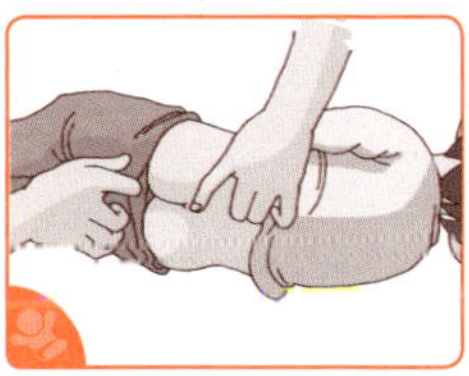

【操作】用中指或拇指端作揉法，称揉龟尾。揉100～500次。

【作用主治】脱肛，便秘，泄泻等。

● 下肢部

常用的有箕门、血海、足三里、丰隆、三阴交、涌泉。

● 穴位 箕门

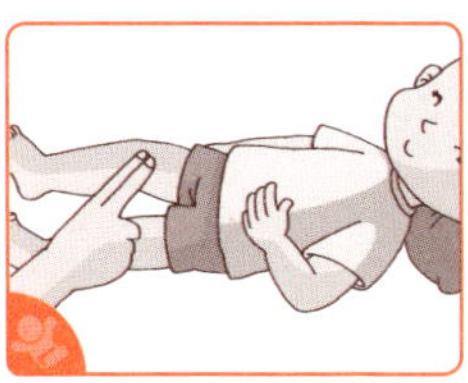

【位置】大腿内侧，膝盖上缘至腹股沟呈一直线。

【操作】用食、中二指自膝盖内侧上缘至腹股沟作直推法，称推箕门，推100～300次。

【作用主治】小便赤涩不利，尿潴留，腹泻等。

● 穴位 血海

【位置】大腿内侧，膝盖内上缘向上2寸，肌肉凸起处。

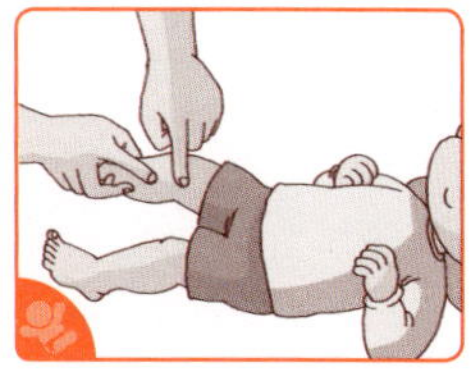

【操作】拇指按揉，称按揉血海，揉50～100次。

【作用主治】湿疹、口渴、烦躁等。

● 穴位 足三里

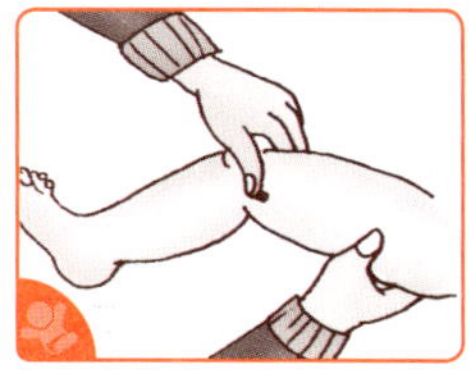

【位置】髌骨下缘下3寸，胫骨外侧约一横指处。

【操作】用拇指端按揉称按揉足三里。揉1～3分钟。

【作用主治】腹胀，腹痛，食欲不振，泄泻，便秘，四肢无力等。

● 穴位 丰隆

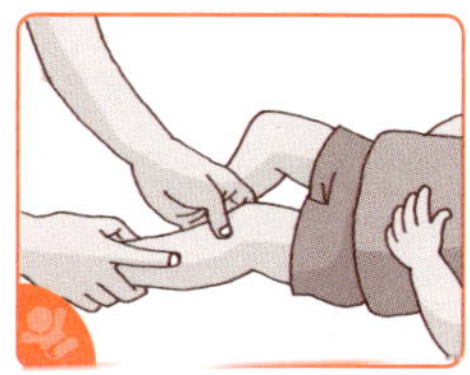

【位置】胫腓骨之间，外踝上8寸，胫骨前缘外侧1.5寸。从髌骨下缘到外踝尖是16寸。

【操作】用拇指或中指端按揉称揉丰隆。约揉1～3分钟。

【作用主治】痰多，气喘，胸闷等。

● 穴位 三阴交

【位置】小腿内侧胫骨后缘，在足内踝上3寸。

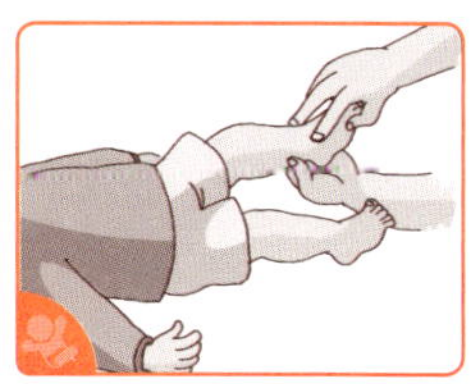

【操作】用拇指或中指端按而揉之，揉1～3分钟。

【作用主治】遗尿，尿潴留，小便赤涩不利，惊风，腹痛等。

● 穴位 涌泉

【位置】屈趾，足掌心前1／3与2／3交界处的凹陷中。

【操作】常用推法或按揉法。用拇指指腹自足跟推向足尖，称推涌泉。推100～500次。用拇指端在涌泉穴位上按揉，称揉涌泉，揉30～50次。

【作用主治】发热，呕吐，腹泻，五心烦热等。

保健按摩及常见疾病按摩治疗……

小提示 TIP

小儿按摩有预防疾病和治疗疾病两种功效。

根据小儿不同发育阶段的特点，可采用不同的保健按摩方法。除家长操作外，对年龄较大的儿童可教其自我按摩。长期坚持，可以达到强身防病，促进发育的目的。

小儿疾病多种多样，按摩有效的常见疾病主要是呼吸、消化、神经、骨骼系统疾病。这些疾病在小儿的不同发育阶段都可见到。本书将常见疾病按不同发育阶段的发病频率进行归类。婴幼儿期包括先天性的小儿肌性斜颈、小儿脑瘫，呼吸系统的发热、咳嗽，骨伤系统的佝偻病以及夜啼；幼童期以消化系统疾病为主，包括消化不良、腹痛、腹泻、便秘、遗尿等；儿童期更多地考虑小儿的形体发育与心理健康。各个阶段的疾病及按摩方法可以互参。

婴幼期（28天～3岁）

此阶段小儿以接受外界信息为主，在发育过程中逐渐达到与外界的交流。保健按摩以加强亲子情感交流、促进儿童智力发育为主。应在与小儿的嬉戏中完成按摩操作，尽显欢愉之情。小儿皮肤娇嫩，按摩手法力量宜轻，速度宜快。多用爽身粉作为按摩介质。

温情抚摩法

通过轻柔的抚摩，加强亲子之间的交流。抚摩的同时，应与儿童面对面地进行亲切的语言交流。

按·摩·方·法

1 开胸顺气

从胸部正中向两侧沿肋骨间隙，用五指指腹轻轻推揉3～5遍；然后沿胸部正中从胸部推到肚脐20～30次。

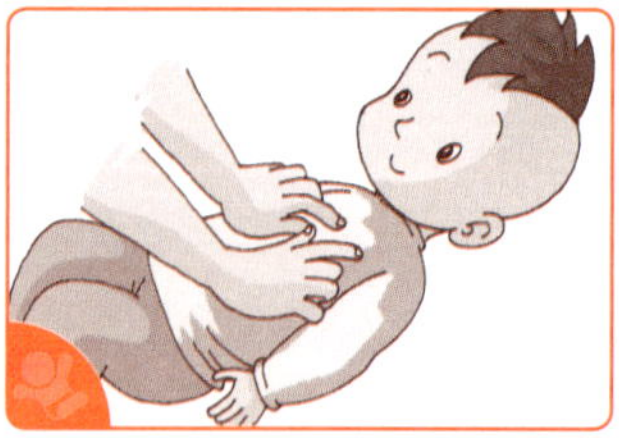

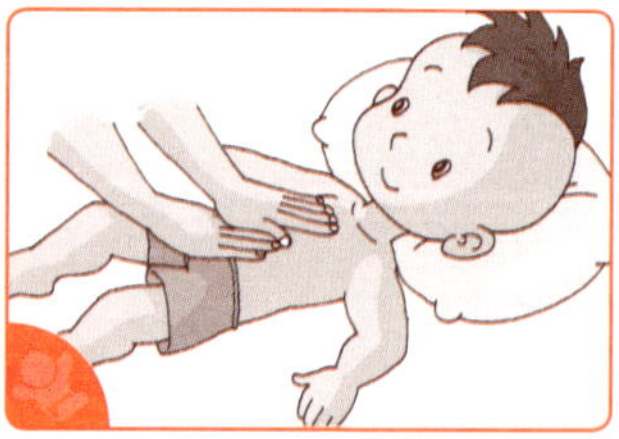

2 摩腹

掌摩腹部3～5分钟。

3 推摩上肢

沿上肢内侧面及外侧面，上下用掌推3～5次。

4 搓摩胁肋

用双掌夹住小儿两侧胁肋部，然后搓摩20次。

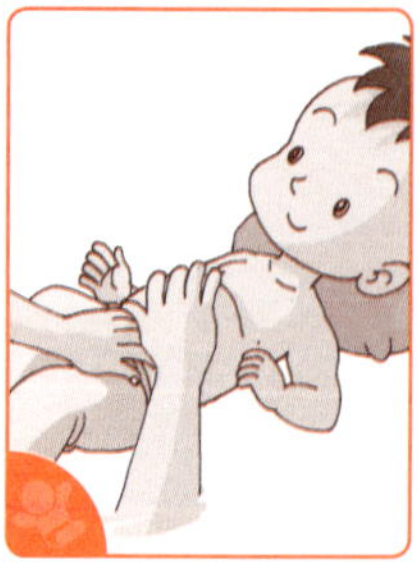

5 捻十指

用拇、食指捏住小儿手指末节各揉捻10次。

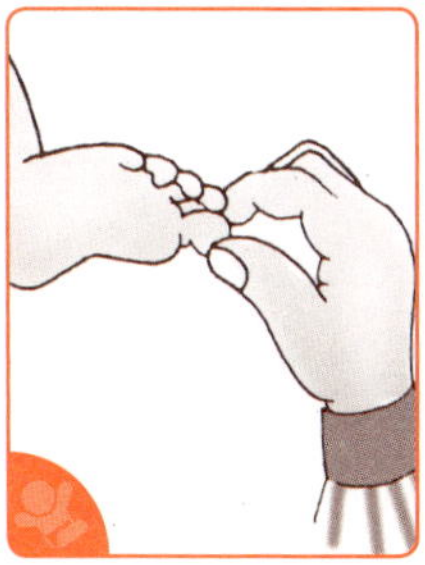

6 捻十趾

用拇、食指捏住小儿足趾末节各揉捻10次。

7 推摩下肢

沿下肢内侧面及外侧面，上下掌推3～5次。

8 抚摩足底

用拇指按摩足底的涌泉穴20～30次。

9 抚摩拍击背部

先用掌按揉小儿背部，从肩背到臀部3～5次，然后用四指指腹并拢从上到下轻拍2～3次。

◆注◆意◆事◆项◆

1 本法可每日1次。

2 手法用力宜轻，主要作用在皮肤。

健脑益智法

小儿脑发育最快的时期是出生后1～3岁，大脑皮质细胞大致分化完成。益智保健按摩法可促进小儿的脑部发育，健脑益智，令小儿智慧聪明。

按·摩·方·法

1 调五脏

一手托小儿手腕，另一手拇指依次推脾经穴、肝经穴、心经穴、肺经穴、肾经穴100次，并揉捻五指、五趾末节3～5遍。

2 摩囟门

用食、中、无名指三指并拢，在囟门轻轻抚摩3～5分钟，顺时针与逆时针交替进行。

3 按揉颅四方

一手扶持，另一手手掌分别在前额、后枕及头两侧按揉3～5分钟。

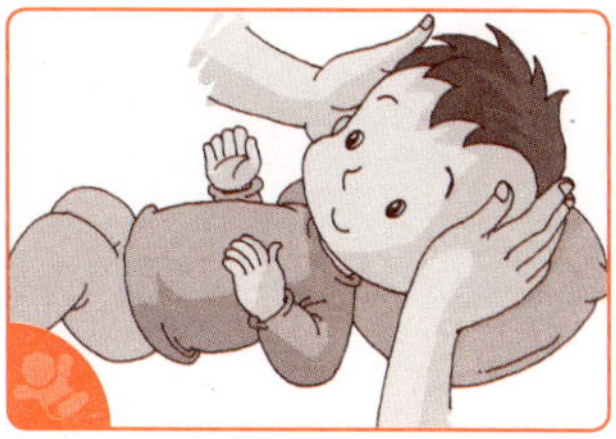

4 捏脊

先按揉脊柱及两侧3～5遍，然后轻轻提捏脊柱两侧皮肤，做3遍。

5 摇四肢

一手扶按肩部或髋部，另一手屈伸、摇动上肢、下肢关节3～5次。

◆注◆意◆事◆项◆

1 本法可每日1次，每月连续20次。

2 儿童发育慢、脑瘫后遗症者长期坚持。

婴幼期的常见疾病有一些先天性疾病，如小儿肌性斜颈、小儿脑瘫以及发热、咳嗽、佝偻病、夜啼、腹泻等。

儿童肌性斜颈

儿童肌性斜颈是指因胸锁乳突肌挛缩所造成的斜颈，俗称“小歪脖”。可能与宫内发育障碍有关。本病多发现于出生后数日或数周。按摩对于6个月以内的患儿有较好的疗效。

胸锁乳突肌连接胸骨、锁骨和耳后乳突，所以单侧胸锁乳突肌挛缩，可使头向同侧侧屈，面部向对侧旋转，呈“歪脖”体态。在患侧胸锁乳突肌上可触摸到椭圆形的肿物或条索。

按·摩·方·法

1 推揉胸锁乳突肌

在颈部局部涂少量爽身粉，用拇指推或揉胸锁乳突肌，力量适中即可。

2 揉捻胸锁乳突肌

患儿仰卧。以拇食两指拿住胸锁乳突肌进行揉捻，力量可稍重。

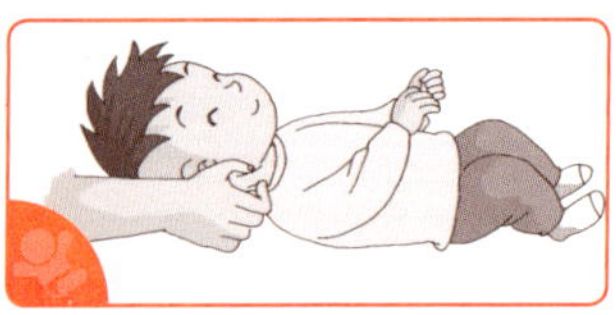

3 牵拉胸锁乳突肌

可分两个方向牵拉胸锁乳突肌。向健侧侧屈：一手按压患侧肩部，另一手按住患侧头顶，稍用力头部逐渐向健侧侧屈，稍停片刻后复原，牵拉3~5次；向患侧旋转：一手托住患儿后枕部，另一手扶住患儿下颌，稍用力旋转患儿颈部，使其颈部逐渐向患侧旋转，稍停片刻后复原，牵拉3~5次，以纠正斜颈。

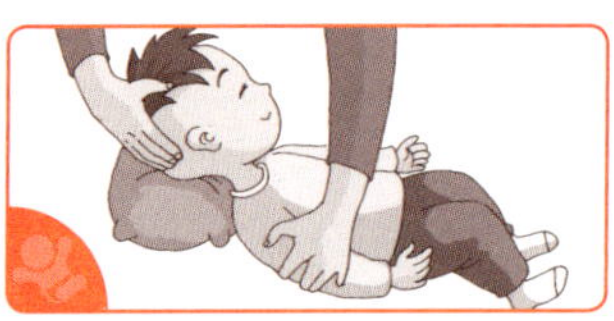

注意事项

1 本病宜早发现早治疗。

2 平时要注意纠正患儿头的姿势，以玩具吸引或枕头固定，使其头向健侧侧屈，面向患侧旋转，矫正畸形。

3 牵拉胸锁乳突肌时，用力宜稳，幅度要适当，不可用力过猛。

小儿脑瘫

小儿脑瘫是由于小儿大脑发育不全而致的临床综合征。表现以神志和肢体的运动障碍为特征，或肢体运动不协调，运动不能自控，或肢体痿软，或痴呆、瘫痪。本病属中医“五迟”（坐迟、行迟、发迟、齿迟、语迟）、“五软”（颈项软、口软、手软、足软、肌肉软）、“痿证”范畴。

按·摩·方·法

1 调五脏，补脾经、肾经

依次揉捻五指末节3~5遍，重点旋推拇指、小指指面300~500次。

2 摩囟门

在头顶囟门处，顺时针与逆时针交替掌摩5分钟。

3 拿颈项，推天柱骨

从颈后拿20~30次，并从上向下推颈部脊柱200~300次。

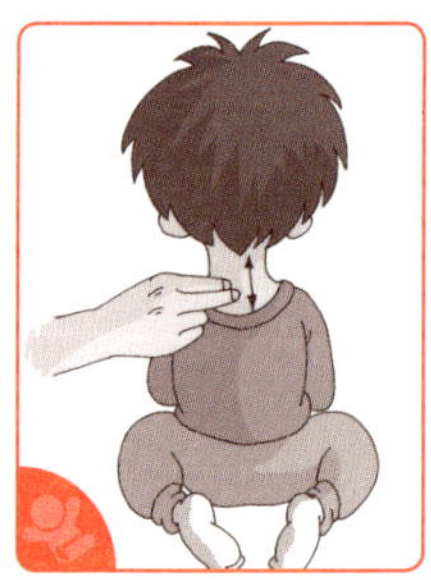

4 捏脊

从下向上捏脊10次，用力不宜过重，以患儿耐受为度。

5 揉环跳、委中、阳陵泉

每穴按揉20~30次。

6 摩腹

掌摩腹部3~5分钟。

注意事项

除按摩治疗外，应鼓励患儿自主运动，并加强智力培训。

发热

发热是指小儿的体温异常升高，多由感冒、上呼吸道感染引起。中医认为属风、寒、热外邪侵袭或肺胃有热。肺胃有热多见大便干燥不通。

按·摩·方·法

1 清肺经、胃经、大肠

依次用拇指指腹直推无名指末节指腹、拇指掌面第一节、食指桡侧缘，自指尖至虎口一线，各推100～300次。

2 掐揉二扇门

先掐后按揉手背第三掌指关节近端两侧凹陷处，掐5次，揉100次。

3 清天河水，退六腑

先用食、中二指腹自腕横纹直推向肘横纹100～500次，再用拇指面或食、中二指面沿前臂尺侧自肘推向腕，推100～500次。

4 开天门，推坎宫，揉太阳，拿风池

先用两拇指面自眉心起，交替向上直推至前发际30次，用两拇指桡侧自眉心向眉梢做分推30次，然后两拇指分别在左右两太阳穴上揉动30次，最后用一手拇指指腹与食中指指腹相对用力，捏而提起拿风池20次，使小儿微有汗出。

5 摩腹，揉天枢

先用掌心或四指在腹部作顺时针方向摩动5分钟，然后揉脐旁2寸的天枢穴100次。

6 推脊

用食、中二指腹自上向下直推脊柱100～300次。

7 阴虚发热，可运内劳宫、推擦涌泉

用拇指指腹从小指根部经小鱼际、大小鱼际交接处到内劳宫，弧形推动30～50次，用拇指指腹自足跟推向足尖200次。

咳嗽

咳嗽是小儿呼吸系统疾病的常见症状，是机体对侵入气道的病邪的保护性反应，常见于感冒、扁桃体炎、支气管炎。冬春季节较为多见。中医认为本病与风、寒、暑、湿、燥、火等外邪的侵袭及肺、脾脏功能失调有关，一般将咳嗽分为外感咳嗽和内伤咳嗽两大类，外感咳嗽即感冒引起的咳嗽，内伤咳嗽可由消化功能引起。

按·摩·方·法

1 清肺经，揉掌小横纹

沿手指方向直推无名指螺纹面100～300次，按揉掌面小指根下掌纹100～300次。

2 运内八卦

用拇指或中指指腹作顺时针方向运转掌心内八卦50～100次。

3 开天门，推坎宫，揉太阳

先用两拇指面自眉心起，交替向上直推至前发际30次，用两拇指桡侧自眉心向眉梢做分推30次，然后两拇指分别在左右两太阳穴上揉动30次。

4 宽胸降气(点揉天突穴，分推膻中，直推膻中)

先用拇指或中指按揉胸骨上窝正中20次，然后自两乳之间水平顺肋间向两旁分推至腋中线，操作3分钟；沿胸骨自上向下直推200次。

5 分推肩胛骨，按揉肺俞、脾俞

拇指按揉肺俞、脾俞穴各2分钟，然后，用两手大拇指自肺俞穴沿肩胛骨内缘向下分推100～300次。

6 点揉足三里、丰隆穴

先按再揉足三里、丰隆穴各1分钟。

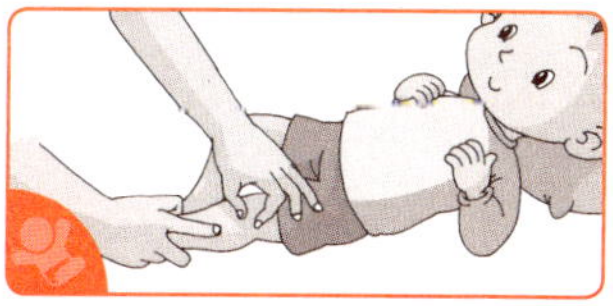

◆注◆意◆事◆项◆

1 受凉感冒，常能加重病情，故要注意保暖，预防风寒侵袭。
2 冬春季病儿少去公共场所，预防传染病。
3 合理喂养，增强体质，提高健康水平。

佝偻病

佝偻病是婴幼儿常见的一种慢性营养缺乏症。多见于3岁以下的小儿，尤以6~12个月婴幼儿发病率最高。多因营养紊乱或喂养不当，接触阳光太少，维生素D缺乏而发病。中医学认为本病是脾肾两虚，气血不足，肌肉、骨骼失于濡养所致。

常见症状为患儿睡眠易惊，烦躁不安，食欲不振，夜间多汗，常有枕秃，方头，囟门开大，闭合晚，肋骨有“串珠现象”，出牙迟缓，严重者有鸡胸，腿部呈“O”型或“X”型等。

按·摩·方·法

1 补脾经，补肾经

旋推小儿拇指、小指指面各300~500次。

2 掐揉四横纹，揉板门

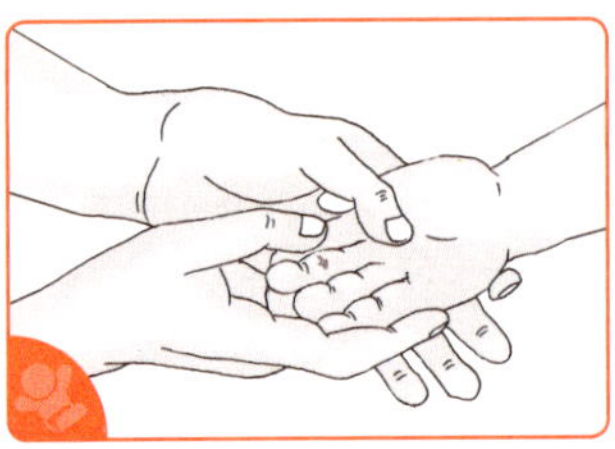

用拇指甲依次掐揉小儿食指、中指、无名指、小指掌侧第一指间关节横纹处，各掐5~7次，揉100次。揉大鱼际50次。

3 摩腹，揉丹田

掌摩腹部5分钟，并按揉肚脐下的丹田穴1分钟。

4 捏脊，按揉背俞穴

先沿脊柱两侧进行按揉，后从下向上捏脊10次，并重点按揉脾俞、胃俞、肾俞、命门穴各1分钟。

5 按揉足三里、三阴交

按揉两穴各1分钟。

6 自汗、盗汗重者加揉肾顶，补肺经

以拇指在小儿小指端按揉200次，旋推无名指末节螺纹面200次。

7 若烦躁不安，睡眠不宁者加清心火、清肝经、揉神门

直推中指末节螺纹面、食指末节螺纹面各200次，按揉屈腕时腕横纹上小指侧肌腱的内侧神门穴 1分钟。

注意事项

1. 增加户外活动、多晒太阳以获得足够的紫外线辐射。
2. 婴儿应尽量进行母乳喂养，及时添加辅食、维生素D，注意补充钙质。
3. 不可让患儿过早、过多地坐、立、行走，避免骨骼发生畸形。

夜啼

夜啼是指小儿白天如常，而夜晚啼哭不眠或定时啼哭，俗称“夜哭郎”。正常小儿白天嬉戏，夜晚安睡，阴阳调和。而夜啼是阴阳失调的表现，在成人是失眠，在小儿则表现为夜啼。睡眠是深、浅睡眠的交替过程，平均2~3小时一个周期，每晚约有3~4个深浅睡眠交替。在深浅睡眠交替过程中，宝宝可能会出现轻微哭吵、躁动等睡眠不宁的现象。通常情况下，小儿能从浅睡眠自行调节进入深睡眠。但是，有些小儿的睡眠调节功能较差，容易从睡梦中惊醒而啼哭。多见于半岁以内的婴幼儿。按摩治疗宜补脾养心安神。

按·摩·方·法

1 补脾经，清心经、肝经

旋推拇指末节指腹100~300次；直推中指末节螺纹面、食指末节螺纹面各200次。

2 捣揉小天心

用中指尖或屈曲的指间关节敲打大小鱼际交接处凹陷20~30次。

3 开天门，推坎宫

先用两拇指面自眉心起，交替向上直推至前发际30次，用两拇指桡侧自眉心向眉梢做分推30次。

4 摩腹，揉中脘

用掌心或四指在腹部作顺时针方向摩动5分钟，用指端或掌根揉中脘5分钟。

5 捏脊

先按揉脊柱及两侧3～5遍，然后轻轻提捏脊柱两侧皮肤，做捏脊法3遍。

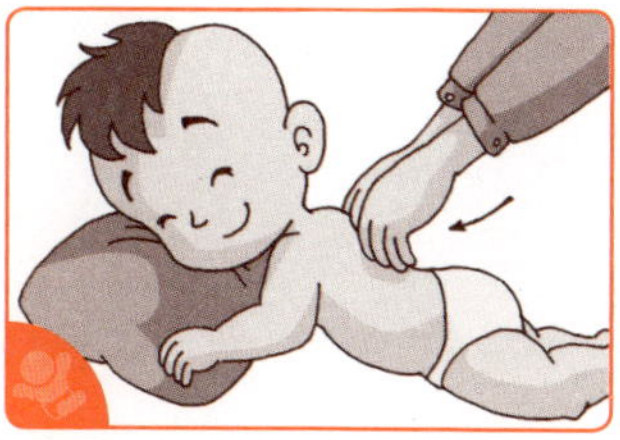

•注•意•事•项•

1 在婴幼儿啼哭时，应尽量排除生理困扰，如小儿尿湿、冷热、饥渴等。

2 因惊恐引起者，睡眠前应给予婴幼儿温情安抚。

小儿腹泻

小儿腹泻是指大便次数比正常时突然增多，呈稀便或水样便，可伴有未消化的乳食残渣及黏液。多发生于3岁以下的婴幼儿，以夏秋季较为多见。本病多因婴幼儿消化系统发育不成熟，神经调节作用较差，加上喂养不当，饮食生冷或不洁，或外感风寒，过热或受凉，均可导致脾胃运化失调引发腹泻。

按·摩·方·法

1 推脾经、大肠，揉板门

以生姜汁为介质，旋推拇指末节指腹、直推食指桡侧缘各100次；按揉大鱼际100次，然后从拇指根向腕横纹方向推大鱼际100次。

2 推三关

用拇指桡侧面或食、中二指指面，自腕横纹向肘横纹推前臂桡侧100次，一直推到皮肤发红为度。

3 摩腹，揉脐

用掌面逆时针摩腹5分钟，以皮肤发热为度。然后用掌根以肚脐为中心揉脐5分钟。

4 揉龟尾，推七节

用大拇指自下向上推腰骶部的七节骨300次。按揉尾骨端部的龟尾穴100次。并可捏脊，轻揉背部1分钟，然后捏脊10～20遍。

5 按揉背俞

按揉背部脾俞、胃俞、大肠俞穴各1分钟。

6 按揉足三里

用拇指按揉两侧足三里穴各1分钟。

•注•意•事•项•

1 喂养要定时定量，不吃不洁食物。

2 注意保护腹部，勿使腹部受凉。

3 每次便后用温水洗净肛门，勤换尿布。

通过抚触按摩，可以对宝宝起到一定的日常保健及特效功能，这也是抚触按摩的另一大功用。

舒缓面部肌肉、明目、醒脑

通过对小儿面部相应穴位的刺激，可以达到舒缓面部肌肉，促进血液循环，从而起到增强视力、增强记忆力的目的。

按·摩·方·法

1 眉部

抚触者两手拇指水平置于宝宝的两眉头上部，其他四指放在头的后面。拇指自眉头上部向双颞侧水平推压至太阳穴处停止。或可继续至耳后或向下滑动至颈部结束整个动作。重复3次。

2 鼻两侧

抚触者两手拇指置于宝宝眼眶下、鼻的两侧，其他四指放在头后。两手拇指沿鼻梁两侧向下推压至鼻翼两侧后，拇指渐转为水平状绕过颧骨继续推压至宝宝耳前停止。重复3次。

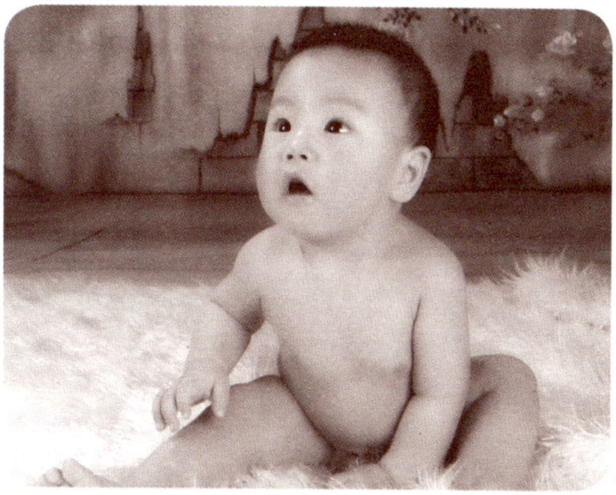

幼童期（3～6岁）

此期保健按摩以促进儿童身体发育为主。

中医认为脾胃为后天之本。除先天禀赋外，出生后的身体发育主要在于消化系统脾胃对食物营养的吸收。因此，按摩主要通过健脾益胃而达到强壮的目的。

健脾益胃强壮保健法

按·摩·方·法

1 补脾经

旋推拇指末节指腹200～300次。

2 摩腹，揉中脘

用掌心或四指作顺时针方向摩腹5分钟，以中指按揉脐上4寸的中脘穴5分钟。

3 按揉足三里

按揉双侧足三里各1分钟。

4 捏脊

先按揉脊柱及两侧3～5遍，然后轻轻提捏脊柱两侧皮肤，做捏脊5～7遍。

5 按揉脾俞、胃俞

用拇指在两侧脾俞、胃俞穴上各按揉50～100次。

注意事项

1 本法每天操作1遍，10天为1疗程，每一疗程完后可休息2天。
2 一般宜在饭后2小时进行。

幼童期的常见疾病有疳积（消化不良、营养不良）、腹痛、腹泻、便秘、遗尿等。

疳积

疳积是疳症和积滞的总称。积滞和疳症是疾病轻重程度的不同。积滞即小儿消化不良，是指小儿伤于乳食，脘腹胀满，食而不化，腹泻；疳症是积滞的进一步发展，积滞伤及脾胃，长此以往，影响生长发育，造成小儿营养不良，形体消瘦，毛发稀枯，出现贫血、各种维生素缺乏。

乳食积滞与脾胃虚弱互为因果，即积滞可伤及脾胃，脾胃虚弱又易产生积滞。按摩治疗以消积导滞，调理脾胃为主。

按·摩·方·法

1 补脾经，清大肠

旋推拇指末节指腹300次，直推食指桡侧缘100次。

2 揉板门

用拇指端在大鱼际中点按揉300次，然后推大鱼际100次，从拇指根推向腕横纹。

3 掐揉四横纹

用拇指甲依次掐揉食指、中指、无名指、小指掌侧第一指间关节横纹处，各掐5次，揉100次。

4 摩腹，揉脐

用掌摩法摩腹5分钟，用掌根揉脐5分钟。

5 点揉中脘、天枢

用指揉法在中脘、天枢各按揉1分钟。

6 按揉足三里

按揉双侧足三里各2分钟。

7 捏脊

轻揉背部1分钟，后捏脊10～20遍。

8 揉脾俞、胃俞、大肠俞

用拇指在两侧脾俞、胃俞、大肠俞穴上各按揉50～100次。

注意事项

1 应尽量采用母乳喂养，不要过早断乳。
2 断乳后给予易消化、有营养的食物。喂养应定时、定质、定量。注意营养搭配，及时添加辅助食品。
3 常带小儿到户外呼吸新鲜空气。
4 可内服中药益气健脾和胃，补充各种维生素。
5 如因慢性疾病引起者，应积极查找原因，对症治疗。

便秘

便秘是指大便秘结不通，排便时间延长

或数天排便一次。常见小儿生活无规律和缺乏养成按时排便的习惯，以致排便难于形成条件反射；或食有多量蛋白质而缺少糖分，则肠内分解蛋白质的细菌比发酵细菌多，大便呈碱性，造成大便干燥而次数少。总之，主要是由于大肠传导功能失常，粪便在肠道停留过久，水分被吸收而至粪质干燥、坚硬所致。中医学认为本病多由大肠积热，或气滞，或寒凝，或阴阳气血亏虚，或津液失润、大肠传导功能失常而致便秘。常见症状除大便难解外，还可见脘腹不适，胸部憋闷，饮食不香，甚至脾气暴躁，哭闹不宁等。

按·摩·方·法

1 清大肠

直推食指桡侧缘300次。

2 推六腑，揉膊阳池

用拇指面或食、中二指面，自肘向腕推前臂尺侧100次，用指端揉手背腕横纹上3寸的膊阳池300次。

3 摩腹，揉天枢

用掌根顺时针方向，沿升、横、降结肠反复摩腹5分钟。手法要柔和、深浅适度，横结肠压力宜轻，降结肠压力宜重。用拇指和中指点揉双侧天枢穴3分钟。

4 点揉足三里

用大拇指点揉两侧足三里穴，每穴1分钟。

5 点揉脾俞、大肠俞

点揉脊柱两侧的脾俞、大肠俞各1分钟。

6 揉龟尾，推七节骨

用大拇指从上向下，沿腰骶椎棘突推下七节骨500次，揉尾骨尖龟尾穴20次。

注意事项

1 了解患儿情况针对病因采取措施，如改变饮食习惯，多食粗粮、蔬菜；养成定时排便习惯，注意休息，消除紧张。

2 如果大便数天未解，按摩后不能立即排便者，可先用开塞露，或用导泻液灌肠治疗，以缓解症状，再用按摩治疗。

遗尿

遗尿是指超过3岁，特别是5岁以上的儿童在睡眠中经常不自主排尿，醒后始觉的病症。随着中枢神经系统的发育成熟，3岁儿童应逐渐可控制昼夜的膀胱排尿。当膀胱充盈时，冲动上传至大脑皮层，小儿觉醒，大脑皮层同时解除对脊髓排尿中枢的抑制，膀胱平滑肌收缩而产生排尿。由于精神性原因，或缺乏训练，小儿睡眠较深，不易唤醒，而致夜间尿床。中医认为属先天肾气不足，下元虚冷或久病致肺脾气虚，不能约束膀胱所致。

按·摩·方·法

1 补脾经、肺经、肾经

旋推拇指、无名指、小指末节指腹各300次。

2 推小肠

自指尖至指根推小指尺侧缘300次。

3 揉外劳宫，推三关

用拇指或中指端揉手背3、4掌骨间外劳宫100次，用拇指桡侧面或食、中二指指面自腕横纹向肘横纹，推前臂桡侧100～300次。

4 摩腹，揉丹田

用掌心或四指摩腹5分钟，掌根揉脐下丹田穴5分钟。

5 推箕门

用食、中二指沿大腿内侧，自膝盖上缘至腹股沟直推100～300次。

6 揉三阴交

用拇指或中指端按揉小腿内侧踝上的三阴交各1分钟。

7 推擦命门、肾俞

用小鱼际或掌面在腰部，横行擦双侧肾俞及命门穴1分钟左右。

注意事项

1 应帮助患儿养成定时排尿的习惯及安排合理的作息时间，不使其过度疲劳。

2 夜间入睡后应定时叫其起床排尿。

3 应及早治疗。

小儿多动症

小儿多动症是指小儿无明显的大脑实质性损害，其智力正常，但有轻微脑功能障碍，而且有不同程度的学习困难或行为障碍。突出表现为自我控制能力差、注意力不集中、活动过多、情绪不稳、冲动任性，有认知、语言或协调动作等障碍。在需要自我控制的场合不能克制自己的行动，注意力不集中，目的多变，易给人一种活动过多的印象。目前本病尚无明确病因。

中医认为本病属先天肾精不足、水不涵木、肝风内动、筋失所养而多动。应为五脏不安，则主情志的魂、魄、神、意、志无所归藏。治疗应当补肝肾，安心神，调五脏为主。

按·摩·方·法

1 调五脏

一手托小儿手腕，另一手拇指依次推脾经穴、肝经穴、心经穴、肺经穴、肾经穴100次，并揉捻五指末节3～5遍。

2 补肾经

再次旋推小指末节指腹100次。

3 清肝经、心经

直推食指、中指末节指腹各100次。

4 摩腹，振腹

以掌心或指面顺时针方向摩腹5分钟，并抖动腕关节振动腹部5～10分钟。

5 揉风池，拿肩井

用一手拇指指腹与食中指指腹相对用力，捏提风池10次。用两手拇指与食指相对用力捏拿肩上大筋10次。

6 揉肝俞、心俞、肾俞

用拇指按揉脊柱两旁的肝俞、心俞、肾俞各50次。

7 揉血海，点揉三阴交

按揉大腿内侧的血海穴、小腿内侧的三阴交各50次。

注意事项

1 家长、学校、社会应共同关心患儿，加强教育、诱导、心理治疗及行为纠正。

2 合理安排作息时间，培养有规律的生活习惯。

3 注意饮食营养，创造轻松愉快生活环境。

生长痛

生长痛是指儿童生长发育过程中出现的短暂的、间歇性的肢体疼痛。多发生于3～12岁之间。典型的生长痛常发生在剧烈活动一天之后，晚上入睡前。发生的部位以小腿前外侧和大腿内侧多见。疼痛持续时间可从数分钟到一小时。局部无红肿。肢体活动正常。

生长痛的原因主要是由于小儿骨骼生长迅速，而其周围的神经、肌腱、肌肉生长相对较慢，因而产生牵拉痛。小儿骨骼的生长发育速度快于肌肉、韧带等软组织的生长发育速度，软组织在骨的附着处会承受一定的牵拉力，而造成一定的疼痛。

按·摩·方·法

1 局部按揉

在疼痛部位及相关肌肉的走行方向进行按揉、点压。

2 点穴

点按足三里、阳陵泉各1分钟。

注意事项

1 孩子出现不明原因的关节疼痛，首先应该到正规医院进行检查，排除风湿性关节炎、迟发性佝偻病、下肢外伤等疾病。

2 经过适当的休息、锻炼、按摩治疗，小儿生长痛会很快治愈，不会产生后遗症或影响小儿正常的生长发育。

3 患儿要注意合理休息，但也不必过度限制活动，在患儿不疲劳时鼓励适当运动。

Part 11

宝宝安全与家庭急救

临危不乱，防患于未然

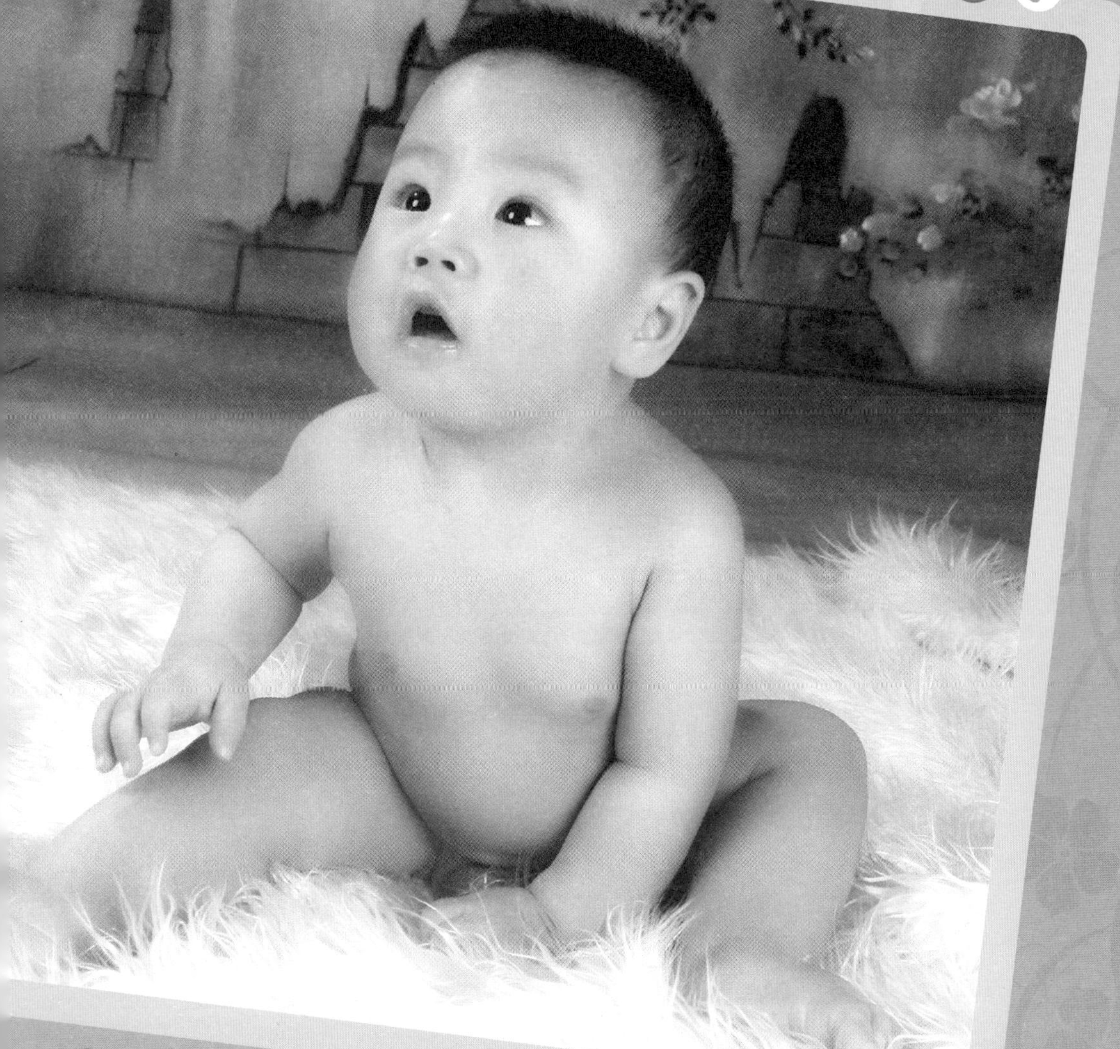

宝宝日常安全预防 ◆ 宝宝意外紧急急救

宝宝日常安全预防

小提示

TIP

孩子的好动和好奇不是磕伤了膝盖，就是烫到了手指，弄不好还有骨折的危险。掌握必要的宝宝家庭和外出安全知识，预防事故和危险的发生，同时教给你基础的急救方法，让做父母的你轻松预防意外，轻松救助遭遇意外的宝宝。

家庭意外事故发生的可能性有哪些

5岁以内的婴幼儿在家里容易发生意外。其实，许多意外如果能做到提前防范，大多可以避免。家长可以花些时间学习一些知识，使意外事故的可能性减到最小。引发意外事故的可能状况有：❶孩子疲劳、生病或者饥饿的时候；❷母亲处于月经、疲劳或怀孕期间；❸孩子特别好动；❹家中有喜事的时候；❺夫妻不合，正在吵架的时候；❻孩子到有危险的地方玩耍的时候，比如刚学会走路不久的孩子，很容易会接触到有危险的物体，或接近有危险存在的地方；❼危险物品混装在一般容器内的时候，比如将敌敌畏装入饮料瓶中；❽孩子不知哪些药水或药丸有特殊的甜味，趁大人不备乱吃的时候；❾家长当着孩子的面吃药的时候，宝宝可能会趁家长不注意把大人吃的药放进嘴里；❿拜访亲朋好友的时候，有些尖锐的或易碎的物品放到易被孩子碰到的地方。而家长没有注意到以上情况时，应该格外小心，照顾好孩子。

厨房需要注意的安全问题

频繁的烹饪工作和杂物给厨房带来很多隐患。如何避免呢？❶地板必须是防滑的；窗子和玻璃门上，要安强化安全玻璃；窗子一定要锁好；❷关好所有的抽屉，尽可能锁好；❸尽快清除所有溅出的液体；及时清理台面和地面上的锐器；❹热的饭锅安放好；热锅等东西放在炉子上，不能让孩子够到；把锅柄总是朝向炉灶的里面；❺不要使用台布，会爬的孩子容易抓住台布，可能会把上面的东西拉下来；❻做饭时，不要让孩子在身边玩耍；让孩子在可以听到你说话的地方玩耍；❼电器的电线不能拖到地面上；❽不要让孩子从柜子里拿东西，或是玩柜门，孩子的手指很容易夹在关得不牢的柜门间；从高层的物架上取物品时，一定要让孩子离开，以免物品落下时不慎砸到孩子；❾不要让孩子拿塑料袋玩；❿不要把电熨斗打开后就离开，幼儿很可能会把熨斗和熨衣架弄翻；⓫把孩子和他的玩具放在远离做饭的地方，这样就不会有可能绊着孩子或是烫着孩子；⓬把所有的清洗用剂，包括漂白粉和洗衣粉，放在孩子够不到的地方。

起居室需要注意的安全问题

确保起居室的安全应注意：❶沿墙的边缘布置电线；拔去不用电器的电源；电器的电线要短，不要拖地；❷不要在矮桌上放置热物或重物，以免孩子够到；❸墙上的架子一定要固定好，保证孩子够不到；❹不要让孩子接触到易碎的东西，如玻璃、瓷器等；❺在落地窗装上安全玻璃，保证孩子摔在上面时，玻璃不会破碎；❻不把热水或含酒精饮料放在孩子能够到的地方；❼不要随处放置打火机和火柴；❽电视机不放在孩子能够到的地方，尤其是电源插头不能让孩子够到；❾家里不养有毒的植物；❿对于刚会走路的婴儿和喜欢奔跑的幼儿来说，瓷砖地、打蜡的木地板就显得太滑了，应铺上防滑网或小块地毯。

卧室需要注意的安全问题

❶所有的窗子上都要安好锁，也不要在窗前摆放家具，以免孩子爬上家具，接近窗子；❷家具尽量用圆形或椭圆形，方角的安上塑料防护桌角；❸把孩子的玩具放在较低的位置，减少孩子爬高的想法；❹不要把玩具乱放在地板上，以免绊倒孩子；❺不要乱设电线，特别是在孩子的床前，因为孩子很可能会把衣物或被子弄到上面，引起意外；❻不要把孩子放在床边玩，也不要把孩子单独放在可以活动的桌子上，即使是一秒钟也不行。

浴室需要注意的安全问题

确保浴室内安全应注意以下方面：❶确保浴室和厕所可以从外面打开门；❷把药物、剪刀和刀片放在孩子够不到的地方；❸不要随处乱放香水和化妆品；❹盖好便池的盖子；❺给孩子放洗澡水时，一定要先放冷水，以免烫伤孩子；把孩子放在水里前，一定要先用手试好温度；❻所有的窗子都要有栏杆；❼不要让孩子自己呆在浴池里；❽电加热器应安在孩子够不到的墙上；❾把清洗剂、漂白粉和消毒剂都锁在柜子里；❿给孩子洗澡时如果要去应答门铃或接电话，把孩子也带上。千万不要将幼儿单独留在浴缸里，婴儿会在深度仅2.5厘米的水里溺水。

门厅、楼梯和走廊需要注意的安全问题 >>>

3岁以内的幼儿还不具备平稳安全地走下楼梯的能力，所以，家长要做到：❶不要在楼梯上和楼梯附近放置物品；❷栏杆结实，间隙小，距离不超过10厘米。10厘米的空隙对幼儿而言，可以钻过去导致摔跌，至少可能造成他的头会被卡住；❸楼梯上的地毯，一定要固定好，防止滑动。检查固定好的地毯是否有洞或是否松动，避免可能绊住初学走路的婴儿，发生意外。

急救四步骤

1 估计现场情形

比如，发生了什么事？怎么发生的？是否还有其他孩子受伤？是否可以找别人帮忙？需要叫救护车吗？

2 伤势严重的最先处理

首先，不要冒着自己受伤的危险去盲目救人，如果自己因此受伤，就没法救助他人；其次，从孩子身边移开造成危险的物品；紧急情况下可移动孩子。

3 考虑安全问题

伤势严重的最先处理。对于幼儿而言，立即危及生命的伤情有两种：不能呼吸和严重出血。严重出血显而易见，并能得到控制。

4 获得帮助

尽早地呼叫救助，请求其他人帮助排除事故现场险情；打电话叫救护车，进行急救等。

给孩子挑选玩具时要注意的安全问题

父母给孩子购买玩具或游戏设备时，可以参照以下原则：❶在信誉良好的店里购买标有安全标识的玩具；❷确认玩具没有尖锐的边缘和薄的硬塑料片；❸购买无毒的颜料及画笔；❹二手玩具不要给孩子买，因为上面可能涂有含铅的颜料；❺避免购买新奇的玩具，注意包装盒上的“警告”内容，因为有些玩具不是为幼小的孩子设计生产的。

小婴儿及会走路婴儿的玩具安全问题

如果家中的宝宝还未满周岁或者刚刚学会走路，他对陌生的事物的好奇会致使他胡乱抓或吃它们，如果没有家长在旁及时发现处理，很可能造成重大意外事故，家长需要做到以下几件事：❶将小婴儿的软玩具上的缎带去掉；❷检查软玩具及洋娃娃的眼、鼻、耳或铃铛是否固定好了；❸给婴儿床上的吊物玩具系上很短的绳子；❹当孩子能站起来时，不要将大的玩具放在他的小床上，孩子可能踩着玩具爬出床外，造成坠落受伤；❺不要让孩子咬毛茸茸的玩具，皮毛可引起1岁以下的婴儿窒息；❻不要给孩子超出他年龄范围的玩具，因为有些玩具上面的一些小碎块可引起窒息。

宝宝坠床后怎么办

◆宝宝发生坠床后，父母尽快做以下事情：❶蹲下身子，一只手托在宝宝的颈后，一只手托在臀下，将宝宝平放到床上，注意保护好宝宝的颈椎和头部；❷因为疼痛和恐惧，坠床后的宝宝一般会哇哇大哭，此时很需要妈妈的安抚；❸检查宝宝的神志。如果宝宝能哭，说明问题不大。如果宝宝神志不清，喊他的名字没有任何反应，或出现呕吐，说明有可能存在颅脑损伤，立即打120叫急救车；❹检查宝宝的关节。如果宝宝胳膊、腿、手脚活动自如，说明这些部位没有骨折。如果宝宝某段肢体出现淤、肿、变形，一动就哭，那就可能发生了骨折。这时，不要碰他的骨折部位，平托着他赶紧去医院；❺检查皮肤。如果有外伤，看是否需要进行包扎止血，随后去医院就诊；❻要注意观察宝宝，如果他吃、喝、玩、睡没有异常，就可以放心了。

婴儿床的安全问题

婴儿床有哪些安全问题需要注意呢？❶婴儿的睡床要有足够的深度，护栏至少应有50厘米的高度；❷要防止婴儿的头被卡住，床的护栏竖杆的间距必须在2.5～6厘米的范围内；❸避免婴儿的手或脚卡在床与床垫之间，床垫的大小要适中，与床周围的间歇不要超过3厘米；❹1岁以内的婴儿用大枕头可能会引起窒息，如果需要抬高他的头部，可以在床垫下面放一个枕头；❺在婴儿1岁以前，使用的被子或毯子不要过大，以免孩子将它们踢到脸部引起窒息；❻避免发生猝死的办法是，让婴儿仰卧或侧卧，千万不要俯卧；❼当婴儿能坐时，或者扶着竖栏可以站起来时，家长可以取掉床上大的软垫，以防止宝宝借助软垫爬出来；❽一旦发现婴儿试图从他的小床往外爬时，家长就要注意，将他移到大床上去睡觉，并在床边安上护栏，直到他习惯睡大床为止。

在大商场避免意外事故的父母预防术

父母预防术：❶告诫孩子不要爬自动扶梯和护栏；❷不要让孩子离开自己的视线；❸如果孩子走路不很利索，父母可以把孩子抱在怀中；❹人多拥挤时，即便孩子可以自己走路了，父母也一定要拉住他的手；❺如果孩子与大人失散了，家长要立即求助商场内的工作人员，请他们帮助寻找。

家庭急救箱的配置

◆家里配备一个急救箱，会给生活带来很多方便。家庭急救箱中应配置的物品有：备一些消过毒的纱布、棉棒等，这些都是急救时常用的东西。如有条件，最好有1块长1米左右的大三角巾；体温计是必备的；医用的剪子、镊子也要相应地配齐，在使用前先用火或酒精消毒；碘酒、紫药水、红药水、烫伤膏、眼药膏、止痒清凉油、伤湿止痛膏、创可贴及75%酒精等外用药；配置解热、止痛、止泻、防晕车、一般消炎药和助消化等内服药。

在开架超市避免意外事故父母预防术

父母预防术：❶购物前，先和孩子“约法三章”:不要乱跑、不要乱动商品、不要把拿到的东西放到嘴巴里；❷如果孩子的体重在规定重量内，就让他坐在购物车里，否则就抱着孩子或者拉着孩子走；❸先买孩子感兴趣的东西，减少孩子购物时的兴奋度；❹留意孩子的一举一动，不要让孩子一个人等在原地，自己去购物；❺告诉孩子如果和爸爸妈妈分开了，要找保安叔叔和营业员，不要跟陌生人走；❻即使是在玩具区，也不要放松警惕，不要让孩子单独去拿或者玩那些陈列在柜台上的玩具。

在游乐场避免意外事故父母预防术

父母预防术：❶到游乐设施的控制室去看一下有没有专门机构颁发的“安全检验合格证”；❷在游玩前，注意看一看游乐设施的“游客须知”，并严格遵守；❸密切关注孩子的一举一动，如果要求父母陪同游玩的，父母一定要陪在孩子身边；❹在玩那些需要佩带安全保护装置的游乐项目时，一定要帮孩子系好安全带或者戴好安全头盔等安全保护装置；❺不要让孩子去玩那些不适合他年龄的游乐项目；❻服从工作人员的指挥。在游玩过程中，您一定要以身作则，注意安全。

红药水、紫药水、碘酒不能乱用

孩子因玩耍而磕破皮肤时，面对红药水、紫药水和碘酒，如何选择使用呢？红药水又称红汞，其杀菌力比碘酒弱。由于刺激性小，故常用于比较清洁、新鲜、浅显的皮肤小伤口，不宜用于大面积伤口。紫药水又称龙胆紫，杀菌力介于红汞与碘酒之间，因其刺激性小，无毒性，最适用于新鲜浅表的皮肤创伤，小面积烧伤及口腔、阴道等黏膜的感染，不可用于大面积和深度烧伤及已经化脓的伤口；另外，伤口变化需要观察的，也不要涂抹紫药水。碘酒又称碘酊，杀菌力强，将被带锈的铁器刺伤的伤口或带泥状的伤口清洗后，用碘酒消毒效果最好。但其刺激性较大，不能用于破损较深的伤口和口腔、鼻腔、阴道、肛门等黏膜处的消毒。

教宝宝过马路时候的安全知识

从孩子很小的时候开始，家长就应该教导孩子学习交通规则。家长和孩子一起过马路时，就可以讲过马路应该看什么、听什么。一般而言，3岁的孩子可以理解人行横道是安全的，汽车道是危险的；5岁的孩子可以学习怎样过马路，但还不能遵守这些规则；8岁的孩子自己可以在安静的大街上横过马路，但他也还无法判断汽车的速度和距离；12岁的孩子可以判断一辆正在行驶的汽车的速度，但他也很难采取紧急行动。让孩子具备交通安全意识，养成遵守交通规则的习惯，需要经历一段较长的时间，这需要父母的多次关切提醒和耐心教育。

宝宝意外紧急急救……

小提示 TIP

儿童急救就是在救护车、医生或其他适当的专业人员到达之前，给受伤儿童或疾病突发儿童施以及时的帮助和治疗。为伤病儿童提供帮助的人必须沉着冷静，满怀信心。最为重要的是，无论何时需要，都要进行救助。

气管吸入异物急救法

气管吸入异物的情况非常危险，急救办法如下：①让患儿俯卧在你两腿间，头低脚高，然后在患儿的两肩胛骨间适当用力拍击4次；②拍背不见效时，可让患儿平卧，一手握拳，大拇指向内放在患儿的脐与剑突之间，用另一手掌压住拳头，有节奏地使劲向上向内推压，促使横膈膜抬起，用肺底产生的气流逼使异物随气流直达口腔，将其排出；③或用手指按舌根部使之产生呕吐反射，让异物呕出；④对于婴幼儿可立即倒提其两腿，头向下垂，同时轻拍其背部。这样可以通过异物的自身重力和呛咳时胸腔内气体的冲力，迫使异物向外咳出。

孩子溺水如何急救

小儿溺水5～6分钟后，心跳呼吸就可因缺氧太久而停止。因此，孩子发生溺水，在专业救护人员到来之前，必须进行现场急救。

现场急救的方法是：①倒出积水。将孩子捞出水面后以最快的速度清除孩子口鼻中的泥沙杂草及分泌物，保持其呼吸道通畅，然后，取头低脚高位，使孩子成俯卧姿势；也可将孩子俯卧于家长的大腿或木凳、斜坡上，挤压其胸腹以促其排出呼吸道和胃内的积水；还有一种方法是，家长将孩子腹部置于自己的肩部，快步奔跑，借跑步时的振动力，利用患儿头部下垂的重力，使孩子呼吸道内的积水迅速排出；②促进呼吸。若孩子尚有心跳、呼吸，可将其舌头拉出，保证其呼吸道通畅；③如果孩子呼吸心跳已经停止，应立即实施口对口人工呼吸，并进行胸外心脏按压；④急送医院继续抢救。患儿经以上处理，呼吸心跳恢复后，不要以为万事大吉，因为还会出现肺部、心脏及脑的并发症，所以在急送医院的过程中，绝不能放弃宝贵的抢救时间。

孩子触电后怎么办

孩子发生触电，首先应迅速使他脱离电源。家长可以用干木棍将电线拨开，或将孩子拨离电线。当家长要直接拉开小儿时，必须站在干纸堆或木板上，然后拉住小儿的干衣角，将孩子拖开。如果通过人体的电流很小，触电的时间也短，一般不致发生生命危险。脱离电源以后孩子只感到心慌、头晕、四肢发麻，要让孩子休息1～2小时。如果触电后让患儿立即走动，有可能会引起死亡；孩子休息时最好有人在旁守护，观察孩子的呼吸、心跳情况，对皮肤灼伤处，可以敷消炎膏以防感染。如果触电时间较长，通过人体的电流较大，或者是电流从右手到左脚，通过人体的重要器官（心脏和中枢神经系统），损害就很严重。孩子表现为面色苍白或发青紫，昏迷不醒，甚至心脏、呼吸停止，这时应该分秒必争，立即进行现场抢救，做口对口呼吸和心脏按压。在做人工呼吸和心脏按压的同时，必须立即打电话给急救中心让医生前来抢救。

宝宝意外窒息如何抢救

宝宝窒息后，口唇及皮肤青紫，呼吸断断续续，或呼吸十分浅表但心跳仍存在，此时及时抢救可以成活。但窒息时间如果超过15分钟，往往可引起神经系统的后遗症；如果窒息严重，呼吸心跳停止过久，就失去了抢救的时机。抢救宝宝最重要的是解除引起其窒息的原因，及时清除呼吸道及口腔分泌物，保持呼吸道的通畅。对吐奶误吸的宝宝，先应将其变换为右侧卧位，用消毒或干净的纱布、手帕迅速清除口腔内的奶渍，并用手轻拍宝宝背部，让宝宝咯出部分吸入奶，或用清洁吸管吸吮宝宝口、鼻部的奶水，然后立即送医院进一步治疗。如果宝宝呼吸心跳已经停止，则应立即做口对口呼吸及胸外心脏按压。

怎样脱掉伤病孩子的衣物

有时候需要脱下患儿的衣服露出受伤的部位，以便进行正确的判断和适当的急救。脱衣物时应尽量避免强硬或粗暴动作；尽量少脱，尽量不要破坏患儿的衣物，若需要剪开时，应尽可能沿缝合处剪开。❶脱鞋时，一手托住足跟，小心地把鞋脱下；❷脱短袜时，如果短袜难以脱下，可以将食指及中指伸入袜子和腿之间。拉起袜子，用剪刀沿两手指之间把它剪开；❸脱长裤时，将长裤从腰部拉下，以露出大腿；或卷起裤管，露出小腿和膝盖。如需要，可以剪开裤管内侧接缝。

儿童常见窒息原因

◆儿童发生突然窒息的原因主要有这样几个方面：❶异物阻塞气道：比如食物或呕吐物流入气道中。❷呼吸道受阻：比如塑料袋蒙头。❸气管受压：颈部被勒。❹胸部受压：比如被塌下的土石掩埋，或重物压迫胸部。❺脑部受损：比如脑震荡、中风、触电。❻环境缺氧：高山、地洞和密闭场所。

◆儿童发生窒息时的表现有：最初呼吸深大和急促，呼吸出现困难，呼吸有杂声，面颊、颈部出血；表面静脉显露，口唇、眼结膜、指甲、趾甲变成紫兰色（发绀），失去知觉；最后呼吸停止。

四肢抽筋，剧烈疼痛时怎么办

抽筋是一种剧烈的肌肉收缩（痉挛），一般突然发生剧烈疼痛，发作时肌肉疼痛、触摸发硬而紧张，可见肌肉变形，持续几分钟后缓解。最常见是小腿肌肉和脚趾。在剧烈活动、重复性运动或姿势不良时引起。父母在孩子活动前让孩子多饮些水，可以预防抽筋。对于反复发生抽筋的孩子可给予补钙，因为血液中缺钙也可引起肌肉抽筋。发生抽筋时，父母可以帮孩子按摩或牵拉受累的肌肉，以减轻孩子的疼痛。反复牵拉，一直到症状缓解。抽筋缓解后，如果仍有疼痛，可在局部使用热水袋或热毛巾，或者让孩子洗热水澡，也可以给孩子使用扑热息痛或布络芬。如果抽筋持续发生，而且原因不明，这时就需要去医院检查，以排除潜在的原因。

孩子哮喘发作时怎样急救

孩子感到咽喉发痒、流清鼻涕、胸闷干咳等常常是哮喘发作的先兆，父母发现后，要及时耐心安慰孩子，使其安静下来。让患儿坐直，身体微向前倾，有助畅通气道，缓解呼吸困难。尽量安慰患儿，以免他被发作吓坏，增加情绪压力而导致病情加重，同时立即给予止喘气雾剂吸入。若孩子是哮喘患儿，父母在天气寒冷或季节转换期间，应给孩子随身携带吸入药剂，如常用的有奥克斯都宝、普米克都宝、喘乐宁等粉剂或气雾剂。哮喘患儿的家中一定要备有这些药品，除每天按时应用外，急性发作时可加倍使用。如孩子的哮喘仍不能缓解，面色苍白、呼吸困难，要立即打电话要急救车送医院急救室治疗。

孩子哮喘饮食宜忌

◆孩子哮喘发作时往往大汗淋漓，缓解后要用温水给孩子擦身，更换衣裤，同时注意保暖。哮喘发作时，孩子因张口呼气和大量出汗使身体内的水分丢失过多，所以哮喘急性发作时要注意给孩子多饮水。缓解后进食半流食如豆浆、米汤、米粥、能冲调成流质的食品。不要给患儿吃冷食冷饮。要注意少吃多餐，避免过饱，因为过饱后容易引起哮喘发作。

膝部受伤如何处理

孩子的膝部是比较容易受伤的部位。孩子膝部受伤后，让孩子慢慢躺下，拿个枕头支撑在受伤的膝盖下面。用药棉或软棉花包在膝盖四周，用一卷绷带包扎固定好，尽量让孩子保持舒服放松的姿势。家长千万不要强迫孩子伸直膝部，也不要让孩子走动，以免加重膝部损伤。这个时候，先别让孩子吃东西，因为到医院后可能需要麻醉和手术。打电话呼叫急救车。

屏气发作是抽风吗

小于4岁的婴幼儿容易发生屏气。屏气发作不是抽风。

屏气发作往往是因孩子暴怒、极度失望造成的。家长可以从以下几个方面诊断孩子是否屏气发作。❶当孩子哭泣时，只有吸气，而无呼气；❷脸部可能会出现青紫，或全身僵硬；❸出现暂时性神志不清。孩子屏气发作如何处理呢？发生这种情况时，父母要保持镇静，不要摇晃他，或者惊慌失措。通常持续2～3分钟他会自动恢复。如果他失去知觉5分钟不恢复，就呼叫他的名字，刺激他的足底，给他做人工呼吸。

孩子突然发生休克怎么办

休克是一种威胁生命的状态，它是由严重损伤、大量失血、烧灼伤，或者严重感染所引起。其主要特征是血压急剧下降。如果孩子在遭受以上损伤后，接着出现苍白、出汗，并可能有嗜睡或意识模糊的情况，可能就是休克，需要立即进行急救。在急救车到来之前，扶他仰卧并将两腿抬高；松解所有紧身的衣服，盖上被子保暖；给予安慰，尽量让他舒适。

宝宝呕吐时应如何处理

❶立即把头侧向一边，不要仰卧，以免呕吐物呛入气管，使气管阻塞或发生吸入性肺炎。

❷呕吐时会感到惊慌和不适，这时最需要家长冷静，给宝宝安慰；可把自己的手抚放在其前额，宝宝会觉得安心。呕吐后用海绵或毛巾揩净面孔。如果家长认为宝宝可能还会呕吐，就在近旁放置一个盆。同时要用温开水给宝宝漱口，对于小宝宝要多喂几次水，以达到清洁口腔的目的。

❸暂时停止进食。宝宝呕吐后不要马上喂

水喂药，也不要随意搬动。

④对于严重呕吐或呈喷射状呕吐的宝宝，要及时送医院就诊。

婴儿和新生儿呃逆怎么办

宝宝经常会发生呃逆，因为在宝宝吃奶时常会吞入空气，特别是吃得快的婴儿，在每次喂奶开始时都是狼吞虎咽。胃内过多的气体会使奶反吐出来，如果气体进入到肠内，宝宝的肚子就会咕噜噜响和呃逆，引起宝宝不适和哭闹。所以，每次喂奶后都要花些时间帮助宝宝打嗝把气体排出来：❶喂奶时让宝宝半坐在大人的腿上；❷喂奶后把宝宝直立抱起，或把宝宝放在膝上，并轻轻拍打其背部，一会儿宝宝就打出嗝了。打嗝后呃逆出现的几率就会大大减少。

宝宝衣服着火了怎么办

衣服被火烧着、起火时，宝宝由于受到惊吓到处乱跑。这时，家长要阻止他不要狂跑，快速的运动只会使火苗燃烧范围扩大。正确方法是将他放在地板上，让着火的位置朝向上方，避免宝宝的脸被火苗烧伤。如果附近没有水可以泼灭火苗，可将大衣、毛巾、衣服或毯子包裹在宝宝身上，让他在地上滚动几圈，以扑灭火苗。特别要注意，化纤织物很易起火，是不能用来灭火的。如果附近没有可以闷灭火的东西，家长可以用身体盖在宝宝的身上，但是一定要盖严，不得留下缝隙，以免火苗重新燃起。灭火后尽快带宝宝上医院。

家中失火怎么办

◆家中失火，在火势失控自己无法扑灭的情况下，就要积极设法从火中逃离。首先，感觉门的温度。如果门是凉的，就从这儿离开，反之，不能通行。如果有烟从门缝冒出，要用毯子挡住之后，打开窗户，呼叫救助。如果形势紧迫，不得不从窗户逃出，应先将孩子从窗口吊下落在地上，家长自己可将绳子绑在窗沿上，顺着绳子着地；如果是打碎窗玻璃后外逃，那么在爬出之前，要先在窗框上铺一条毯子，以防玻璃碴子扎伤身体。对于婴儿和刚会走路的幼儿，家长需要格外注意，必须把他们抱出房间。对于超过6岁的孩子在紧急逃离现场的过程中，安顿他们不要做其他任何事情，只要照顾好自己。在外逃过程中，注意关紧身后所有的门。

人工呼吸的具体操作步骤

1 婴幼儿人工呼吸

①使孩子仰卧，清理其口腔；②将孩子的头稍向后倾斜，家长深吸一口气屏住，把嘴密盖在孩子的嘴和鼻子上，逐渐地将气吹入婴儿的肺内，如果操作方法正确，可看到孩子的胸部扩张，停止吹气后孩子的胸部回缩；③大约每分钟重复30次，直到医务人员到达或孩子开始自己呼吸。

2 较大儿童人工呼吸

①将孩子面部朝上平卧，头部尽量后仰；家长用手指把所有的口腔异物取出，清洁孩子的口腔。②捏住孩子的鼻子，使鼻孔封闭，家长深吸气后，将嘴对在孩子的嘴上，用力把吸入的气吹入患儿的肺内。③大约每分钟20次口对口呼吸，直到医务人员到达或患儿有自主呼吸为止。

家/庭/典/藏/系/列

聪明宝宝科学养育全书

文字撰写：常　丽　黄　辉　郭振强　王宪章　刘新宇　耿　荣　陶　莉

特约审校：刘丽颖

美术编辑：张丽娟

插图绘制：头脑工厂工作室（钟扬）

睿达点石书装（石阳）

图片提供：北京孕妈妈乖乖摄影工作室 13801260404

北京靓康爱婴科贸有限公司 010-58071818

封面模特：Emily Hellqvist

封面图片提供：芭迪国际儿童摄影连锁机构 010-59798786 www.badiphoto.com

菜肴摄影：杨跃祥 李朝阳 刘志刚 于　笑 肖　亮

鸣谢模特：宝宝 曹雷雷 曹雅涵 樊浩翔 陶渤文 伊鼎翔 吴宇茜 潘映熹 邵佳琪 信昱 cherry 王一 直帅 程瑜 陶彦昕 冯依然 王逸轩 妍妍 淘淘 贾子牧 李月月 程可 宗紫嫣 赵紫依 妞妞 李兆轩 史书源 赵雯琪 孙嘉阳 谷潇 唐晨雅 高浩淋

妈妈爸爸 唐伟 王春伟 陶涛